FRITZ OSSENBÜHL

Die Rücknahme fehlerhafter begünstigender Verwaltungsakte

NEUE KÖLNER RECHTSWISSENSCHAFTLICHE ABHANDLUNGEN

HERAUSGEGEBEN VON

DER RECHTSWISSENSCHAFTLICHEN FAKULTÄT

DER UNIVERSITÄT ZU KÖLN

HEFT 29

Berlin 1965

WALTER DE GRUYTER & CO.

vormals G. J. Göschen'sche Verlagshandlung · J. Guttentag, Verlagsbuchhandlung

Georg Reimer · Karl J. Trübner · Veit & Comp.

Die Rücknahme fehlerhafter begünstigender Verwaltungsakte

Von

Dr. Fritz Ossenbühl

Wissenschaftlicher Assistent an der Universität zu Köln

Zweite, durch einen Nachtrag erweiterte Auflage

Berlin 1965

WALTER DE GRUYTER & CO.

**vormals G. J. Göschen'sche Verlagshandlung · J. Guttentag, Verlagsbuchhandlung
Georg Reimer · Karl J. Trübner · Veit & Comp.**

Archiv-Nr. 27 08 65 4
Satz und Druck: Saladruck, Berlin 65

VORBEMERKUNG ZUR 2. AUFLAGE

Daß in so kurzer Frist eine Neuauflage erforderlich wurde, beweist die Aktualität des Themas, dem die vorliegende Schrift gewidmet ist. Die Erstauflage berücksichtigt den Stand von Rechtsprechung und Lehre im wesentlichen nur bis zum Frühjahr 1962. Seitdem sind nicht nur zahlreiche einschlägige höchstrichterliche Entscheidungen ergangen, sondern auch die Rechtslehre hat sich in mehreren Tagungen und vielen Veröffentlichungen erneut mit dem Rücknahmeproblem befaßt. Wenn auch die große Linie allenthalben beibehalten wurde, so wird doch um die Differenzierung der gefundenen Richtlinien und damit um eine Menge mehr oder weniger bedeutsamer Detailfragen gerungen.

Die Einarbeitung des nach dem Frühjahr 1962 erschienenen Materials in den Text der Darstellung mußte aus kostentechnischen Gründen verworfen werden. Um den Anschluß an den gegenwärtigen Stand der Diskussion herzustellen, blieb deshalb nur der Weg eines Nachtrags, der über die Fortentwicklung der letzten Jahre bis heute unterrichten soll und dem zur schnelleren Orientierung eine Gliederung vorangestellt worden ist.

Im Sommer 1965

Fritz Ossenbühl

INHALTSVERZEICHNIS

DRITTER TEIL
Sondergruppen von Verwaltungsakten

LITERATURVERZEICHNIS

Die nachstehende Aufstellung enthält nur die häufiger zitierten Schriften. Weitere Nachweise mit Fundstelle sind im Text angegeben.

Alexander-Katz, Ernst	Der Widerruf von Verwaltungsakten bei vorgefallener Bestechung, in: VerwArch. 1916, 497
Andersen, Poul	Ungültige Verwaltungsakte, mit besonderer Berücksichtigung der Ungültigkeitsgründe, Mannheim/Berlin/Leipzig, 1927
Antoniolli, Walter	Allgemeines Verwaltungsrecht, 1954
Apelt, Willibalt	Die Gleichheit vor dem Gesetz nach Art. 3, Abs. 1 GG, in: JZ 1951, 353
Bachof, Otto	Die verwaltungsgerichtliche Klage auf Vornahme einer Amtshandlung, 1951, zitiert: Bachof, Klage
Bachof, Otto	Der maßgebende Zeitpunkt für die gerichtliche Beurteilung von Verwaltungsakten, in: JZ 1954, 416
Bachof, Otto	Urteilsanmerkung, in: JZ 1956, 35
Bachof, Otto	Begriff und Wesen des sozialen Rechtsstaates, in: VVDStRL 12 (1954), 37
Baring, Martin	Zum Widerruf von Verwaltungsakten, in: DVBl. 1953, 426
Bastian, Hermann	Der Richter als Gesetzgeber, Diss. Mainz, 1955
Baumann, Marcel	Der Begriff von Treu und Glauben im öffentlichen Recht, Diss. Zürich, 1950
Baur, Fritz	Freiwillige Gerichtsbarkeit, Erstes Buch, Allgemeines Verfahrensrecht, 1955
Becker, H. J.	Der Widerruf des Beamtenverhältnisses im Lichte der neueren Rechtsprechung, in: ZBR 1957, 36
Bender, B.	Verhältnismäßigkeit und Vermeidbarkeit des Verwaltungshandelns, in: NJW 1955, 938
Bendix, Ludwig	Das Problem der Rechtssicherheit, Berlin 1914
Bernhardt, Siegfried	Der Rentner und seine Menschenwürde, in: ZfS 1959, 540

Boehmer, Gustav	Grundlagen der bürgerlichen Rechtsordnung, Zweites Buch, Erste Abteilung: Dogmengeschichtliche Grundlagen des bürgerlichen Rechts, Tübingen, 1951, zitiert: G. Boehmer II 1
Boehmer, Gustav	Grundlagen der bürgerlichen Rechtsordnung, Zweites Buch, Zweite Abteilung: Praxis der richterlichen Rechtsschöpfung, Tübingen, 1952, zitiert: G. Boehmer II 2
Böhmer, Werner	Die Verwirklichung im öffentlichen Recht, in: Bayr. VBl. 1956, 129, 173
Bürckner, Hermann	Der privatrechtsgestaltende Staatsakt, 1930, Heft 47 der Leipziger rechtswissenschaftlichen Studien
Bullinger, Martin	Die behördliche Genehmigung privater Rechtsgeschäfte und ihre Versagung, in: DÖV 1957, 761
Burmeister	Zur Rückforderung zuviel gezahlter Dienst- und Versorgungsbezüge, in: ZBR 1960, 106
Clasen, Heinrich	Der Vertrauensschutz bei Rücknahme fehlerhafter begünstigender Verwaltungsakte, in: DÖV 1960, 899
Coing, Helmut	Grundzüge der Rechtsphilosophie, 1950, zitiert: Coing, Grundzüge
Coing, Helmut	Geschichte und Bedeutung des Systemgedankens in der Rechtswissenschaft, Frankfurter Universitätsreden, Heft 17, 1956, S. 26 ff., zitiert: Coing, Systemgedanke
Czermak, Fritz	Gesetzmäßigkeit der Subventionsgewährung, in: NJW 1961, 1760
Dickmann, Herbert	Die Beseitigung behördlicher Bewilligungen durch Aufhebung oder Widerruf, in: DÖV 1957, 278
Disse, Gottfried	Die Polizeierlaubnis und ihre Rücknahme, Diss. Bonn, 1933
Dresbach, Heinrich	Die Wahrheitspflicht im Verwaltungsrecht, Schriften zur Rechtslehre und Politik, Band 15, Bonn, 1958
Düll, Rudolf	Zur Lehre vom Widerruf, München/Berlin, 1934
Dürig, Günter	Die Menschenauffassung des Grundgesetzes, in: JR 1952, 259
Dürig, Günter	Verfassung und Verwaltung im Wohlfahrtsstaat, in: JZ 1953, 193
Eichler, Hermann	Die Rechtslehre vom Vertrauen, Privatrechtliche Untersuchungen über den Schutz des Vertrauens, 1950

Engisch, Karl — Einführung in das juristische Denken, 1956

Enneccerus-Lehmann — Recht der Schuldverhältnisse, 15. Bearbeitung, 1958

Enneccerus-Nipperdey — Allgemeiner Teil des Bürgerlichen Rechts, ein Lehrbuch, 15. Auflage, 1959

Erning, Adolf — Der Widerruf mangelhafter begünstigender Verwaltungsakte, Diss. Münster, 1958

Erning, Adolf — Der Grundsatz der Rechtsstaatlichkeit und die Widerrufbarkeit des begünstigenden mangelhaften Verwaltungsaktes, in: DVBl. 1960, 188

Erning, Adolf — Der Widerruf begünstigender mangelhafter Verwaltungsakte mit Doppelwirkung, in: DVBl. 1960, 467

Esser, Josef — Grundsatz und Norm in der richterlichen Fortbildung des Privatrechts, Tübingen, 1956

Esser, Josef — Schuldrecht, Allgemeiner und Besonderer Teil, ein Lehrbuch, 2. Auflage 1960, zitiert: Esser, Schuldrecht

Eyermann-Fröhler — Verwaltungsgerichtsordnung, Kommentar, 3. Aufl., 1962

Fauser — Zur Frage der Abänderbarkeit von Entscheidungen der Ausgleichsbehörden, in: RLA 1954, 270

Fischbach, O. G. — Der Vertrauensschutz unter besonderer Berücksichtigung beamtenrechtlicher Verhältnisse, in: RiA 1956, 289

Fleiner, Fritz — Institutionen des Deutschen Verwaltungsrechts, 8. Aufl., 1928, zitiert: Fleiner, Institutionen

Fleiner, Fritz — Einzelrecht und öffentliches Interesse, Tübingen, 1908, zitiert: Fleiner, Einzelrecht

Forsthoff, Ernst — Lehrbuch des Verwaltungsrechts, I. Band, Allgemeiner Teil, 8. Auflage, 1961, zitiert: Forsthoff, Lehrbuch

Forsthoff, Ernst — Die Bindung an Gesetz und Recht (Art. 20, Abs. 3 GG), in: DÖV 1959, 41

Forsthoff, Ernst — Begriff und Wesen des sozialen Rechtsstaates, in: VVDStRL 12 (1954), 8

Forsthoff, Ernst — Urteilsanmerkung, in: DVBl. 1957, 724

Forsthoff, Ernst — Die Umbildung des Verfassungsgesetzes, in: Festschrift für Carl Schmitt, 1959, S. 35, zitiert: Forsthoff, Umbildung

Friesenhahn, Ernst	Die rechtsstaatlichen Grundlagen des Verwaltungsrechts, in: Schriftenreihe Recht-Staat-Wirtschaft, 2. Band, 1950, S. 239
Gerber, Hans	Die Grundsätze eines allgemeinen Teils des öffentlichen Rechts in der jüngsten Rechtsprechung des preußischen Oberverwaltungsgerichts, in: VerwArch. 1931, 1
Giacometti, Zaccaria	Allgemeine Lehren des rechtsstaatlichen Verwaltungsrechts, 1. Band, 1960
Giese, Friedrich	Welche Maßnahmen empfehlen sich, um dem Grundsatz von Treu und Glauben und dem Verbot sittenwidrigen Handelns auf dem Gebiet des öffentlichen Rechts Geltung zu verschaffen? abgedruckt in: Sechster Deutscher Juristentag in der Tschechoslowakei, 1933, S. 135—180
Gowa, Ferdinand	Die Rechtsnorm von Treu und Glauben im Verwaltungsrecht, Diss. Hamburg, 1933
Hamann, Andreas	Das Grundgesetz, ein Kommentar für Wissenschaft und Praxis
Hamann, Andreas	Die Verwirkung beamtenrechtlicher Gehalts- und Versorgungsansprüche, in: RiA 1957, 177
Hamburger, Max	Treu und Glauben im öffentlichen Recht, in: LZ 1931, 1438
Hammerschmidt, Wilhelm	Widerruf von Verwaltungsakten, Diss. Hamburg, 1955
Hangartner, Yvo	Widerruf und Änderung von Verwaltungsakten aus nachträglich eingetretenen Gründen, Zürich und St. Gallen, 1959
Haueisen, Fritz	Die Rücknahme fehlerhafter Verwaltungsakte, in: NJW 1954, 1425
Haueisen, Fritz	Urteilsanmerkung zu OVG Berlin (DVBl. 1957, 503), in: DVBl. 1957, 506
Haueisen, Fritz	Urteilsanmerkung zu BVerwG (DVBl. 1957, 497), in: DVBl. 1957, 751
Haueisen, Fritz	Urteilsanmerkung zu BGH (NJW 1956, 1918), in: NJW 1957, 385
Haueisen, Fritz	Zur Frage der Rücknahme fehlerhafter Verwaltungsakte, in: NJW 1958, 1661
Haueisen, Fritz	Verwaltungsakte mit Dauerwirkung, in: NJW 1958, 1065

Haueisen, Fritz	Urteilsanmerkung zu BVerwG (NJW 1958, 154), in: NJW 1958, 642
Haucisen, Fritz	Urteilsanmerkung, in: NJW 1958, 884
Haueisen, Fritz	Verwaltungsgerichtliches Urteil und Verwaltungsakt, in: NJW 1959, 697
Haueisen, Fritz	Betrachtungen über die Rücknahme fehlerhafter Verwaltungsakte, in: DVBl. 1959, 228
Haueisen, Fritz	Zur Rechtsfindung auf dem Gebiet des Verwaltungsrechts, in: DVBl. 1960, 350
Haueisen, Fritz	Der Wandel in der Beurteilung fehlerhafter Verwaltungsakte, in: DVBl. 1960, 913
Haueisen, Fritz	Der begünstigende und rechtsgestaltende Verwaltungsakt, in: NJW 1960, 1497
Haueisen, Fritz	Die Voraussetzungen der Rechtswidrigkeit eines Verwaltungsakts, in: NJW 1960, 1881
Haueisen, Fritz	Der Verwaltungsakt im Lichte neuerer Überlegungen, in: DÖV 1961, 121
Haueisen, Fritz	Voraussetzungen und Folgen der Rechtswidrigkeit eines Verwaltungsaktes, in: NJW 1962, 325
Heck, Philipp	Begriffsbildung und Interessenjurisprudenz, Tübingen, 1932
Heck, Philipp	Die Interessenjurisprudenz und ihre neuen Gegner, in: AcP 142, 129
Hedemann, Justus Wilhelm	Die Flucht in die Generalklauseln, 1933
Heinemann, Gustav	Die Verwirklichung im öffentlichen Recht, insbesondere im Steuerrecht, in: RuPrVBl. 51 (1930), 670
Hippel, Ernst von	Untersuchungen zum Problem des fehlerhaften Staatsakts, Beitrag zur Methode einer teleologischen Rechtsauslegung, 2. Auflage, 1960
Huber, Hans	Niedergang des Rechts und Krise des Rechtsstaates, in: Demokratie und Rechtsstaat, Festgabe zum 60. Geburtstag von Zaccaria Giacometti, Zürich, 1953, S. 59
Hue de Grais-Peters	Handbuch der Verfassung und Verwaltung in Preußen und dem Deutschen Reiche, 24. Aufl., 1927
Hufnagl, Franz	Widerruf des Verwaltungsakts oder Wiederaufnahme des Verwaltungsverfahrens, in: DVBl. 1951, 623
Imboden, Max	Das Gesetz als Garantie rechtsstaatlicher Verwaltung, Basler Studien zur Rechtswissenschaft, Heft 38, Berlin und Stuttgart, 1954

Ipsen, Hans Peter	Widerruf gültiger Verwaltungsakte, Hamburg, 1932, zitiert: Ipsen, Widerruf
Ipsen, Hans Peter	Verwaltungsakte, in: „Die Verwaltung", Heft 12, 1957, zitiert: Ipsen, Verwaltungsakte
Ipsen, Hans Peter	Gleichheit, in: Neumann-Nipperdey-Scheuner, „Die Grundrechte", Band II, S. 111, zitiert: Ipsen, Gleichheit
Ipsen, Hans Peter	Öffentliche Subventionierung Privater, in: DVBl. 1956, 461
Jellinek, Walter	Verwaltungsrecht, 1948, zitiert: Jellinek, Lehrbuch
Jellinek, Walter	Der fehlerhafte Staatsakt und seine Wirkungen, Tübingen, 1908, unveränderter Nachdruck, 1958, zitiert: Jellinek, Staatsakt
Jellinek, Walter	Treu und Glauben im Verwaltungsrecht, in: RuPrVBl. 52 (1931), 805
Jellinek, Walter	Gesetz, Gesetzesanwendung und Zweckmäßigkeitserwägung, 1913, zitiert: Jellinek, Gesetz
Jerusalem, Franz W.	Grundriß des Verwaltungsrechts, Frankfurt a. M., 1947, zitiert: Jerusalem, Grundriß
Jerusalem, Franz W.	Gesetzmäßigkeit der Verwaltung oder Rechtmäßigkeit der Verwaltung? in: Festschrift für Justus Wilhelm Hedemann, 1938, zitiert: Jerusalem, Gesetzmäßigkeit
Jerusalem, Franz W.	Die Grundrechte des Bonner Grundgesetzes und ihre Durchsetzung in der Rechtsprechung, in: SJZ 1950, 2
Jesch, Dietrich	Gesetz und Verwaltung, Tübingen, 1961
Kiefersauer, Fritz	Die Grundrechtsgesetzgebung — eine lex imperfecta? in: JR 1952, 81
Keim, Rudolf	Der Bürger und der infolge Irrtums fehlerhafte Verwaltungsakt, Diss. Leipzig, 1932
Kleine, Heinz	Zum Einwand der Verwirkung, insbesondere im Wettbewerbs- und Urheberrecht, in: JZ 1951, 9
Klinger, Hans	Verwaltungsgerichtsordnung, Kommentar, 1960
Knieper, Werner	Treu und Glauben im Verwaltungsrecht, Diss. Heidelberg, 1933
Kniesch, Joachim	Gesetzmäßigkeit und Rechtmäßigkeit der gesetzesakzessorischen und gesetzesfreien Verwaltung, in: NJW 1961, 2190

Kormann, Karl	System der rechtsgeschäftlichen Staatsakte, 1910
Köhler, Ludwig von	Grundlehren des Deutschen Verwaltungsrechts, 1936
Koellreuter, Otto	Grundfragen des Verwaltungsrechts, 1955
Kratzer, Jakob	Artikel 142 des Grundgesetzes und die Grundrechte in der Bayrischen Verfassung, in: Verfassung und Verwaltung, Festschrift für Laforet, 1952, S. 107
Kretschmer, W.	Zur Rückforderung zuviel gezahlter Dienst- und Versorgungsbezüge, in: ZBR 1959, 311
Krüger, Herbert	Die Auflage als Instrument der Wirtschaftsverwaltung, in: DVBl. 1955, 450
Küchenhoff, Günther	Rechtsverwirkung im öffentlichen Recht, in: RuPrVBl. 51 (1930), 275
Krauss, Rupprecht von	Der Grundsatz der Verhältnismäßigkeit, Hamburg, 1955
Lange	Ist die behördliche Genehmigung zu einem Zivilrechtsgeschäft widerruflich? in: NJW 1950, 731
Lange, Gerhard	Über die rückwirkende Aufhebung rechtswidriger begünstigender Verwaltungsakte, in: DÖD 1956, 221
Lange, Otto	Urteilsanmerkung, in: DVBl. 1957, 251
Larenz, Karl	Methodenlehre der Rechtswissenschaft, 1960
Löw	Ist die Würde des Menschen im Grundgesetz eine Anspruchsgrundlage? in: DÖV 1958, 516
Lehmann, Heinrich	Allgemeiner Teil des Bürgerlichen Gesetzbuches, 12. Aufl., 1960
Lerche, Peter	Übermaß und Verfassungsrecht, 1961
Lüke, Gerhard	Grundsätze des Verwaltungsprozesses, in: JuS 1961, 41
Mallmann, Walter	Schranken nichthoheitlicher Verwaltung, in: VVDStRL 19 (1961), 165
Maunz, Theodor	Deutsches Staatsrecht, 10. Aufl., 1961
Maunz-Dürig	Grundgesetz, Kommentar, 1961
von Mangold-Klein	Das Bonner Grundgesetz, 1. Band, 2. Aufl., 1957
Mayer, Franz	Das verfassungsrechtliche Gebot der gesetzlichen Ermächtigung, in: Festschrift für Hermann Nottarp, 1961, S. 187
Meier-Hayoz, Arthur	Privatrechtswissenschaft und Rechtsfortbildung, in: Zeitschrift für Schweizerisches Recht, 100. Band, S. 89 (1959), zitiert: Meier-Hayoz, Rechtsfortbildung

Meier-Hayoz, Arthur	Der Richter als Gesetzgeber, Habilitationsschrift, 1951, zitiert: Meier-Hayoz, Richter
Menger, Christian-Friedrich	Höchstrichterliche Rechtsprechung zum Verwaltungsrecht, in: VerwArch. 1959, 77; 1960, 155, 274; 1961, 196
Merkl, Adolf	Allgemeines Verwaltungsrecht, 1927
Meyer-Cording, Ulrich	Die Rückwirkung von Gesetzen
Müller, Otto von	Die Zulässigkeit des Widerrufs begünstigender Lastenausgleichsbescheide, in: ZLA 1957, 225, 241
Naumann, Richard	Wandlungen im Recht des Widerrufs von Verwaltungsakten, Berlin-Wien, 1939
Naumann	Urteilsanmerkung in DVBl. 1952, 633
Nebinger, Robert	Verwaltungsrecht, Allgemeiner Teil, 1949
Nitschke	Über die Frage der Rücknahme von Bescheiden im WAG und ASpG, in: InfLA 1955, 5
Otto, Walter	Zur Rücknahme gesetzwidriger Verwaltungsakte, in: DDB 1959, 157
Pabst, E.	Urteilsanmerkung in NJW 1949, 319
Palandt	Bürgerliches Gesetzbuch, Kommentar, 21. Auflage, 1962
Peters, Hans	Lehrbuch der Verwaltung, 1949, zitiert: Peters, Lehrbuch
Peters, Hans	Der Kampf um den Verwaltungsstaat, in: Verfassung und Verwaltung, Festschrift für Laforet, 1952, S. 19, zitiert: Peters, Verwaltungsstaat
Peters, Hans	Entwicklungstendenzen der Demokratie in Deutschland seit 1949, in: Festgabe zum 60. Geburtstag von Zaccaria Giacometti, Zürich, 1953, S. 229, zitiert: Peters, Entwicklungstendenzen
Peters, Hans	Die Stellung des Bundes in der Kulturverwaltung nach dem Bonner Grundgesetz, in: Um Recht und Gerechtigkeit, Festgabe für Erich Kaufmann, 1950, S. 281, zitiert: Peters, Kulturverwaltung
Peters, Hans	Die Gewaltentrennung in moderner Sicht, Heft 23 der Arbeitsgemeinschaft für Forschung des Landes Nordrhein-Westfalen (Geisteswissenschaften), 1954, zitiert: Peters, Gewaltentrennung
Peters, Hans	Rechtsstaat und Rechtssicherheit, in: Recht-Staat-Wirtschaft, III. Band, S. 66, zitiert: Peters, Rechtsstaat

Peters, Hans	Verwaltung ohne gesetzliche Ermächtigung? in: Verfassungsrecht und Verfassungswirklichkeit, Festschrift für Hans Huber zum 60. Geburtstag, 1961, 206, zitiert: Peters, Ermächtigungsgrundlage
Piechulek, Günther	Die Abänderbarkeit von Verwaltungsakten unter besonderer Berücksichtigung des Lastenausgleichsrechts, in: JR 1957, 247
Pöppinghaus, Klaus	Das System des Widerrufs von Verwaltungsakten, Diss. Münster, 1959
Praun, Theodor	Treu und Glauben in der Verwaltungsrechtsprechung, Diss. Erlangen, 1933
Radbruch, Gustav	Rechtsphilosophie, 1956, herausgegeben von Erik Wolf, zitiert: Radbruch, Rechtsphilosophie
Radbruch, Gustav	Mensch im Recht, Ausgewählte Vorträge und Aufsätze über Grundfragen des Rechts, 1957
Radbruch, Gustav	Einführung in die Rechtswissenschaft, 1952, herausgegeben von Konrad Zweigert, zitiert: Radbruch, Einführung
Rauball	Die Rücknahme fehlerhafter Bescheide im Lastenausgleich (Ein Beitrag zur Lehre vom Widerruf begünstigender Verwaltungsakte), in: ZLA 1955, 228
Reck	Der Widerruf einer erschlichenen Einbürgerung, in: DÖV 1958, 913
Reinhardt-König	Richter und Rechtsfindung, 1957
Reißler, Raimund	Widerruf von Verwaltungsakten, Diss. München, 1937
Richter, Ernst-Günther	Rücknahme und Widerruf von Leistungsbescheiden durch die Ausgleichsbehörden, in: ZLA 1955, 53, 67
Rietorf, Fritz	Gesetz über Aufbau und Befugnisse der Ordnungsbehörden — Ordnungsbehördengesetz — für das Land Nordrhein-Westfalen, Kommentar, 1957
Rösener, Hans-Joachim	Die Rücknahme fehlerhafter Rentenbescheide der Sozialversicherungsträger, in: BerufsGen 1959, 507
Roos, Gottfried	Der Grundsatz der gesetzmäßigen Verwaltung, in: Rechtsquellenprobleme im Schweizerischen Recht, Festgabe der rechts- und wirtschaftswissenschaftlichen Fakultät der Universität Bern für den schweizerischen Juristenverein, Jahresversammlung 1955, Band 91 bis, S. 117
Rümelin, Max	Die Billigkeit im Recht, Tübingen, 1921, zitiert: Rümelin, Billigkeit

Rümelin, Max	Die Rechtssicherheit, Tübingen, 1924, zitiert: Rümelin, Rechtssicherheit
Rupp, Heinrich	Verwaltungsakt und Vertragsakt, in: DVBl. 1959, 81
Saladin, Peter	Der Widerruf von Verwaltungsakten, 1960, Basler Studien zur Rechtswissenschaft, Heft 58
Schack, Friedrich	„Analogie" und „Verwendung allgemeiner Rechtsgedanken" bei der Ausfüllung von Lücken in den Normen des Verwaltungsrechts, in: Festschrift zu Ehren von Rudolf Laun, 1947, S. 275—294
Schaefer, Karl Heinz	Gesetzänderung, Verwaltungsakte und Rechtskraft von Urteilen, in: DÖV 1960, 851
Schaefer	Die Abänderbarkeit von Verwaltungsakten im Lastenausgleichsrecht, in: RLA 1955, 305, 337
Schäfer, Gerhard	Der Widerruf begünstigender Verwaltungsakte, 1960 Marburger rechts- und staatswissenschaftliche Abhandlungen, Reihe A, Band 5
Scheerbarth	Ist im Verwaltungsrecht die Hermeneutik auf Abwegen? in: DVBl. 1960, 185
Scheuner, Ulrich	Die Einwirkung der verfassungsgerichtlichen Feststellung der Nichtigkeit von Rechtsnormen auf vorgängige Hoheitsakte — zur „Rückwirkung" und „Vorwirkung" der Nichtigkeit von Rechtsnormen — in: BB 1960, 1253
Scheuner, Ulrich	Die Aufgabe der Gesetzgebung in unserer Zeit, in: DÖV 1960, 601
Scheuner, Ulrich	Die neuere Entwicklung des Rechtsstaats in Deutschland, in: Hundert Jahre Deutsches Rechtsleben, Festschrift zum hundertjährigen Bestehen des Deutschen Juristentages, Band II, S. 229
Schlegelberger, Franz	Gesetz über die Angelegenheiten der freiwilligen Gerichtsbarkeit, Erster Band, 1956
Schmitt, Karl Hermann	Treu und Glauben im Verwaltungsrecht, zugleich ein Beitrag zur juristischen Methodenlehre, Berlin 1935
Schoen, Paul	Der Widerruf der Verfügungen nach der Rechtsprechung des Oberverwaltungsgerichts, in: Festgabe zur Feier des fünfzigjährigen Bestehens des Preußischen Oberverwaltungsgerichts, 1925
Schönke-Schröder	Strafgesetzbuch, Kommentar, 10. Aufl., 1961
Scholz, Franz	Zur Auslegung im öffentlichen Recht, in: RuPrVBl. 55 (1934), 233

Scholz, Franz	Die Rechtssicherheit, Berlin, 1955
Schüle, Adolf	Treu und Glauben im deutschen Verwaltungsrecht, in: VerwArch. 1933, 399; 1934, 1
Schütz, Erwin	Der Widerruf gesetzwidriger begünstigender Verwaltungsakte, in: DÖV 1958, 449
Schütz, Erwin	Der Verwaltungsakt — Außerkraftsetzen und Beseitigung, in: DÖV 1956, 102
Schultz, Günther	Blick in die Zeit, in: MDR 1957, 398
Schunck-De Clerck	Verwaltungsgerichtsordnung, Kommentar, 1961
Seibert, Heinrich	Voraussetzungen und Wirkungen des Widerrufs von Verwaltungsakten, Diss. Marburg, 1950
Siebert, Wolfgang	Verwirkung und Unzulässigkeit der Rechtsausübung, Marburg, 1934, zitiert: Siebert, Verwirkung
Siebert, Wolfgang	Die Methode der Gesetzesauslegung, 1958, zitiert: Siebert, Gesetzesauslegung
Sommer, Günter	Der Widerruf von Verwaltungsakten, in: DÖV 1954, 655, 685, 716, 744
Soergel-Siebert	Bürgerliches Gesetzbuch, Kommentar, I. Band, 1959
Spaeth, Walter	Beiträge zur Lehre vom Widerruf fehlerfreier Verwaltungsakte, Diss. München, 1954
Spanner, Hans	Verhandlungen des 43. Deutschen Juristentages, Band I, 2. Teil A, München, 1960, zitiert: Spanner, Verhandlungen
Spanner, Hans	Organisationsgewalt und Organisationsrecht, in: DÖV 1957, 640
Staudinger	Kommentar zum Bürgerlichen Gesetzbuch, II. Band, Recht der Schuldverhältnisse, Teil 1 b, § 242, 11. Auflage, 1961, bearb. von W. Weber, zitiert: Staudinger-Weber
Stenglin, Hans Erwin Freiherr von	Der Wandel in der Lehre vom fehlerhaften Verwaltungsakt, Diss. Marburg, 1937
Stern, Klaus	Zur Grundlegung einer Lehre des öffentlich-rechtlichen Vertrages, in: VerwArch. 49 (1958), 106
Stich, Rudolf	Vertrauensschutz im Verwaltungsrecht, Diss. Mainz, 1954
Stich, Rudolf	Die Verwirkung prozessualer Befugnisse im Verwaltungsstreitverfahren, in: DVBl. 1956, 325

Stich, Rudolf — Die Verwirkung im Verwaltungsrecht, in: DVBl. 1959, 234

Stoldt, Egon — Rückwirkung von Verwaltungsakten, Diss. Hamburg, 1954

Strickstrock, Wilhelm — Zum „begünstigenden" Verwaltungsakt, in: „Staat und Bürger", Festschrift für Willibalt Apelt, 1958, S. 231

Tegtmeyer, Werner — Der Geltungsbereich des Verwirkungsgedankens, in: AcP 142, 203

Thieme, Werner — Umfang und Grenzen des verfassungsrechtlich gewährleisteten Bestandsschutzes der saarländischen Kriegsopferrenten, in: ZfS 1959, 149, 243

Tietgen, Walter — Urteilsanmerkung, in: DVBl. 1958, 472 und DVBl. 1959, 890

Turegg, Kurt-Egon Freiherr von — Lehrbuch des Verwaltungsrechts, 3. Auflage, 1956, zitiert: von Turegg, Lehrbuch

Turegg, Kurt-Egon Freiherr von — Zum Widerruf von Verwaltungsakten, in: JR 1952, 18

Ule, Carl Hermann — Die Lehre vom Verwaltungsakt im Lichte der Generalklauseln, in: Schriftenreihe Recht-Staat-Wirtschaft, III. Band, S. 260, zitiert: Ule, Generalklausel

Ule, Carl Hermann — Über das Verhältnis von Verwaltungsstaat und Rechtsstaat, in: Staats- und verwaltungswissenschaftliche Beiträge, herausgegeben von der Hochschule für Verwaltungswissenschaften Speyer, 1957, S. 127, zitiert: Ule, Verwaltungsstaat

Ule, Carl Hermann — Hat sich der Entwurf einer Verwaltungsgerichtsordnung für Württemberg bewährt? in: DVBl. 1960, 607

Wagner, Klaus — Vertrauensschutz bei feststellenden Verwaltungsakten? in: MDR 1960, 546

Weber, Hans-Günther — Zur Aufhebbarkeit von Bescheiden über Versicherungsbefreiung und Versicherungspflicht, in: BKK 1960, 233

Weskamp, Josef — Die Folgen der Aufhebung eines fehlerhaften Verwaltungsaktes, Diss. Köln, 1934

Wieacker, Franz — Zur rechtstheoretischen Präzisierung des § 242 BGB, 1956, zitiert: Wieacker, Präzisierung

Wieacker, Franz — Gesetz und Richterkunst, 1958, zitiert: Wieacker, Richterkunst

Wilke, Hans Georg	Der Widerruf fehlerfreier Verwaltungsakte, Diss. Marburg, 1953
Wirth, Jürgen	Ein neuer Gedanke zur Rücknahme rechtswidriger begünstigender Verwaltungsakte, in: DÖV 1960, 173
Witten, E.	Zur Frage der Nachprüfung von Inanspruchnahmen auf Grund des Reichsleistungsgesetzes, in: DV 1948, 5
Wolff, Hans J.	Verwaltungsrecht I, ein Studienbuch, 4. Auflage, 1961
Zinser, H. W.	Der allgemeine Teil des öffentlichen Rechts in der jüngsten Rechtsprechung des badischen, bayrischen, sächsischen und württembergischen Verwaltungsgerichtshofes bzw. Oberverwaltungsgerichtes, in: VerwArch. 1934, 40, 229
Zolles, Konrad	Die Verpflichtung der Verwaltungsbehörden zur Rücknahme von Verwaltungsakten, Diss. Erlangen, 1956
Zschacke	Suspensiveffekt des Rechtsmittels gegen einen Verwaltungsakt zum Nachteil des Rechtsmittelführers? in: NJW 1954, 1436
Zuck, Rüdiger	Der Schutz der Rechtsstellung der ehrenamtlichen Verwaltungsrichter bei den Verwaltungsgerichten, in: DÖV 1960, 580

ABKÜRZUNGSVERZEICHNIS

a. A.	anderer Auffassung
a. a. O.	am angegebenen Ort
Abs.	Absatz
AcP	Archiv für civilistische Praxis (Band/Seite)
a. E.	am Ende
Amtl. MittBl. BAA	Amtliches Mitteilungsblatt des Bundesausgleichsamtes (Jahrgang/Seite)
ÄndG.	Änderungsgesetz
Anh.	Anhang
Anm.	Anmerkung
AO	Reichsabgabeordnung in der Fassung vom 22. 5. 1931
Art.	Artikel
ASpG	Altsparergesetz
Aufl.	Auflage
BadVO	Landesherrliche Verordnung, das Verfahren in Verwaltungssachen betreffend, vom 31. 8. 1884 für Baden
Bad.-Württ.	Baden-Württemberg
BAG	Bundesarbeitsgericht
Bayr. VerfGH	Bayrischer Verfassungsgerichtshof
Bayr. VGH	Bayrischer Verwaltungsgerichtshof
Bayr. VBl.	Bayrische Verwaltungsblätter (Jahrgang/Seite)
BB	Der Betriebsberater (Jahrgang/Seite)
BBG	Bundesbeamtengesetz
Bd.	Band
BEG	Bundesentschädigungsgesetz
BerufsGen	Berufsgenossenschaft (Jahrgang/Seite)
BFH	Bundesfinanzhof
BGB	Bürgerliches Gesetzbuch
BGH	Bundesgerichtshof
BGHZ	Amtliche Sammlung der Entscheidungen des Bundesgerichtshofes in Zivilsachen
BKK	Die Betriebskrankenkasse (Jahrgang/Seite)
BSG	Bundessozialgericht
BVerfG	Bundesverfassungsgericht

BVerfGE	Amtliche Sammlung der Entscheidungen des Bundesverfassungsgerichts (Band/Seite)
BVerwG	Bundesverwaltungsgericht
BVerwGE	Amtliche Sammlung der Entscheidungen des Bundesverwaltungsgerichts (Band/Seite)
DDB	Der Deutsche Beamte (Jahrgang/Seite)
Diss.	Dissertation
DÖD	Der öffentliche Dienst (Jahrgang/Seite)
DÖV	Die öffentliche Verwaltung (Jahrgang/Seite)
DV	Die Verwaltung (Jahrgang/Seite)
DVBl.	Deutsches Verwaltungsblatt (Jahrgang/Seite)
EheG	Ehegesetz
ESVGH	Entscheidungssammlung des Hessischen und Württemberg-Badischen Verwaltungsgerichtshofes (Band/Seite)
FG	Feststellungsgesetz
FGG	Gesetz über die freiwillige Gerichtsbarkeit
GaststG	Gaststättengesetz
GewO	Gewerbeordnung
GG	Bonner Grundgesetz
GO	Gemeindeordnung
GVG	Gerichtsverfassungsgesetz
GVBl. NW	Gesetz- und Verordnungsblatt für das Land Nordrhein-Westfalen, Ausgabe B
Hamb. OVG	Hamburgisches Oberverwaltungsgericht
Hess. VGH	Hessischer Verwaltungsgerichtshof
InfLA	Informationen für den Lastenausgleich (Jahrgang/Seite)
insbes.	insbesondere
i. S.	im Sinne
JR	Juristische Rundschau (Jahrgang/Seite)
JuS	Juristische Schulung (Jahrgang/Seite)
JW	Juristische Wochenschrift (Jahrgang/Seite)
JZ	Juristenzeitung (Jahrgang/Seite)
LAG	Lastenausgleichsgesetz
LSG	Landessozialgericht
LVG	Landesverwaltungsgericht
LZ	Leipziger Zeitschrift für Deutsches Recht (Jahrgang/Seite)
m. a. W.	mit anderen Worten
m. E.	meines Erachtens
MDR	Monatsschrift für Deutsches Recht (Jahrgang/Seite)
Nachw.	Nachweise

NJW	Neue Juristische Wochenschrift (Jahrgang/Seite)
NW	Nordrhein-Westfalen
OBG	Ordnungsbehördengesetz
OLG	Oberlandesgericht
OVG	Oberverwaltungsgericht
PBefG	Personenbeförderungsgesetz
PrOVG	Preußisches Oberverwaltungsgericht
PrVBl.	Preußisches Verwaltungsblatt (Band/Seite)
PVG	Preußisches Polizeiverwaltungsgesetz
r.	rechte
RG	Reichsgericht
RGSt	Entscheidungen des Reichsgerichts in Strafsachen
RGZ	Entscheidungen des Reichsgerichts in Zivilsachen
RiA	Das Recht im Amt (Jahrgang/Seite)
RLA	Rundschau für den Lastenausgleich (Jahrgang/Seite)
ROHG	Reichsoberhandelsgericht
Rspr.	Rechtsprechung
RuPrVBl.	Reichs- und Preußisches Verwaltungsblatt (Band [Jahrgang], Seite)
S.	Seite
s.	siehe
Sächs. OVG	Sächsisches Oberverwaltungsgericht
Sgb	Die Sozialgerichtsbarkeit (Jahrgang/Seite)
SJZ	Süddeutsche Juristenzeitung
Sp.	Spalte
StGB	Strafgesetzbuch
StVG	Straßenverkehrsgesetz
ThürLVO	Landesverwaltungsordnung für Thüringen vom 10. 6. 1926 in der Fassung der Bekanntmachung vom 22. 7. 1930
u. U.	unter Umständen
VerwArch.	Verwaltungsarchiv (Jahrgang/Seite)
VerwRspr.	Verwaltungsrechtsprechung in Deutschland, Sammlung oberstrichterlicher Entscheidungen aus dem Verfassungs- und Verwaltungsrecht (Band/Seite)
VG	Verwaltungsgericht
VGH	Verwaltungsgerichtshof
vgl.	vergleiche
VVDStRL	Veröffentlichungen der Vereinigung der Deutschen Staatsrechtslehrer (Band [Jahrgang], Seite)
VwGO	Verwaltungsgerichtsordnung
WAG	Währungsausgleichsgesetz

WürttEVRO	Entwurf einer Verwaltungsrechtsordnung für Württemberg (1931)
ZBR	Zeitschrift für Beamtenrecht (Jahrgang/Seite)
ZfS	Zeitschrift für Sozialreform (Jahrgang/Seite)
Ziff.	Ziffer
ZLA	Zeitschrift für den Lastenausgleich (Jahrgang/Seite)
ZMR	Zeitschrift für Miet- und Raumrecht (Jahrgang/Seite)

Erster Teil

EINFÜHRUNG

I. *Praktische Bedeutung des Themas*

Das Problem der Rücknahme fehlerhafter begünstigender Verwaltungsakte ist infolge der sozialen und staatsrechtlichen Veränderungen der letzten Jahrzehnte sowie der jüngsten historischen Vorgänge heute in besonderem Maße aktuell geworden.

Die Anfänge der Verwaltungsrechtswissenschaft in Deutschland liegen in einer Zeit, in der das öffentliche Leben polizeistaatlichen Charakter trug. Daraus erklärt sich, daß die ältere Lehre ihr Augenmerk insbesondere auf den belastenden Verwaltungsakt als das Instrument der sogenannten Eingriffsverwaltung richtete. Die Streitfragen dieses Kapitels der Lehre vom Verwaltungsakt sind deshalb weitgehend ausgetragen. In den wesentlichen Punkten herrscht insoweit Einigkeit, so daß Lehre und Praxis auf einen festen Bestand unstreitiger Erkenntnisse zurückgreifen können.

Als Korrelat der Eingriffsverwaltung hat jedoch in neuerer Zeit die Leistungsverwaltung mehr und mehr an Bedeutung gewonnen. Der Grund dafür liegt nicht nur in den sozialen und staatsrechtlichen Veränderungen, die – vergröbernd gesehen – in der Wandlung vom Polizei- zum Sozialstaat zum Ausdruck kommen, sondern insbesondere auch in den Kriegsfolgeaufgaben, die der Verwaltung nach 1945 zugefallen sind und die neue Zweige der Verwaltung erforderlich gemacht haben. Als Beispiele seien das Lastenausgleichswesen, der Wiederaufbau, die Wohnungswirtschaft, das Vertriebenenwesen, die Kriegsopferversorgung und Wiedergutmachung genannt. Das Instrument dieser vornehmlich gewährenden und leistenden Verwaltung ist der begünstigende Verwaltungsakt, durch den dem Bürger Art und Maß seiner Teilhabe an den Staatsleistungen zugeteilt wird.

In welchem Umfange begünstigende Verwaltungsakte erlassen werden, ist kaum vorstellbar. So weiß Haueisen[1] zu berichten, daß ein Versicherungsträger in wenigen Monaten über eine Million Rentenzuteilungen, also begünstigende Verwaltungsakte, emittiert hat. Mit der Zahl der

---

[1] DVBl. 1960, 913, siehe auch DÖV 1961, 123; für das Gebiet des Lastenausgleichsrechts vgl. die Zahlenangaben bei Schaefer in RLA 1955, 307 und für die Rentenversicherung bei Rösener a. a. O. S. 512.

Verwaltungsakte wächst naturgemäß auch der Umfang der Fehler und Mängel. Im Brennpunkt der Diskussion steht deshalb in neuerer Zeit der fehlerhafte begünstigende Verwaltungsakt.

II. *Problemstellung und Ziel der Arbeit*

Die vorliegende Arbeit macht es sich nicht zur Aufgabe, die im besonderen Verwaltungsrecht für spezielle Rechtszweige bestehenden Rücknahmeregeln zusammenzutragen und rechtsvergleichend oder kritisch darzustellen. Vielmehr soll das Rücknahmeproblem nur für den Bereich des Rechts erörtert werden, in dem ausdrückliche gesetzliche Vorschriften über die Rücknahme entweder ganz oder teilweise fehlen. Die Darstellung unternimmt den Versuch, für dieses Gebiet nicht abschließender gesetzlicher Regelung ein Rücknahmesystem herauszuarbeiten, das auf Verfassungsgrundsätzen sowie unserer Rechtsordnung immanenten ungeschriebenen Rechtssätzen beruht und sowohl dogmatisch begründet als auch für den Rechtsanwender praktisch zu handhaben ist.

Wer die neuere Rechtsprechung zum Rücknahmerecht kennt, wird diesem Bemühen skeptisch gegenübertreten und darauf hinweisen, daß sich in der Praxis bereits eine weitgehend anerkannte und gefestigte Auffassung gebildet habe, mit der tragbare und befriedigende Ergebnisse erzielt worden seien. Eine wissenschaftliche Untersuchung verliert jedoch nicht schon dann an Aktualität und Daseinsberechtigung, wenn die Rechtsprechung mit einem bestimmten Rechtsproblem auf irgendeine Weise in befriedigendem Maße fertig wird, sondern die Rechtslehre hat vielmehr auch und insbesondere die Aufgabe, den Weg der Rechtsfindung kritisch zu überprüfen und – falls nötig – neue Wegweiser aufzustellen. Mit Recht bemerkt der VGH Baden-Württemberg in seinem Urteil vom 30. Oktober 1959[2], daß insoweit bisher dogmatisch sicher begründete Untersuchungen fehlen. Die nachfolgenden Ausführungen greifen deshalb nicht in erster Linie die Ergebnisse der Rechtsprechung an, um sie als unbillig hinzustellen, Angriffsziel wird vielmehr vor allem die Methode der Rechtsfindung sein.

Die ältere Rechtsprechung und Lehre werden dabei nur berücksichtigt, soweit das dort vorhandene Gedankengut auch heute noch verwertet werden kann.

III. *Terminologie*

1. Rücknahme

Wer sich zu Problemen der Lehre vom Verwaltungsakt äußert, sieht sich zunächst vor die Notwendigkeit gestellt, den Inhalt der von ihm verwendeten Begriffe abzugrenzen. Eine einheitliche Begriffssprache fehlt auch heute noch. Die allgemein herrschende Sprachverwirrung erschwert insbesondere das Verständnis der Literatur.

---

[2] ZBR 1960, 163 (164).

Dickmann[3] unterscheidet, ausgehend von den Rechtswirkungen, die Aufhebung und den Widerruf. Mit Aufhebung bezeichnet er die Vernichtung des Verwaltungsaktes mit Zukunftswirkung (ex nunc), mit Widerruf die rückwirkende Beseitigung eines Verwaltungsaktes (ex tunc). Schütz[4] dagegen versteht unter Widerruf die Beseitigung eines begünstigenden Verwaltungsaktes, während er für die Beseitigung belastender Verwaltungsakte den Begriff Rücknahme verwendet. Wolff[5] bezeichnet als „Aufhebung" die Kassation eines Verwaltungsaktes in einem förmlichen Rechtsmittelverfahren mit ex tunc-Wirkung, während er den Begriff „Widerruf" für die Beseitigung eines Verwaltungsaktes durch eine Behörde außerhalb eines Rechtsmittelverfahrens mit ex nunc- oder ex tunc-Wirkung verwendet. Noch andere Begriffe benutzt Ipsen[6]. Er schlägt für die Beseitigung fehlerfreier Verwaltungsakte die Bezeichnung „Widerruf" vor und will für die Beseitigung fehlerhafter Verwaltungsakte die Begriffe „Anfechtung" oder „Nichtigkeitsfeststellung" reservieren. „Rücknahme" und „Aufhebung" hält er für farblose Wendungen, die nicht auf den kranken (fehlerhaften) Verwaltungsakt hindeuten.

Bezeichnend ist, daß das Bundesverwaltungsgericht[7] sich angesichts dieser Sprachverwirrung in einer Entscheidung veranlaßt sah, die Begriffe doppelt zu verwenden, indem es, wenn von Widerruf die Rede war, in Klammern den Begriff „Rücknahme" hinzufügte.

Die herrschende Meinung verwendet als Oberbegriff das Wort „Aufhebung", das die Rücknahme und den Widerruf umfaßt. Als Widerruf wird die Aufhebung fehlerfreier Verwaltungsakte bezeichnet, während der Begriff „Rücknahme" für die Aufhebung fehlerhafter Verwaltungsakte verwendet wird[8].

Ein Begriff hat in der Gesetzessprache in erster Linie die Funktion, als terminus technicus einen bestimmten Sachverhalt oder Rechtsgedanken zu kennzeichnen. Es entspricht der Zweckmäßigkeit, wenn der ge-

---

[3] DÖV 1957, 282.

[4] DÖD 1956, 102 und DÖV 1958, 449; zustimmend Walter Schäfer in DVBl. 1960, 837 (839).

[5] Lehrbuch § 53, I c.

[6] Verwaltungsakte S. 12.

[7] NJW 1960, 692.

[8] vgl. Baring in JR 1960, 241 (243); Forsthoff, Lehrbuch S. 239 Anm. 1, in der er seine frühere Terminologie aufgibt; Friesenhahn, S. 258; Haueisen in NJW 1954, 1425 und DVBl. 1957, 506; Klinger § 42 E IV 1; G. Lange in DÖD 1956, 221 Anm. 1, Nitschke InfLA 1955, 5; Piechulek in JR 1957, 248; Richter in ZLA 1955, 53; Rösener a. a. O. S. 507; Sommer in DÖV 1954, 655 (656); Schaefer in RLA 1955, 305 Anm. 2, der darauf hinweist, daß auch der Gesetzgeber bei der Verabschiedung des 4. ÄndG.-LAG im wesentlichen dieser Terminologie folgt; Weber in BKK 1960, 234, 235; Wilke S. 16; BVerwG in NJW 1960, 1487; BSG in NJW 1956; 968; OVG Berlin in DVBL. 1957, 503 (504) = DÖV 1957, 753; Bad.-Württ. VGH in ZBR 1960, 163, OVG Koblenz Urt. v. 28. 7. 1960 — zit. bei Schunck-De Clerck § 42 2.c (S. 179); Amtl. MittBl. BAA 1956, 491.

wählte Begriff in treffender Form das Typische des zu bezeichnenden Sachverhalts herausstellt. Die aufgezeigten in der Literatur geprägten Begriffe für die Beseitigung des Verwaltungsaktes sollen diesem Gesichtspunkt der Zweckmäßigkeit entgegenkommen. So weiß jeder Begriffsschöpfer einige Argumente anzuführen, die für seine Begriffswahl sprechen. Es könnte nunmehr in eine Prüfung dieser Argumente eingetreten werden, um schließlich herauszufinden, wer die triftigeren Gründe auf seiner Seite hat. Ein solches Unternehmen erscheint jedoch wenig sinnvoll und ist wissenschaftlich unergiebig[9], einmal deswegen, weil der praktische Ertrag einer solchen Untersuchung angesichts der nur geringen Differenzen in keinem Verhältnis zum Aufwand stünde, zum anderen, weil es sich nicht empfiehlt, die sich anbahnende Verfestigung der Begriffssprache zu einer allgemeinen Meinung in ihrer Entwicklung zu stören[10]. Deshalb wird den folgenden Ausführungen die Begriffssprache der herrschenden Meinung zugrundegelegt, nach der mit Rücknahme die Aufhebung fehlerhafter und mit Widerruf die Aufhebung fehlerfreier Verwaltungsakte bezeichnet wird.

2. Begünstigender Verwaltungsakt

Da die vorliegende Untersuchung den begünstigenden Verwaltungsakt zum Gegenstand haben soll, bedarf noch der Klärung, wann ein Verwaltungsakt begünstigenden Charakter hat.

Begünstigend ist ein Verwaltungsakt sicher dann, wenn er dem Aktadressaten lediglich rechtliche Vorteile bringt[11], während ein Verwaltungsakt den Adressaten belastet, wenn er ihm neue Pflichten auferlegt oder bestehende konkretisiert. Daß ein Verwaltungsakt nur *eine* fest umrissene Pflicht oder *ein* bestimmt begrenztes Recht regelt, ist die Ausnahme. In den meisten Fällen ist Regelungsgegenstand eines Verwaltungsaktes eine Rechtsposition, die sowohl Rechte als auch Pflichten umfaßt, z. B. die Beamtenernennung, die für den Ernannten die Dienstleistungspflicht begründet, aber ihn zugleich auch mit einer Anzahl von Rechten gegen den Dienstherrn ausstattet, oder die Verleihung der

---

9 Zur Fruchtlosigkeit einer terminologischen Kontroverse vgl. Bachof in VVDStRL 19 (1961), 249.

10 Das mag auch ein Grund dafür sein, weshalb Forsthoff in der 7. Aufl. S. 239 seine Terminologie aufgibt und der herrschenden folgt. Daß es im wesentlichen darauf ankommt, *überhaupt* gemeinsame Begriffe zu finden, betont m. E. zu Recht Schaefer in RLA 1955, 305 Anm. 2.

11 Schäfer bezeichnet diese Auffassung vom begünstigenden Verwaltungsakt als die „herkömmliche“ und belegt seine Feststellung durch ein Zitat aus Peters' Lehrbuch der Verwaltung, 1949, S. 155, um sodann diese Auffassung als zu eng zu verwerfen. Er übersieht, daß Peters in einem Nachsatz ausdrücklich hinzufügt: „Daß mit einem begünstigenden Verwaltungsakt auch Verpflichtungen verbunden sind, ändert seinen Charakter nicht.“ Wie Schäfer dazu kommt, diese Definition als die „herkömmliche“ hinzustellen, bleibt unersichtlich.

Staatsangehörigkeit, die den Schutzanspruch des verleihenden Staates begründet, aber dem Adressaten zugleich auch die Wehrpflicht auferlegt. Auch solche Verwaltungsakte, die dem Adressaten Rechte verleihen und ihm zugleich Pflichten auferlegen, können begünstigenden Charakter haben[12]. Es kommt darauf an, ob die rechtlichen Vorteile die Nachteile überwiegen, mit anderen Worten ob die Rechtsstellung des Adressaten insgesamt verbessert worden ist.

Nicht erforderlich ist, daß durch den Verwaltungsakt ein subjektives öffentliches Recht begründet wird[13]. Es genügt, „wenn der Verwaltungsakt die Rechtsstellung des Adressaten in einer Art und Weise konkretisiert, daß man eine Begünstigung schlechterdings nicht verneinen kann" [14]. Wesensbestimmend für den begünstigenden Verwaltungsakt ist nicht, daß er Rechte (konstitutiv) begründet. Eine Begünstigung ist auch darin zu erblicken, daß ein bereits bestehendes Recht bzw. eine Rechtsposition (deklaratorisch) festgestellt oder bestätigt wird[15]. Die Rechtsprechung[16] hat deshalb z. B. Pensionsfestsetzungsbescheide oder Bescheide über die Feststellung von Versorgungs- oder Hinterbliebenenbezügen als begünstigende Verwaltungsakte eingeordnet und sie den allgemeinen Regeln über die Rücknahme solcher Verwaltungsakte unterworfen. Das Bundesverwaltungsgericht[17] hat die Begünstigung bei feststellenden Verwaltungsakten darin erblickt, daß die Rechtsposition des Adressaten durch Konkretisierung der gesetzlichen Bestimmungen verbessert werde. Die Begünstigung könne allein in der formellen Bedeutung des Verwaltungsaktes liegen. Dieser Auffassung ist zuzustimmen, denn mit dem Erlaß des Feststellungsbescheides wird für den Adressaten die Durchsetzung seiner Rechte näher gerückt und erleichtert. Eine objektiv bestehende Rechtsposition kann wertlos sein, wenn sie von anderen Rechtsbeteiligten mißachtet wird und nicht zu verwirklichen ist. Deshalb bedeutet jeder Schritt zur allgemeinen Anerkennung einer Rechtsposition

---

[12] vgl. Peters, Lehrbuch S. 155; Bachof, Klage, S. 22; Koellreuter, S. 39.

[13] a. A. Strickstrock, S. 231, der zwischen echtem und unechtem begünstigenden Verwaltungsakt unterscheidet. Für den echten begünstigenden Verwaltungsakt sieht er als wesensbedingt die Begründung eines subjektiven öffentlichen Rechts an, während er als unechten begünstigenden Verwaltungsakt einen solchen bezeichnet, der lediglich ein bereits bestehendes subjektives öffentliches Recht feststellt oder bestätigt.

[14] Menger in VerwArch. 1959, 88.

[15] vgl. Peters, Lehrbuch, S. 155; Wolff, Lehrbuch, § 47 VI b; Tietgen in DVBl. 1958, 472; Haueisen in DVBl. 1960, S. 913 (916) und NJW 1958, 441 (442); Menger in VerwArch. 1959, 88; von Müller in ZLA 1957, 225; Otto in DDB 1959, 157.

[16] BVerwG in NJW 1960, 258 = DVBl. 1959, 626 = BVerwGE 8, 261; NJW 1960, 692; DVBl. 1958, 653; NJW 1961, 475.

[17] NJW 1960, 258 = DVBl. 1959, 626.

und zu ihrer Durchsetzbarkeit eine weitere Verfestigung der Rechte und damit eine Begünstigung für den Rechtsinhaber[18].

Diese Verfestigung der Rechte des Adressaten kommt auch darin zum Ausdruck, daß er durch den Erlaß des Verwaltungsaktes prozessual günstiger gestellt wird; denn mit dem Erlaß des Verwaltungsaktes ist eine Umkehr der Beweislast im Verwaltungsprozeß verbunden. Zwar gibt es im Verwaltungsprozeß auf Grund des hier herrschenden Untersuchungsgrundsatzes keine subjektive Beweislast im Sinne einer Beweisführungspflicht, jedoch hat nach allgemeiner Auffassung[19] derjenige, der sich auf eine ihm günstige Regelung beruft, die Folgen gegen sich gelten zu lassen, wenn es ihm nicht gelingt, eine bei Gericht bestehende Ungewißheit, ob auf ihn die Voraussetzungen für die günstige Regelung zutreffen, auszuräumen. Wenn nun die Verwaltung von Anfang an Ansprüche verneint und der Bürger dagegen mit der Anfechtungs- und Verpflichtungsklage vorgeht, trägt er die Rechtsfolgen, wenn sich das Gericht nicht von der Berechtigung seiner Ansprüche überzeugen kann. Hat die Behörde dagegen durch Verwaltungsakt zunächst die Ansprüche anerkannt und will sie später bei erkannter Fehlerhaftigkeit den Akt zurücknehmen, so geht die Ungewißheit über das Vorliegen der Anspruchsvoraussetzungen nunmehr zu ihren Lasten[20]. Daraus folgt, daß der Bürger auch durch den Erlaß eines feststellenden Verwaltungsaktes begünstigt wird.

Leistungen, die durch einen Verwaltungsakt zuerkannt werden, begünstigen den Adressaten auch dann, wenn er die Zuerkennung höherer Leistungen beantragt hatte.

3. Fehlerhafter Verwaltungsakt

Ferner ist noch zu klären, wann ein Verwaltungsakt als fehlerhaft anzusehen ist. Fehlerhaft ist ein Verwaltungsakt dann, wenn er in einem das Recht verletzenden Verfahren zustandegekommen ist oder (und) der in ihm enthaltene Staatsausspruch mit der Rechtsordnung nicht in Einklang steht, mit anderen Worten wenn er rechtswidrig ist.

Fraglich erscheint, wie der irrtümlich erlassene Verwaltungsakt zu beurteilen ist. Fest steht, daß der Irrtum nicht immer zur Rechtswidrigkeit führt und daß er allein niemals Widerrufsgrund ist[21]. Vielmehr kommt es darauf an, wie der Irrtum der Behörde beschaffen ist. Wendet die Behörde eine gesetzliche Bestimmung falsch an oder übersieht sie ein-

[18] Mit Recht spricht Haueisen in DVBl. 1960, 913 (916) von einem gewissen „Rechtswert" den feststellende Verwaltungsakte schon kraft ihrer Existenz haben. Diese Auffassung hat Haueisen in DÖV 1961, 121 (124 f.) weiter untermauert; vgl. auch Piechulek in JR 1957, 247 und Fleiner, Institutionen, S. 182; ferner G. Lange in DÖD 1956, 222.

[19] vgl. Eyermann-Fröhler § 86, 5; Lüke in JuS 1961, 44; Bayr. VGH in VerwRspr. 9, 53 (54).

[20] vgl. den Fall Bayr. VGH in VerwRspr. 9, 53.

[21] Ipsen, Widerruf, S. 128; Fleiner, Institutionen, S. 207; Wolff, § 53 III (S. 296).

zelne Vorschriften, befindet sie sich also in einem Gesetzesirrtum, so ist der Verwaltungsakt rechtswidrig, also entweder fehlerhaft oder nichtig.

Irrt die Behörde über Tatsachen, so ist zu unterscheiden, ob der Irrtum im Bereich der reinen Gesetzesanwendung (gebundene Verwaltungsakte) oder in der Sphäre des freien Ermessens (freie Verwaltungsakte) liegt. Geht die Behörde bei gebundenen Verwaltungsakten von einem falschen Sachverhalt aus, so steht der Verwaltungsakt im Widerspruch zum Gesetz und ist rechtswidrig. Irrt sie sich dagegen im Rahmen des freien Ermessens, so liegt lediglich Zweckwidrigkeit, nicht aber Gesetzwidrigkeit des Verwaltungsaktes vor[22].

Einer besonderen Stellungnahme bedarf es in diesem Zusammenhang zu der Frage, ob ein Verstoß gegen nachgiebiges Recht, beispielsweise gegen sogenannte Sollvorschriften, den erlassenen Verwaltungsakt rechtswidrig macht. Dieser Punkt hat in der bisherigen Rechtsprechung eine zwiespältige Beurteilung erfahren. Teils wurde Rechtswidrigkeit angenommen, teils verneint[23]. Die Unklarheiten liegen m. E. hier darin begründet, daß die scharfe Trennungslinie zwischen Tatbestand und Rechtsfolge nicht genügend beachtet wird. Setzt man Rechtswidrigkeit gleich Widerspruch gegen die geltende Rechtsordnung, so ergibt sich von selbst, daß auch die Verletzung sogenannter Sollvorschriften zur Rechtswidrigkeit führt. Auch eine Sollvorschrift enthält ein Gebot oder Verbot an die Rechtsunterworfenen, sich in bestimmter Weise zu verhalten. Sie sind nicht nur unverbindliche Empfehlungen des Gesetzgebers, sondern Rechtssätze, die Beachtung verdienen[24]. Die Fassung einer Rechtsnorm als Sollvorschrift deutet lediglich an, daß ihre Nichtbeachtung keine Rechtsfolgen auslöst[25]. Es besteht eine rechtlich unbeachtliche Rechtswidrigkeit. Die Frage des Verstoßes gegen Sollvorschriften betrifft also lediglich die Fehlerfolge[26].

Allgemeine Übereinstimmung herrscht darüber, daß bloße Versehen nicht zur Fehlerhaftigkeit des Verwaltungsaktes führen. Hierzu rechnen etwa Schreibfehler, unrichtige, aber die Personenidentität nicht in Zweifel stellende Bezeichnungen, falsche Zitate über Gesetzesfundstellen usw. Derartige Versehen sind ohne weiteres zu berichtigen[27]. § 118 VwGO

---

[22] vgl. dazu Peters, Lehrbuch, S. 165 (169); Forsthoff, Lehrbuch, S. 223; v. Hippel S. 122 f.; Jellinek, Lehrbuch, S. 284; Ipsen, Widerruf, S. 177 ff. (121); Baring in DVBl. 153, 426, richtig auch Hammerschmidt S. 27, 29, 32 und Seibert, S. 19, anders Kormann, S. 381.

[23] vgl. dazu unten S. 15 f.

[24] vgl. Jellinek, Gesetz, S. 113 f.

[25] vgl. Wolff, § 53 II e (S. 292); PrOVG 79, 41 (43).

[26] vgl. Jellinek, Lehrbuch, S. 268 und Staatsakt, S. 32, siehe ferner Andersen, S. 51 f., der ausführlich zur Unterscheidung zwischen Ungültigkeit und Rechtswidrigkeit Stellung nimmt und zu dem Ergebnis kommt, daß nicht jede „Unregelmäßigkeit“ (Rechtswidrigkeit) eine Rechtsfolge zeitigt.

[27] vgl. Wolff, § 51 VII; Forstloff, Lehrbuch, S. 205; BSG in NJW 1961, 2231.

ordnet an, daß Schreibfehler, Rechenfehler und ähnliche offenbare Unrichtigkeiten im Urteil jederzeit vom Gericht zu berichtigen sind. Was für Urteile gilt, muß erst recht für Verwaltungsakte Gültigkeit haben.

Einen weiteren Streitpunkt bildet dagegen die Frage, ob Rechtswidrigkeit eines Verwaltungsaktes auch dann vorliegt, wenn sich lediglich die Rechtsanschauung gewandelt hat oder sich die Behörde später eine abweichende Auslegung einer gesetzlichen Vorschrift zu eigen macht oder einen Sachverhalt später abweichend würdigt. Haueisen[28] nimmt auch hier Rechtswidrigkeit an und macht geltend, die Frage, ob ein Verwaltungsakt rechtswidrig sei, könne überhaupt nicht von subjektiven „Anschauungen" abhängen, vielmehr sei in jedem Fall zu prüfen, ob objektiv das Gesetz falsch ausgelegt oder der Sachverhalt unzutreffend gewürdigt worden sei. Das Bundessozialgericht[29] steht auf demselben Standpunkt. Dagegen hat das Bundesverwaltungsgericht (4. Senat)[30] zunächst die Ansicht vertreten, daß Rechtswidrigkeit eines Verwaltungsaktes nicht anzunehmen sei, wenn sich lediglich die Rechtsanschauung gewandelt habe. In einer neueren Entscheidung[31] führt derselbe Senat jedoch aus, rechtswidrig sei derjenige Verwaltungsakt, welcher durch unrichtige Anwendung bestehender Rechtssätze zustande gekommen sei. Eine Auslegung sei dann unrichtig, wenn sie sich nach „geläuterter Rechtsanschauung" als unrichtig erweise. Daraus hat Haueisen[32] gefolgert, daß das Bundesverwaltungsgericht seine früher vertretene Rechtsansicht offensichtlich aufgegeben habe.

Diese Folgerung ist m. E. jedoch nur bedingt richtig, denn „gewandelte Rechtsanschauung" und „geläuterte Rechtsanschauung" sind nicht identisch. Der rein sprachliche Unterschied zwischen diesen beiden Begriffen führt auch, was noch zu zeigen sein wird, zu notwendigen sachlichen Differenzierungen.

Wenn man das Bundesverwaltungsgericht beim Worte nimmt, so bedeutet „geläuterte Rechtsanschauung" so viel wie „gereinigte[33] Rechtsanschauung", und zwar gereinigt von Irrtümern in der Gesetzesauslegung, Denkfehlern und logischen Fehlschlüssen. Der Läuterungsprozeß

---

[28] NJW 1958, 642; NJW 1960, 1883; NJW 1962, 335; ebenso Weber in BKK 1960, 236; Wolff § 53 III (S. 296); von Müller in ZLA 1957, 244 und für den Fall abweichender Beurteilung der tatsächlichen Verhältnisse Eyermann-Fröhler, § 42 Anh. 44.

[29] NJW 1959, 1607; NJW 1961, 988; ebenso OVG Rheinl.-Pfalz in MDR 1961, 354 und VG Hannover in DVBl. 1961, 169 (170).

[30] NJW 1958, 154 = DÖV 1957, 912; ebenso Schäfer in RLA 1955, 342; Amtl.MittBl. BAA 1956, 491.

[31] NJW 1962, 360 (361).

[32] NJW 1962, 335.

[33] Das dem Partizip „geläutert" entsprechende Adjektiv „lauter" hat die Grundbedeutung „gewaschen" (lat. lautus); vgl. dazu Kluge/Götz, Etymologisches Wörterbuch, 15. Aufl., 1951 und Ernst Wasserzieher, Woher?, Ableitendes Wörterbuch der deutschen Sprache, 11. Aufl., 1948.

betrifft also die Erkenntnis eines objektiv gegebenen Rechtszustandes bei unveränderten tatsächlichen Verhältnissen. Er wird vorbereitet und vollzogen durch tieferes Eindringen in die Rechtsmaterie und aufklärende Forschungsarbeit durch Lehre und Rechtsprechung.

Die auf diese Weise durch „lautere Erkenntnis" bewirkte Veränderung der Rechtsanschauung kann man freilich auch als „Wandlung" bezeichnen; jedoch ist der Begriff der Wandlung umfassender. Der Läuterungsprozeß ist nämlich ein im wesentlichen rationaler Erkenntnisvorgang, der sich auf der Grundlage unveränderter ethischer und gesellschaftlicher Wertmaßstäbe vollzieht. Eine Wandlung der Rechtsanschauung geht aber auch mit der Veränderung dieser Wertmaßstäbe einher, ohne daß man in diesem Fall von einer Läuterung sprechen könnte. Konkret ausgedrückt: Was in der Nazizeit als rechtens angesehen wurde, wird heute zumeist als unrichtig verworfen oder z. B. Begriffe wie Freiheit und Demokratie sind nicht „lauter" erkennbar, sondern erhalten Inhalt und Färbung durch die in der Gesellschaft vorhandenen Anschauungen. Die Wandlung ist demnach der neutralere umfassendere Oberbegriff, der die Läuterung in sich schließt.

Daraus folgt für das gestellte Problem, daß ein Verwaltungsakt als rechtswidrig anzusehen ist, wenn er sich nach „geläuterter Rechtsanschauung" als fehlerhaft erweist, denn auch ein allgemein verbreiteter Irrtum kann nicht die zunächst latent vorhandene Diskrepanz zwischen Sollen und Sein überbrücken. Dasselbe gilt, wenn sich die Behörde später eine abweichende Auslegung zu eigen macht oder einen Sachverhalt abweichend würdigt, denn auch hier liegen Fehler in der Rechtsanwendung, d. h. Erkenntnisfehler vor[34]. Dagegen ist ein Verwaltungsakt nicht als rechtswidrig zu bezeichnen, wenn sein Erlaß nach gewandelten Wertmaßstäben, die in der Gesellschaft vorhanden sind, mißbilligt und als mit dem Recht unvereinbar bezeichnet wird, denn das Werturteil von gestern wird nicht unrichtig, sondern hat in der Zeit, in der es gefällt wurde, volle Gültigkeit.

Die oben skizzierten Unterschiede verlieren jedoch dadurch an praktischem Interesse, daß sich die Wertmaßstäbe in der Gesellschaft kaum von heute auf morgen verändern werden, sondern zumeist in einem zähen und langjährigen Wandlungsprozeß andere Gestalt annehmen. Gleichwohl erscheint es nötig, die aufgezeigten Differenzierungen klarzulegen, wenn auch diese Ausführungen sich auf Andeutungen der vielschichtigen und schwierigen Problematik beschränken müssen.

---

[34] ebenso OVG Rheinl.-Pfalz in MDR 1961, 354 und VG Hannover in DVBl. 1961, 169 (170).

Zweiter Teil

DIE RÜCKNAHME FEHLERHAFTER BEGÜNSTIGENDER VERWALTUNGSAKTE IM ALLGEMEINEN

Der zweite Teil gliedert sich in zwei Kapitel. Im ersten Kapitel soll zunächst der Stand der Diskussion über die Rücknahme fehlerhafter begünstigender Verwaltungsakte in Lehre und Rechtsprechung dargestellt werden. Dabei wird insbesondere Wert darauf gelegt, die Grundlinien der herrschenden Meinung zum Rücknahmerecht herauszuarbeiten und systematisch zu ordnen. Um den Blick für die herrschende Auffassung freizuhalten, werden Sondermeinungen bei dieser Bestandsaufnahme nur kurz und in ihren wesentlichen Punkten erörtert und auch bereits kritisch gewürdigt.

Anschließend folgt eine kritische Auseinandersetzung, in der Bedenken gegen die herrschende Gerichtspraxis und Lehre zum Rücknahmerecht vorgetragen und ihre Schwächen und Mängel aufgespürt werden sollen. Die kritische Stellungnahme endet mit einem Ausblick auf Ansatzpunkte für eine neue Lösung.

Dieser Versuch eines neuen Systems des Rücknahmerechts wird im zweiten Kapitel unternommen. In ihm wird die Auseinandersetzung mit Rechtsprechung und Schrifttum in den Einzelheiten fortgesetzt, wobei nunmehr auch Einwände und Sondermeinungen, die im ersten Kapitel aus Gründen des Verständnisses und der Übersicht außer Betracht geblieben sind, erörtert werden.

Erstes Kapitel: **Stellungnahmen in Rechtsprechung und Lehre**

A. Die Auffassungen der Rechtsprechung

I. *Geschichtlicher Überblick*

Die Rücknahme rechtswidriger begünstigender Verwaltungsakte ist erst in der Nachkriegsrechtsprechung als problematisch empfunden worden. Wenn sich auch gegenwärtig bereits feste Grundlinien auf diesem speziellen Gebiet des Rücknahmerechts abgezeichnet haben, so ist die Diskussion um die Rücknahme rechtswidriger begünstigender Verwaltungsakte noch nicht zu einem endgültigen und befriedigenden Abschluß gelangt. Die in jüngster Zeit ergangenen Entscheidungen weichen in wesentlichen Fragen zum Teil noch erheblich voneinander ab, so daß ein fest durchgebildetes und scharf umrissenes Rücknahmesystem auch heute noch fehlt.

Die ältere Rechtsprechung hat in der Rücknahme rechtswidriger Verwaltungsakte keine Problematik gesehen. Vor dem zweiten Weltkrieg haben die Gerichte allgemein angenommen, fehlerhafte Verwaltungsakte dürfe die Verwaltung jederzeit zurücknehmen[35]. Dabei wurde zwischen begünstigenden und belastenden Verwaltungsakten kein Unterschied gemacht. Nach dem Zusammenbruch im Jahre 1945 hat die allgemeine Verwaltungsgerichtsbarkeit zunächst diese Praxis fortgesetzt[36].

Widerspruch gegen die These von der freien Rücknahme ist bis heute nicht erhoben worden, soweit es belastende Verwaltungsakte anlangt. Die Beseitigung belastender Verwaltungsakte wirft auch keine Probleme auf, weil sie für den Bürger eine Begünstigung bedeutet.

Dagegen hat sich die Auffassung in der Frage der Rücknahme rechtswidriger begünstigender Verwaltungsakte in grundlegender Weise gewandelt. Daß insbesondere die Nachkriegsrechtsprechung sich mit diesem Problem auseinanderzusetzen hatte, hat seinen Grund in der umfangreichen Kriegsfolgengesetzgebung. Die Vermögensumschichtungen und Entschädigungszahlungen auf Grund des Lastenausgleichsgesetzes, des Bundesentschädigungsgesetzes, des Gesetzes nach Art. 131 GG, des Gesetzes über die Versorgung von Kriegshinterbliebenen u. a. m. hat die Zahl der begünstigenden Verwaltungsakte in bisher nicht gekanntem Ausmaß anschwellen lassen. In der Frage der Rücknahme rechtswidriger begünstigender Verwaltungsakte betraten die Gerichte weithin unerforschten Boden. Es ist deshalb erklärlich, daß die zunächst ergangenen Entscheidungen vielfach vom Ergebnis her bestimmt und von der Eigenart des in Betracht stehenden Rechtszweigs des besonderen Verwaltungsrechts geprägt sind.

II. *Grundsatz der freien Rücknahme*

In der Gewöhnung, nach Regel und Ausnahmen zu judizieren, befassen sich die einschlägigen Entscheidungen zunächst mit der Frage, ob rechtswidrige begünstigende Verwaltungsakte grundsätzlich zurückgenommen werden können, um vom Boden eines Grundsatzes eventuelle Ausnahmen zu erfassen.

---

35 vgl. z. B. RGZ 34, 243; Sächs. OVG in JW 1935, 2463; zur Rechtsprechung des PrOVG siehe Schoen a. a. O. und Gerber in VerwArch. 1931, S. 72 ff.; zur Rechtsprechung des badischen, bayrischen, sächsischen und württembergischen Verwaltungsgerichtshofes bzw. Oberverwaltungsgerichtes vgl. Zinser in VerwArch. 1934 259 ff.

36 vgl. VGH München in VerwRspr. 4, 144; BVerwG in NJW 1955, 316; BGH in NJW 1951, 359; OVG Münster in ZMR 1953, 132 und DÖV 1956, 151; vgl. auch Weber in BKK 1960, 236, der den Umschwung der Rspr. auf das Jahr 1956 datiert, in dem das OVG Berlin sich gegen die bis dahin herrschende Rspr. wandte, vgl. dazu unten S. 13.

Die überwiegende Rechtsprechung[37] steht auf dem Standpunkt, daß rechtswidrige begünstigende Verwaltungsakte frei zurückgenommen werden können. Eine nähere Begründung für die Gültigkeit dieses Grundsatzes ist nur vereinzelt zu finden. Zum Teil wird auf den „allgemein anerkannten Rechtsgrundsatz" Bezug genommen[38]. Zuweilen wird auch auf die „überwiegende Meinung", die sich in neuerer Zeit herausgebildet habe, verwiesen[39].

Das OVG Lüneburg[40], der bayrische VGH[41], der VGH Kassel[42] und der VGH Baden-Württemberg[43] leiten den Grundsatz der freien Rücknahme aus dem verfassungsmäßigen Grundsatz der Gesetzmäßigkeit der Verwaltung ab, der in Art. 20 Abs. 3 GG seinen Ausdruck gefunden hat. Da die Verwaltung rechtsgebundene Verwaltung sei, müsse ihr grundsätzlich eingeräumt werden, daß sie zur Wiederherstellung der Rechtmäßigkeit ihres Handelns einen nicht dem Gesetz entsprechenden Verwaltungsakt kassieren dürfe, ja müsse[44]. Denn es sei Pflicht der öffentlichen Gewalt, den dem Gesetz entsprechenden Zustand herzustellen und aufrechtzuerhalten[45]. Auf der gleichen Linie liegt der Hinweis des VG Freiburg[46], die Rücknahme fehlerhafter Verwaltungsakte entspreche den Grundsätzen einer rechtsstaatlichen Verwaltung.

Neben dem Grundsatz der Gesetzmäßigkeit der Verwaltung wird zur Begründung auch der Grundsatz der Gleichbehandlung als Anwendungsfall des verfassungsmäßig verankerten Gleichheitssatzes herangezogen. Durch gesetzwidrige begünstigende Verwaltungsakte werde auch der Grundsatz der Gleichbehandlung des vergleichbaren Personenkreises verletzt[47]. Außerdem wird angeführt, daß das öffentliche Inter-

37 vgl. BVerwG in DÖV 1957, 588 = DVBl. 1957, 497; DÖV 1957, 911 = NJW 1958, 154 = VerwRspr. 10, 147 = BVerwGE 6, 1 ff.; DVBl. 1958, 653 = ZBR 1958, 247; NJW 1960, 693; NJW 1960, 1487; DVBl. 1960, 138 = NJW 1960 692; BGHZ 1, 223; BGH in NJW 1957, 987; BSG in NJW 1956, 968; OVG Berlin in DVBl. 1954, 129; OVG Lüneburg in MDR 1957, 397; MDR 1952, 381; MDR 1959, 67; OVG Münster in DÖV 1956, 151; DVBl. 50, 730, Bayr. VGH in VerwRspr. 4, 144; 9, 53; OVG Rheinl.-Pfalz in MDR 1961, 352 (353); VGH Kassel in DVBl. 1958, 763; VGH Baden-Württemberg in ZBR 1960, 163 (164); VerwRspr. 10, 662 und in Praktische Sozialhilfe IV A 23 S. 1460 (Urt. v. 2. 9. 1960); OVG Hamburg in MDR 1952, 62; LVG Hannover in NJW 1952, 910; LVG Rheinland-Pfalz in DVBl. 1952, 638; VG Freiburg in DÖV 1950, 187; widersprüchlich BGH in DÖV 1961, 62.

38 OVG Münster in DÖV 1957, 324 (325).

39 OVG Berlin in DVBl. 1954, 129 (130).

40 DVBl. 56, 24.

41 VerwRspr. 4, 144.

42 DVBl. 1958, 763.

43 ZBR 1960, 163 (164).

44 so OVG Lüneburg in DVBl. 1956, 24.

45 so Bayr. VGH in VerwRspr. 4, 144.

46 in DÖV 1950, 187.

47 so VGH Kassel in DVBl. 1958, 763; Bayr. VGH in VerwRspr. 4, 144.

esse berührt werde, wenn ein gesetzwidriger Verwaltungsakt nicht rücknehmbar sei[48]. Schließlich wird darauf hingewiesen, daß der Grundsatz der freien Rücknahme auch in gesetzlichen Regelungen, z. B. im § 143 I Nr. 2 Thür.LVO, § 42 I a PVG, Art. 88 I Nr. 1 Württ.EVRO zum Ausdruck komme[49].

Der in der herrschenden Rechtsprechung angenommene Grundsatz der Rücknahme rechtswidriger begünstigender Verwaltungsakte ist nur in wenigen Entscheidungen abgelehnt worden. So hat das OVG Berlin durch Urteil vom 14. 11. 1956[50] zum Ausdruck gebracht: „Ein allgemein anerkannter Rechtsgrundsatz, daß ein begünstigender Verwaltungsakt lediglich mit der Begründung, er widerspreche dem geltenden Recht, von der Behörde zurückgenommen werden kann, besteht nicht." Der Grundsatz der Gesetzmäßigkeit der Verwaltung stehe dem nicht entgegen. Dieser Grundsatz besage lediglich, daß b e l a s t e n d e Verwaltungsakte nicht ohne gesetzliche Ermächtigung ergehen dürften, das bedeute aber nicht, daß ausschließlich begünstigende Verwaltungsakte immer eine positive Rechtsgrundlage haben müßten. Ebenso wendet sich das OVG Berlin gegen die Rechtsanalogie aus dem besonderen Verwaltungsrecht (§ 143 I Nr. 2 Thür.LVO; § 42 I a PVG), die von der herrschenden Rechtsprechung zur Begründung des Grundsatzes der freien Rücknahme herangezogen wird.

Auch das OVG Hamburg[51] bezweifelt, ob die freie Rücknahme angesichts des Wandels in den Beziehungen zwischen Staat und einzelnem wirklich einem gültigen Grundsatz des allgemeinen Verwaltungsrechts entspricht. Es läßt die Frage dahingestellt.

Die Auffassung des OVG Berlin hat das Bundesverwaltungsgericht im Revisionsurteil über denselben Fall[52] eindeutig und lakonisch zurückgewiesen, indem es ausführt: „Grundsätzlich ist allerdings daran festzuhalten, daß ein rechtswidriger Verwaltungsakt widerrufen (zurückgenommen) werden kann. Auch soweit in der Rechtsprechung des BVerwG Ausnahmen hiervon anerkannt worden sind, ist der Grundsatz selbst nicht in Frage gestellt worden. Er folgt aus dem Rechtsstaatsgedanken und der Bindung der Verwaltung an Gesetze. Sofern das Berufungsgericht (OVG Berlin) dies in Frage stellen will, kann ihm nicht gefolgt werden."

---

48 so VGH Kassel in DVBl. 1958, 763.

49 BVerwG in DÖV 1957, 911 (912) = BVerwGE 6, 1 = VerwRspr. 10, 147 = NJW 1958, 154; BVerwG in DÖV 1957, 588, das auch in § 13 PBefG a. F. einen Anwendungsfall des allgemeinen Rechtsgrundsatzes der Widerruflichkeit fehlerhafter begünstigender Verwaltungsakte erblickt; ferner OVG Berlin in DVBl. 1954, 129 (130); OVG Münster in DÖV 1957, 324 (325) und DÖV 1957, 756; ferner OVG Hamburg in VerwRspr. 3, 579.

50 in DVBl. 1957, 503 = DÖV 1957, 753.

51 DVBl. 1959, 147.

52 NJW 1960, 692.

Angesichts dieser festen Beteuerung, am Grundsatz festzuhalten, erscheint es bemerkenswert, wenn das Bundesverwaltungsgericht (diesmal allerdings der 2. Senat) etwa ein Jahr später[53] erklärt, auch ein gesetzwidriger Verwaltungsakt könne nicht jederzeit zurückgenommen werden, sondern die Rücknahme unterstehe dem Grundsatz von Treu und Glauben.

In den neuesten Entscheidungen des Bundesverwaltungsgerichts[54] vollzieht sich ein stillschweigendes und fast unmerkliches Abrücken von dem noch kürzlich bekräftigten Grundsatz der freien Rücknahme. Der Grund dafür liegt in der mehr und mehr sich durchsetzenden Einzelfalljurisprudenz, die das Bundesverwaltungsgericht mit der konkreten, d. h. im Einzelfall anzustellenden Interessenabwägung betreibt. Eine Einzelfalljurisprudenz bedarf aber keines Grundsatzes mehr[55]. So ist es erklärlich, wenn das Bundesverwaltungsgericht[56] zu dem Ergebnis kommt: „Im Gegensatz zu der früher im allgemeinen Verwaltungsrecht vertretenen Rechtsansicht kann vielmehr grundsätzlich Rechtswidrigkeit allein noch nicht immer zum Widerruf berechtigen. Bei festgestellter Rechtswidrigkeit ist vielmehr noch abzuwägen, ob etwa das Vertrauen des Betroffenen, der an die Endgültigkeit des ihn begünstigenden Verwaltungsaktes glaubt, so starken Schutz verdient, daß die Aufrechterhaltung der unrichtigen Entscheidung auch gegenüber rechtsstaatlichen Erwägungen geboten erscheint."

Noch deutlicher vollzieht sich die Abwendung vom Grundsatz der freien Rücknahme in einer anderen Entscheidung, in der es heißt: „Auch hier gilt der Grundsatz, daß ein gesetzwidriger Verwaltungsakt unter Beachtung des auch im öffentlichen Recht herrschenden Vertrauensschutzes nach Treu und Glauben n u r (!)[57] zurückgenommen werden darf, wenn das öffentliche Interesse an der Gesetzmäßigkeit der Verwaltung das durch den Erlaß des fehlerhaften Akts begründete Vertrauen des Begünstigten auf die Beständigkeit behördlicher Entscheidungen überwiegt[58]." Neuerdings wird in den Entscheidungsgründen[59]

---

[53] NJW 1961, 475.

[54] NJW 1961, 475; 1961, 1130.

[55] vgl. dazu Hangartner a. a. O. S. 85: „Die Lösung des Interessenkonflikts im Bereich nicht abschließender gesetzlicher Regelung ist verschieden je nach Art und Stärke der sich gegenüberstehenden Interessen. Unter dieser Annahme ist aber eine Regel der freien Widerruflichkeit oder Unwiderruflichkeit ausgeschlossen, denn es besteht im Prinzip die gleichwertige Möglichkeit, daß auf beschränkte oder unbeschränkte Widerruflichkeit oder auf Ausschluß des Widerrufs erkannt werden muß, soll der bestehende Konflikt in Übereinstimmung mit dem Zweck der ermächtigenden Norm gelöst werden." Vgl. auch die Ausführungen von Ipsen, Verwaltungsakte, S. 14 und Hammerschmidt, S. 80.

[56] NJW 1959, 1553 (1554).

[57] Hervorhebung durch den Verfasser.

[58] BVerwG in DVBl. 1959, 471 = MDR 1959, 685 = JZ 1959, 641 unter Berufung auf BVerwG in DÖV 1958, 826 = DVBl. 1958, 652 = ZBR

folgerichtig sofort auf die Interessenabwägung eingegangen, ohne den Grundsatz zu erwähnen. Interessant ist, daß das Bundesverwaltungsgericht[60] nunmehr die Regel der freien Rücknahme als Anhaltspunkt im Rahmen der Interessenabwägung anspricht.

Diese Entwicklung zeigt, daß der Grundsatz der freien Rücknahme zugunsten einer Interessenabwägung im Einzelfall verwischt wird. Eine Entwicklung, die sich als zwangsläufig und folgerichtig erweist, weil mit der Interessenabwägung im Einzelfall das Schema eines Regel-Ausnahme-Systems überflüssig wird.

Festzuhalten bleibt demnach, daß die herrschende Rechtsprechung an dem Grundsatz der freien Rücknahme festhält, jedoch diesen Grundsatz aus den Augen verliert, indem sie einer Interessenabwägung im Einzelfall zuneigt.

III. *Einschränkungen*

Ausgehend vom Grundsatz der freien Rücknahme rechtswidriger begünstigender Verwaltungsakte hat die neuere Rechtsprechung von Anfang an eine Reihe von Einschränkungen gebildet, die den Grundsatz der freien Rücknahme durchbrechen.

1. Einengung der Rechtswidrigkeit

Die erste Einschränkung setzt ein bei dem Begriff der Rechtswidrigkeit. Rechtswidrig ist ein Verwaltungsakt dann, wenn er im Widerspruch mit dem geltenden Recht zustandegekommen ist oder besteht. Würde man diesen Begriff der Rechtswidrigkeit bei der Rücknahme rechtswidriger begünstigender Verwaltungsakte zugrundelegen, so müßte ein Verwaltungsakt, der unter Verletzung einer unerheblichen Formvorschrift zustandegekommen, aber im übrigen rechtmäßig ergangen ist, ebenso frei zurückgenommen werden können wie ein Verwaltungsakt, der an einem groben materiell-rechtlichen Mangel leidet. Dieses Ergebnis wurde allgemein für praktisch unbefriedigend gehalten. Die Rechtsprechung half sich, indem sie entweder den Begriff der Rechtswidrigkeit im Rahmen des Rücknahmerechts einengte oder den Grundsatz der freien Rücknahme auf bestimmte Rechtsverstöße beschränkte. Bezeichnend ist, daß das Bundesverwaltungsgericht[61] die Rücknahme nur bei Verletzung einer zwingenden m a t e r i e l l e n Rechtsnorm zuläßt. Weitergehend ist eine frühere Entscheidung[62], in der Sätze auftauchen

---

1958, 247; vgl. auch BVerwG in NJW 1959, 1553: „Im Gegensatz zu der früher im allgemeinen Verwaltungsrecht vertretenen Rechtsansicht kann vielmehr grundsätzlich Rechtswidrigkeit allein noch nicht zum Widerruf berechtigen."

[59] vgl. NJW 1961, 1130.

[60] vgl. NJW 1961, 1130.

[61] DVBl. 1958, 653 (654) = ZBR 1958, 247 = DÖV 1958, 826.

[62] BVerwG in DÖV 1957, 912.

wie der folgende: „Für den Fall, daß ein Verwaltungsakt rechtswidrig ist, d. h. gegen eine gebietende Rechtsnorm verstößt, wird überwiegend der Widerruf ... für zulässig erachtet. Rechtswidrigkeit eines Verwaltungsaktes, d. h. ein Verstoß gegen eine gebietende Rechtsnorm liegt nicht vor, wenn sich lediglich die Rechtsanschauung gewandelt hat..."

Nach Ansicht des OVG Hamburg[63] sind gesetzwidrig nur solche Verwaltungsakte, die gegen Rechtsnormen verstoßen, die der Behörde nicht die Möglichkeit gewähren, im Ermessensbereich Ausnahmen zuzulassen.

Auf die Offenkundigkeit des Gesetzesvorstoßes, nicht auf seine Schwere, stellt das OVG Berlin[64] ab, indem es einen Verwaltungsakt dann für gesetzwidrig hält, wenn er offensichtlich gegen eine eindeutige Gesetzesbestimmung verstößt. Gesetzwidrigkeit liege jedoch noch nicht dann vor, wenn der Tatbestand, an den das Gesetz eine bestimmte Rechtsfolge knüpfe, im Einzelfall nicht so eindeutig feststehe, daß von einer Störung der Rechtsordnung gesprochen werden könne. Der Begriff der Gesetzwidrigkeit dürfe nicht so verstanden werden, daß die vom Grundgesetz gewollte Ausgewogenheit der Interessenlage zwischen den einzelnen und dem Staat gestört werde. Weil die Rechtsanwendung stets wertbezogen sein müsse, sei ein Verwaltungsakt nur dann rechtswidrig, wenn er nicht vertretbar erscheine.

Diese Entscheidungen zeigen, daß um des Einzelfalles willen in bedenklicher Weise Grundbegriffe unserer Rechtsordnung angetastet werden, indem der Versuch gemacht wird, den Begriff der Rechtswidrigkeit für das Rücknahmerecht einzuengen.

Zurückhaltender sind andere Gerichte, die lediglich davon sprechen, daß Verwaltungsakte nur zurückgenommen werden können, wenn sie gegen eine „gebietende Rechtsnorm" verstoßen[65]. Sie lassen den Begriff der Rechtswidrigkeit unangetastet und verlegen das Rücknahmeproblem in die Rechtsfolge, indem sie Verstöße gegen solche Rechtsnormen, die nicht gebietenden Charakter haben, für unbeachtlich erklären. Eine Begründung für diese Einschränkung wird allerdings nirgends gegeben.

Als „gebietend" wird eine Rechtsnorm angesehen, die strikt keine Ausnahme zulassend und kein Ermessen einräumend den Tatbestand bestimmt, der für die Entstehung von Rechten und Pflichten maßgebend ist[66].

Nach anderen Entscheidungen soll es für die Frage der Rücknahme wiederum auf die Offenkundigkeit der Gesetzesverletzung ankommen. So kommt nach Ansicht des OVG Lüneburg[67] eine Rücknahme nur in Betracht, wenn der erlassene Verwaltungsakt im „offenbaren Wider-

---

[63] VerwRspr. 3, 579.
[64] NJW 1957, 1775 (1776).
[65] Bayr. VGH in VerwRspr. 4, 144.
[66] Als Schöpfer dieser Definition wird allgemein der Bayr. VGH in VerwRspr. 4, 144 angesehen. Zu Unrecht. Diese Begriffsbestimmung hat schon das PrOVG in einem Urteil vom 7. 4. 1893, PrOVG 24, 350, aufgestellt.
[67] DVBl. 1956, 24.

spruch zum Gesetz" steht. Es müsse eine eindeutige gesetzliche Vorschrift vorhanden sein, die keine andere Auslegung für den vorliegenden Fall zulasse. Auch das OVG Hamburg[68] hält die Rücknahme wegen einer nicht „offen zutage liegenden unrichtigen Gesetzesanwendung" nach allgemeinen Grundsätzen des Verwaltungsrechts für unzulässig.

Rechtswidrigkeit eines Verwaltungsaktes soll schließlich auch dann nicht vorliegen, wenn sich lediglich die Rechtsanschauung gewandelt hat oder sich die Behörde später eine abweichende Auslegung zu eigen macht oder einen Sachverhalt später abweichend würdigt[69].

Es ergibt sich demnach, daß die aus dem Grundsatz der freien Rücknahme folgende Rechtsfolge dadurch abgewendet wird, daß teils die Rechtswidrigkeit begrifflich ausgehöhlt wird teils ohne Angabe von Gründen bestimmte Rechtsverstöße für unbeachtlich im Rahmen des Rücknahmerechts erklärt werden. Die Entscheidungen sind uneinheitlich insofern, als teils auf die Schwere teils auf die Offenkundigkeit des Gesetzesverstoßes abgestellt wird.

Die erste Einschränkung, die die Rechtsprechung gegenüber dem Grundsatz der freien Rücknahme gemacht hat, ist deshalb verschwommen und unklar.

2. Vertrauensschutz und Interessenabwägung

Schärfere Konturen weist eine andere Rücknahmeschranke auf, die unter dem Begriff des Vertrauensschutzes allgemein anerkannt ist. Danach muß das Prinzip der Gesetzmäßigkeit der Verwaltung als Grundlage für den Grundsatz der freien Rücknahme rechtswidriger Verwaltungsakte unter Umständen hinter den Gedanken des Vertrauensschutzes zurücktreten. Der Vertrauensschutzgedanke wurde bisher allgemein aus dem Prinzip von Treu und Glauben abgeleitet, das selbst ein Bestandteil unserer Rechtsordnung ist[70]. In neueren Entscheidungen tritt jedoch die Neigung hervor, den Grundsatz von Treu und Glauben unbeachtet zu lassen und den Vertrauensschutzgedanken lediglich auf das Prinzip der Rechtssicherheit zu stützen[71]. Der Gedanke des Vertrauensschutzes beruht auf der Auffassung, daß der Bürger auf die Beständigkeit be-

---

[68] MDR 1959, 67; DVBl. 1959, 147 (148); dagegen neuerdings BVerwG in NJW 1962, 360.

[69] BVerwG in DÖV 1957, 911 (912) = BVerwGE 6, 1 = VerwRspr. 10, 147 = NJW 1958, 154; anders jetzt BVerwG in NJW 1962, 360, vgl. dazu oben S. 8 f. mit weiteren Nachweisen.

[70] BVerwG in DVBl. 1958, 653 (654) = ZBR 1958, 247 = DÖV 1958, 826; ZBR 1958, 248; DVBl. 1959, 630 (632).

[71] so BVerwG in NJW 1961, 475: „Im Einzelfall ist zu prüfen, ob Rechtssicherheit und Rechtsfrieden der Gesetzmäßigkeit vorgehen"; vgl. ferner BVerwG in NJW 1961, 1130; ZBR 1959, 115 (116); NJW 1962, 361. Auch die Rechtsprechung des Schweiz.BG, die der deutschen in diesem Punkte um Jahrzehnte voraus ist, stellt nur auf die Rechtssicherheit ab, vgl. dazu Hangartner a. a. O. S. 64 ff.

hördlicher Entscheidungen vertrauen darf und in seinem Vertrauen geschützt werden muß[72].

Die Prüfung der Frage, ob im Einzelfall der Vertrauensschutz die freie Rücknahme ausschließt, hat sich nach der Rechtsprechung durch eine Interessenabwägung zu vollziehen[73]. In den einschlägigen Entscheidungen kehrt ständig die stereotype Formel wieder: „Es wird vielmehr abzuwägen sein zwischen dem grundsätzlich zu bejahenden öffentlichen Interesse an der gleichmäßigen Gewährleistung eines dem Gesetz entsprechenden Zustandes ... und den Einzelinteressen des begünstigten Bürgers, der in seinem Vertrauen auf die Beständigkeit behördlicher Entscheidungen mit Recht nicht getäuscht sein will[74]." „Ein gesetzwidriger Verwaltungsakt darf unter Beachtung des auch im öffentlichen Recht herrschenden Vertrauensschutzes nach Treu und Glauben nur zurückgenommen werden, wenn das öffentliche Interesse an der Gesetzmäßigkeit der Verwaltung das durch den Erlaß des fehlerhaften Verwaltungsaktes begründete Vertrauen des Begünstigten auf die Beständigkeit behördlicher Entscheidungen überwiegt[75]."

Bei der Interessenbewertung soll es darauf ankommen, inwieweit der Begünstigte im Vertrauen auf die Beständigkeit des fehlerhaften Verwaltungsaktes seine Lebensführung eingerichtet hat und in welchem Maße die Öffentlichkeit belastet wird[76]. Bei Verwaltungsakten mit Dauerwirkung, die den laufenden Bezug von Leistungen (z. B. Rentenzahlungen) zum Gegenstand haben, wird angenommen, daß das öffentliche Interesse regelmäßig überwiege[77]. Nur wenn der Verwaltungsakt ursäch-

---

[72] BVerwG in DVBl. 1958, 653 (654) = ZBR 1958, 247; NJW 1958, 884 (885); NJW 1955, 315; ZBR 1958, 248; DVBl. 1959, 630 (632); BGH in DÖV 1961, 62; OVG Berlin in DVBl. 1954, 129 (130); OVG Lüneburg in DVBl. 1956, 24.

[73] vgl. z. B. BVerwG in DÖV 1957, 911 = BVerwGE 6, 1 = VerwRspr. 10, 147 = NJW 1958, 154; BVerwG in NJW 1960, 258 (260) = DVBl. 1959, 626; dem Gedanken der Interessenabwägung folgen auch der BGH in DÖV 1961, 62 und das BSG 7, 51; 8, 11; 10, 72.

[74] BVerwG in NJW 1958, 885.

[75] BVerwG in NJW 1960, 258 (260). Es sei darauf hingewiesen, daß der Vertrauensschutz und die Interessenabwägung nicht Schöpfungen der neueren Rechtsprechung sind. Vielmehr sind diese Rechtsgedanken — wenn auch nicht in so starker Ausprägung — bereits vor Jahrzehnten praktisch angewandt worden, vgl. dazu Gowa a. a. O. S. 60 ff. unter Hinweis auf Entscheidungen des Bad. VGH aus den Jahren 1905 und 1906, sowie auf das Hamb.OVG in JW 1930, 2708 Nr. 11. Allerdings sind diese Rechtsgedanken im Zusammenhang mit der Rücknahme rechtmäßiger (!) begünstigender Verwaltungsakte entwickelt worden, da in der früheren Verwaltungsrechtssprechung die freie Rücknahme rechtswidriger Verwaltungsakte als unstreitig angesehen wurde.

[76] vgl. BVerwG in NJW 1960, 692 (693); NJW 1958, 885; OVG Münster in MDR 1960, 956.

[77] vgl. BVerwG in DVBl. 1958, 653 = ZBR 1958, 247 = DÖV 1958, 826; NJW 1958, 884 = DÖV 1958, 178; DVBl. 1959, 630 (632); BSG in DVBl. 1959, 634 (635); OVG Münster in MDR 1960, 956.

lich war für eine „einschneidende und dauernde Änderung“ der Lebensführung des Betroffenen und eine Rücknahme seine Existenzgrundlage erschüttern würde, muß das öffentliche Interesse zurücktreten[78].

Nach Ansicht des OVG Münster[79] soll es für die Interessenabwägung auch darauf ankommen, welcher Zeitraum seit dem Erlaß des fehlerhaften begünstigenden Verwaltungsaktes verstrichen ist.

Ferner wird darauf abgestellt, in welchem Verfahren der Verwaltungsakt zustandegekommen ist[80]. Wenn dem Erlaß des Verwaltungsaktes ein „förmliches“, dem gerichtlichen Prozeß weitgehend angeglichenes Verfahren voraufgegangen ist, wie etwa im Lastenausgleichsrecht, so soll der Gesichtspunkt der Rechtssicherheit besonders schwer wiegen, so daß die förmliche Ausgestaltung des Verfahrens gegen eine spätere Rücknahme spricht.

Schließlich wird auch für nicht unbeachtlich gehalten, ob die Rechtswidrigkeit des Verwaltungsaktes auf Grund veränderter Rechtsanschauung der Behörde geltend gemacht wird und ob die Verwaltung den Fehler „verhältnismäßig“ spät erkannt hat[81].

3. Ursprung und Standort der Fehlerquelle

Der Grundsatz der freien Rücknahme wird nach Ansicht der Rechtsprechung schließlich auch durch Ursprung und Standort der Fehlerquelle beeinflußt, die die Rechtswidrigkeit des Verwaltungsaktes herbeigeführt hat. Die Frage danach, in wessen „Verantwortungsbereich“ die Fehlerquelle liegt, wird akut, wenn der Vertrauensschutz zugunsten des Betroffenen nach dem Ergebnis der objektiven Interessenabwägung durchgreift[82]. Liegt in einem solchen Falle die Fehlerquelle im Verantwortungsbereich des Bürgers, so kann er sich auf den Vertrauensschutz nicht berufen[83], vielmehr ist der Verwaltungsakt alsdann der Rücknahme aus-

---

[78] so BVerwG in NJW 1961, 1130; DVBl. 1960, 138 = NJW 1960, 692.

[79] MDR 1960, 957; ebenso jetzt auch BVerwG in NJW 1962, 361.

[80] BVerwG in NJW 1958, 156; NJW 1962, 361; Haueisen in NJW 1962, 335; Pöppinghaus, S. 64; Thieme a. a. O. S. 247.

[81] so BVerwG in NJW 1962, 361.

[82] In der Rechtsprechung findet sich diese systematische Reihenfolge nicht. Hier werden alle bisher aufgezeigten Gesichtspunkte mehr oder weniger miteinander vermengt, ohne sie in eine bestimmte Ordnung zu bringen. Ich bin der Ansicht, daß die Interessenabwägung nur objektiven Charakter haben kann und deshalb von subjektiven Elementen freigehalten werden muß. Die Frage, wer die Rechtswidrigkeit des Verwaltungsaktes verschuldet hat, muß von der Interessenabwägung gesondert behandelt werden. Ob man nun zunächst die Interessenabwägung, also die objektive Seite, prüft oder die Frage des Verschuldens, also die subjektive Seite, an die Spitze der Prüfung stellt, ist m. E. keine Frage der Logik mehr, sondern allein der Zweckmäßigkeit.

[83] BVerwG in NJW 1960, 258 = DVBl. 1959, 626 = BVerwGE 8, 261; BSG in NJW 1958, 1700; OVG Münster in MDR 1960, 956.

gesetzt. Unrichtige Angaben für sich allein genügen nach der Rechtsprechung im allgemeinen noch nicht, um die Rücknahme zu rechtfertigen. Vielmehr muß der Antragsteller die Unrichtigkeit und Unvollständigkeit seiner Angaben verschuldet haben. Auf den Grad des Verschuldens soll es dabei nicht ankommen. Auch leichtes Verschulden wird als ausreichend angesehen[84]. Voraussetzung ist freilich, daß die Unrichtigkeit bzw. Unvollständigkeit der Angaben für die Rechtswidrigkeit des Verwaltungsaktes kausal waren.

Da die schuldhafte Verursachung der Rechtswidrigkeit die Berufung auf den Vertrauensschutz verwehrt, wird es als selbstverständlich angesehen, daß der Vertrauensschutz erst recht versagt, wenn der Betroffene den Verwaltungsakt erschlichen oder sonst mit unlauteren Mitteln erwirkt hat[85].

IV. *Sondermeinungen*

1. OVG Berlin

Gegenüber dieser Auffassung der herrschenden Gerichtspraxis vertritt das OVG Berlin[86] eine Sondermeinung, die man als die Lehre vom überwiegenden öffentlichen Interesse bezeichnet. Das OVG Berlin leugnet das Bestehen eines Grundsatzes der freien Rücknahme und führt aus, daß ein fehlerhafter begünstigender Verwaltungsakt nur beseitigt werden könne, wenn ein überwiegendes öffentliches Interesse dies erfordere. Die Feststellung des überwiegenden öffentlichen Interesses hat sich durch einen Vergleich zwischen dem Staatsinteresse und dem Individualinteresse zu vollziehen, wobei der Gedanke des Vertrauensschutzes eine erhebliche Rolle spielen soll.

Diese in einigen Veröffentlichungen[87] als revolutionär empfundene Entscheidung unterscheidet sich von der herrschenden Rechtsprechung nur dadurch, daß ein Grundsatz der freien Rücknahme nicht anerkannt wird. Im Ergebnis und der Sache nach stimmt jedoch der vom OVG Berlin eingeschlagene Weg der Rechtsfindung mit dem der herrschenden Gerichtspraxis überein[88]. Hier wie dort kommt es letztlich auf das Ergebnis der Interessenabwägung an und nur, wenn das öffentliche Inter-

---

[84] BVerwG in DÖV 1957, 911 = NJW 1958, 154 = VerwRspr. 10, 147 = BVerwGE 6, 1 ff. Dabei wird darauf hingewiesen, daß dieser Gedanke der Rücknahme bei unrichtigen und unvollständigen Angaben auch im Gesetz vielfach besonders hervorgehoben wurde, z. B. in § 53 I GewO, § 143 I Nr. 5 Thür.LVO, § 42 I b PVG, § 12 GaststG, § 96 I Nr. 2 AO, § 7 I BEG i. d. F. vom 29. 6. 1956.

[85] BVerwG in NJW 1960, 258 (260).

[86] DVBl. 1957, 911 (912).

[87] vgl. z. B. Schütz a. a. O. und die dortigen Hinweise.

[88] vgl. auch Jesch, S. 194 unten: „. . . es handelt sich nur um eine Einkleidung der allein maßgeblichen Interessenabwägung"; ebenso Ule in DVBl. 1960, 614.

esse überwiegt, kann eine Rücknahme in Betracht kommen. Die Differenz zur herrschenden Gerichtspraxis verschwindet vollends, wenn man berücksichtigt, daß es dort, wo im Einzelfall Interessen abgewogen werden, eines Grundsatzes nicht mehr bedarf, da ein solcher nur im Rahmen eines Regel-Ausnahme-Systems seinen Platz haben kann[89].

2. VGH Baden-Württemberg

Erwähnung verdient schließlich noch die Entscheidung des VGH Baden-Württemberg vom 30. 10. 1959[90]. Der Gerichtshof bleibt auf der von der herrschenden Rechtsprechung vorgezeichneten Linie, erkennt aber die Gefahr des Abgleitens einer allzusehr auf den Einzelfall abgestellten Rechtsprechung in eine „Kadijurisprudenz". Um festen Boden zu gewinnen, besinnt sich das Gericht auf das im Zivilrecht relativ fest ausgebildete Institut der unzulässigen Rechtsausübung. Es legt die verschiedenen Ausprägungen dieses Instituts dar und vertritt die Ansicht, daß sich diese Rechtsgedanken ohne weiteres auf das öffentliche Recht übertragen ließen und im Rahmen des Rücknahmerechts fruchtbar gemacht werden könnten. Deshalb wird vorgeschlagen, die tragenden Gesichtspunkte des Vertrauensschutzes und der Interessenabwägung unter dem gemeinsamen Gesichtspunkt der unzulässigen Rechtsausübung zusammenzufassen.

B. Die Ansichten des Schrifttums

I. *Die ältere Lehre*

Die Entwicklung der Lehrmeinungen zum Rücknahmeproblem läuft parallel zur Entwicklung der Rechtsprechung, wie denn überhaupt die Fortbildung und Verfeinerung des Rechts durch den Prozeß gegenseitiger Befruchtung von Lehre und Rechtsprechung vor sich geht.

Auch das ältere Schrifttum hat die Rücknahme rechtswidriger Verwaltungsakte nicht als problematisch angesehen. Rechtswidrigkeit eines Verwaltungsaktes wurde, gleichgültig, ob er begünstigenden oder belastenden Charakter trug, ausnahmslos als Rücknahmegrund angesehen[91]. Ipsen hat deshalb seine grundlegende Monographie von 1932 über die Aufhebung von Verwaltungsakten auf den „Widerruf gültiger[92] Verwaltungsakte" beschränkt.

---

89 vgl. oben S. 14.

90 ZBR 1960, 163.

91 vgl. z. B. Kormann S. 388; Köhler S. 194; Schüle in VerwArch. 1934, 32.

92 gemeint sind die rechtmäßigen Verwaltungsakte, denn gültig sind zunächst auch die rechtswidrigen Verwaltungakte, solange sie nicht aufgehoben worden sind; vgl. Ipsen, S. 14, dort setzt der Verfasser Gültigkeit = Fehlerlosigkeit, ebenso S. 16.

Jedoch schon einige Jahre später finden sich in verschiedenen Dissertationen Ansätze einer Interessenabwägung, wie sie von der herrschenden Rechtsprechung praktiziert wird[93]. Hervorzuheben ist insbesondere die Arbeit von Stenglins, in der die modernen Anschauungen zum Rücknahmerecht, die mit den Stichworten „Rechtssicherheit und Gerechtigkeit" und „Vertrauensschutz" umrissen werden können, bereits ziemlich ausgeprägt vorgezeichnet sind, wenn auch den Ergebnissen im einzelnen oft nicht gefolgt werden kann[94].

Dieses in der Literatur vorhandene Gedankengut hat jedoch weder die Rechtsprechung noch die autoritative Rechtsliteratur aufgenommen und verwertet. Die Gründe dafür, daß diese wegweisenden Darstellungen brach liegen geblieben sind, lagen möglicherweise in den besonderen Rechtsverhältnissen des Dritten Reiches, in der die Position des einzelnen gegenüber dem Staat nicht hoch eingeschätzt wurde[95].

II. *Die neuere Lehre*

Die Meinungen im jüngsten Schrifttum sind geteilt. Einige Autoren vertreten auch heute noch den Standpunkt, daß fehlerhafte Verwaltungsakte ohne Einschränkung zurückgenommen werden können, während andere der neueren Entwicklung der Rechtsprechung folgen bzw. diese vorbereitet haben.

1. Die konservative Richtung

Der Hauptvertreter der konservativen Richtung, die an der älteren Lehre festhält, ist Forsthoff, der insbesondere im Vorwort zur 7. Auflage seines Lehrbuchs gegen die sich wandelnde Gerichtspraxis scharf Stellung

[93] vgl. die Arbeiten von Gowa, S. 60 ff., Disse, S. 24; Düll, S. 27 ff.; Praun, S. 46; v. Stenglin, S. 65 ff.; Weskamp, S. 38 f.; schon vorher, nämlich 1930, hatte Bürckner a. a. O. S. 94 Vertrauensschutz und Interessenabwägung im Rahmen des fehlerhaften privatrechtsgestaltenden Verwaltungsaktes befürwortet.

[94] Ebenso schildert Schüle in VerwArch. 1933, 433 die mögliche Kollision zwischen Treu und Glauben und öffentlichem Interesse und hält eine Lösung nur durch konkrete Abwägung für möglich, wobei er allerdings die Problematik der Erfassung des „unbestimmten Rechtsbegriffs des öffentlichen Interesses" nicht verkennt. Jedoch gilt der Vorschlag Schüle's nur für rechtmäßige Akte. Bei fehlerhaften Verwaltungsakten zieht nach seiner Ansicht der Satz von Treu und Glauben wegen der Präponderanz des öffentlichen Interesses nicht.

[95] vgl. die für diese Zeit typischen Ausführungen von Reißler S. 1 ff. und Knieper, S. 32; Schüle in VerwArch. 1933, 434 bemerkt zutreffend, daß das Abwägungsergebnis vom Überwiegen individualistischer oder kollektivistischer Tendenzen der Staatsauffassung abhängt. Angesichts des in der Zeit nach 1933 besonders ausgeprägten Grundsatzes „Gemeinnutz geht vor Eigennutz" ist es deshalb leicht verständlich, daß es zu einer Konkurrenz zwischen öffentlichem Interesse und Individualinteresse nicht kommen konnte und damit einer Interessenabwägung von vornherein der Boden entzogen war.

nimmt. Der Ort des ganzen Problems wird in der Gleichstellung von „Gesetz und Recht“ in Art. 20 Abs. 3 GG erblickt. Auf die Argumentation im einzelnen wird im Rahmen der eigenen Stellungnahme noch einzugehen sein.

Scheerbarth[96] wendet sich insbesondere gegen die Methode der Rechtsfindung und macht geltend, daß die Rechtsprechung mit der Interessenabwägung das zulässige Maß an Auslegungsmöglichkeiten überschreite. Auch Schütz[97] hält die ausnahmslose Rücknahme fehlerhafter begünstigender Verwaltungsakte geradezu für selbstverständlich. Daß das Interesse des Betroffenen, an der Erhaltung einer gesetzwidrig erlangten Rechtsposition dem Interesse der Verwaltung an der Beseitigung der Gesetzwidrigkeit nicht gleichwertig sein könne, bedürfe wohl keiner Begründung. Die Berücksichtigung des Grundsatzes von Treu und Glauben dürfe nicht dazu führen, daß im Ergebnis durch Aufrechterhaltung des gesetzwidrigen Verwaltungskates der Gesetzgeber „berichtigt“ werde[98]. Für die Beibehaltung der „alten“ Grundsätze haben sich auch Dickmann[99] und Klinger[100] ausgesprochen.

Eine vermittelnde Stellung nimmt Peters ein. Auch er erklärt zwar: „Gesetzwidrige Verwaltungsakte sind in der Regel zwar nicht nichtig, aber stets widerruflich. Es wäre untragbar, wollte man den Vertrauensschutz im öffentlichen Recht auch auf rechtswidrige Akte ausdehnen. Da jeder das Recht kennen müßte, liegt hierin auch keine besondere Unbilligkeit[101].“ Jedoch wird diese Stellungnahme dadurch gemildert, daß Peters die Rücknahme in das Ermessen der Verwaltung stellt und mit einem vernünftigen und billigen Handeln der Behörden rechnet[102].

2. Die fortschrittliche Lehre

Einige Autoren dagegen beschreiten den Weg der dargestellten jüngsten Gerichtspraxis. Allen voran Haueisen, der durch eine große Anzahl kleinerer Beiträge als Wegbereiter der modernen Rechtsprechung auf dem Gebiet des Rücknahmerechts zu gelten hat. Der herrschenden Rechtsprechung sind auch Wolff[103], Menger[104], Eyermann-Fröhler[105] und Fischbach[106] gefolgt[107].

---

[96] DVBl. 1960, 185.
[97] DÖV 1958, 450, 451.
[98] a. a. O. S. 450, 451.
[99] a. a. O.
[100] § 42 E IV 1.
[101] Lehrbuch, S. 169.
[102] Lehrbuch, S. 170.
[103] Lehrbuch, § 53 III, IV mit geringen Einschränkungen. Wolff erkennt z. B. nicht die „gebietende Rechtsnorm“ als Kriterium für die Rücknahme an, bejaht aber das Wesentliche der Rechtsprechung, nämlich den Vertrauensschutz und die Interessenabwägung.
[104] VerwArch. 1958, 81 ff.
[105] § 42 Anh. 38.

Welche dieser Lehrmeinungen heute als die herrschende bezeichnet werden kann, ist schwer zu sagen. Auf beiden Seiten stehen bedeutende Vertreter der Verwaltungsrechtswissenschaft. Manche Autoren sprechen bereits jetzt von der herrschenden fortschrittlichen Lehre.

3. Einzelansichten

Als Außenseiter auf dem Gebiet des Rücknahmerechts ist von Turegg zu bezeichnen. Er[108] stellt den möglichen Widerspruch zwischen den Prinzipien der Gesetzmäßigkeit und Rechtssicherheit dar und entscheidet sich für die Rechtssicherheit und den Vertrauensschutz. Dabei geht er so weit, daß er eine Rücknahme wegen Verstoßes gegen das zur Zeit des Erlasses geltende Recht nur bei infolgedessen eingetretener Nichtigkeit zulassen will, wobei einer solchen Rücknahme nur deklaratorische Bedeutung zukäme[109]. Diese Auffassung ist zu weitgehend. Sie würde dazu führen, daß der Begünstigte auch dann die Vorteile eines fehlerhaften Verwaltungsaktes ziehen könnte, wenn er Vertrauensschutz nicht verdient. Für eine so weitgehende Betonung der Rechtssicherheit besteht jedoch kein Bedürfnis. Der Grundsatz der Gesetzmäßigkeit würde zur Attrappe, wenn die Behörde keinen fehlerhaften begünstigenden Verwaltungsakt mehr kassieren könnte.

Eine in ihren praktischen Auswirkungen zwar nicht so gefährliche, aber dogmatisch nicht weniger bedenkliche Lösung bildet der Versuch Ernings, das Rücknahmerecht neu zu ordnen[110]. Er wendet sich gegen die fortschrittliche Lehre, verwirft insbesondere den Grundsatz der freien Rücknahme[111] und lehnt das überwiegende öffentliche Interesse als Widerrufsgrund ab[112], weil es schwer feststellbar sei und nicht irrtumsfrei bestimmt werden könne. Das Prinzip der Gesetzmäßigkeit faßt er auf als Schutzprinzip zugunsten des Bürgers[113] und fordert dementsprechend für die Rücknahme einen Rechtssatz, da sich diese als belastender Verwaltungsakt und damit als Eingriff in die Rechtssphäre des Bürgers darstelle. Den Rechtssatz als Grundlage für die Rücknahme sieht er im § 812 BGB analog[114] und kommt zu dem Ergebnis, daß eine Rücknahme

---

106 in RiA 1956, 289 (291).

107 Ebenso bejahen Schäfer und Pöppinghaus die individuell-konkrete Interessenabwägung, so daß sie zur herrschenden Lehre gerechnet werden können, wenn sie auch in einigen Punkten von ihr abweichen.

108 Lehrbuch, S. 131.

109 Die insoweit erhobene Kritik Schäfers S. 35 f. ist ein Schlag ins Wasser, denn v. Turegg sagt selber, daß die Rücknahme nichtiger Verwaltungsakte natürlich keine konstitutive Wirkung zeitigt.

110 vgl. dessen Dissertation a. a. O.

111 S. 26 ff.

112 S. 52.

113 S. 47.

114 S. 58; auch Klinger § 42 E IV 1 will den Gedanken der ungerechtfertigten Bereicherung zur Lösung heranziehen.

möglich sei, insoweit durch diese eine wider Treu und Glauben ungerechtfertigte Besserstellung des Begünstigten verhindert werden soll.

Diese Lösung des Rücknahmerechts kann weder praktisch befriedigen noch ist sie dogmatisch zu billigen. Praktisch bedeutet sie deswegen keinen Fortschritt, weil eine Unbekannte durch eine andere ersetzt und dadurch das Problem nicht ausgeräumt wird. Erning lehnt das überwiegende öffentliche Interesse als Widerrufsmaßstab ab, weil es schwer bestimmbar sei, und setzt an dessen Stelle den ebenso schlecht faßbaren Begriff von Treu und Glauben, ohne ihn für das Rücknahmerecht zu konkretisieren[115]. Der entscheidende Fehler liegt aber in der Bestimmung des Rechtsstaatsprinzips und der Gesetzmäßigkeit der Verwaltung[116]. Die Auffassung, das Prinzip der Gesetzmäßigkeit der Verwaltung diene als Schutzvorschrift zugunsten des Bürgers, ist unbegründet. Darauf wird im einzelnen noch zurückzukommen sein[117].

Aber selbst wenn man sich dieser Ansicht Ernings anschließen wollte, wäre die daraus gezogene Folgerung, die Rücknahme eines rechtswidrigen begünstigenden Verwaltungsaktes bedürfe eines Rechtssatzes, da sie sich als Eingriff in die Rechtssphäre des Bürgers darstelle, unrichtig. Der actus contrarius eines rechtswidrigen Aktes bedarf nicht zwingend einer gesetzlichen Ermächtigung. Das folgt aus dem Wesen des Vorbehaltes gesetzlicher Ermächtigung für Eingriffe in Freiheit und Eigentum. Der Eingriffsvorbehalt beruht auf dem Gedanken einer naturrechtlich vorgegebenen Individualsphäre, die allein vom Gesetzgeber eingeschränkt werden darf, d. h. die Exekutive kann in diese Sphäre nur auf Grund einer gesetzlichen Ermächtigung vordringen. Diese v o r g e g e b e n e Rechtssphäre kann aber nicht dadurch eingeengt werden, daß eine Leistung zurückgenommen wird, denn dadurch wird der ursprünglich vorhandene Rechtsbereich nicht eingeschränkt[118]. Zwar kann der vorgegebene Rechtsbereich durch Rechtsverleihungen erweitert werden, die dann auch dem Eingriffsvorbehalt unterliegen, jedoch kann eine solche Erweiterung nicht angenommen werden, wenn sie gegen den Willen des Gesetzgebers erfolgt ist[119]. Durch den Entzug rechtswidrig gewährter Leistungen wird deswegen kein Eingriff vorgenommen, weil er lediglich Unrecht beseitigt, das den Schein von Recht angenommen hatte. Die Auffassung Ernings beruht also auf einem Irrtum über das Wesen des Ge-

---

115 Verwundern muß auch, wenn Erning auf S. 65 zu dem Ergebnis kommt, daß die Rücknahme ex nunc in der Regel möglich sei, jedoch im Einzelfall Ausnahmen gemacht werden müßten, so wenn sich der Bürger auf den Verwaltungsakt eingerichtet habe. Wie der Verfasser vorher feststellt, ist eine Rücknahme nur bei einer wider Treu und Glauben (!) erlangten ungerechtfertigten Besserstellung zulässig. Nun soll der Bürger diese behalten dürfen, wenn er sich auf sie eingerichtet hat! — ein unmögliches Ergebnis!

116 vgl. dazu unten S. 53 ff.

117 vgl. unten S. 63.

118 vgl. zum Vorstehenden Jesch, S. 193; s. auch Disse, S. 25.

119 Jesch, S. 194.

setzmäßigkeitsprinzips. Da dieser Irrtum die Voraussetzungen seines Gedankenganges unrichtig macht, konnte er nicht zu einer befriedigenden Problemlösung kommen. Die Lösung Ernings über § 812 BGB analog ist aber schon deswegen unhaltbar, weil auch die auf Grund eines fehlerhaften Verwaltungsaktes gewährte Leistung nicht „ohne rechtlichen Grund" erfolgt ist, denn Rechtsgrund ist der zwar fehlerhafte, aber wirksame (!) Verwaltungsakt[120].

Einen anderen Lösungsvorschlag hat der Schweizer Peter Saladin[121] vorgelegt. Er geht von dem Grundsatz der freien Rücknahme aus, den er aus dem Legalitätsprinzip herleitet[122], leugnet jedoch die Geltung des Grundsatzes von Treu und Glauben im öffentlichen Recht[123] und versucht Härtefällen aus der „immanenten Beschränkung des Legalitätsprinzips" gerecht zu werden. Das Legalitätsprinzip trägt nach seiner Auffassung eine immanente Schranke, die in besonderen Ausnahmefällen eine Rücknahme verbietet.

Dem liegt etwa folgender Gedankengang zugrunde: Rechtssetzung ist das Resultat divergierender Interessen. Bei widersprechenden Interessen entscheidet das Gesetz sich für ein Interesse. Nun kann im Einzelfall das vom Gesetz geschützte Interesse äußerst gering, das vernachlässigte dagegen außerordentlich stark sein. Bei einem solchen Mißverhältnis will Saladin die Rücknahme ausschließen.

Dieser Auffassung kann schon deshalb nicht zugestimmt werden, weil das Prinzip der Gesetzmäßigkeit nicht eine Schranke in sich trägt, sondern durch andere gleichwertige Rechtsprinzipien begrenzt wird. Das soll später dargelegt werden[124].

Einen beachtlichen Versuch der Neuorientierung des Rücknahmerechts skizziert schließlich Rösener[125]. Er bekämpft die von der herrschenden Meinung befürwortete Interessenabwägung und macht geltend, bei dem Problem der Rücknahme eines fehlerhaften Verwaltungsaktes sei nur e i n öffentliches Interesse anzuerkennen, nämlich das Interesse an der Gesetzmäßigkeit der Verwaltung. Alle anderen Erwägungen hätten demgegenüber auszuscheiden. Grenzsituationen versucht er wie der VGH Baden-Württemberg[126] mit dem Gedanken der Unzulässigkeit mißbräuchlicher Rechtsausübung zu lösen, durch den jedes Recht inhaltlich begrenzt werde. Eine solche Rechtsnormbegrenzung für den Grundsatz der freien Rücknahme bilde der Vertrauensschutz. Wann eine Verletzung des Vertrauensschutzes vorliege, sei jedoch nicht allgemein bestimmbar; eine allgemeine Lösung verbiete sich schon aus der Natur dieses Rechts-

---

[120] so BVerwG in NJW 1960, 258; DVBl. 1961, 337; Haueisen in JZ 1959, 644; Neumann in NJW 1960, 659.

[121] a. a. O.

[122] S. 116.

[123] S. 145 ff.

[124] vgl. unten S. 79.

[125] a. a. O.

[126] vgl. oben S. 21.

gedankens, dem als Norm des überpositiven Rechts die Subsumtionsmethode begriffslogischen Denkens fremd sei. Es sei lediglich möglich, einzelne Anhaltspunkte aufzuweisen, die für die Gewährung von Vertrauensschutz sprechen.

Mit Recht wendet sich Rösener gegen die Interessenabwägung, um das Rücknahmerecht als Regel-Ausnahme-System neu zu formen. Seine Begründungen können jedoch nicht überzeugen. Ebenso wie Saladin verkennt er, daß das Problem der Rücknahme sich als Konflikt zwischen Gesetzmäßigkeit und Rechtssicherheit darstellt. Darauf wird im Rahmen der Kritik des herrschenden Rücknahmerechts noch eingehend zurückzukommen sein. Ferner führt die Ansicht Röseners praktisch auch schon deshalb nicht weiter, weil er den Vertrauensschutz nicht in scharf konturierte Grenzen verweist, sondern nur Anhaltspunkte aufzeigt, die für die Gewährung von Vertrauensschutz sprechen. Anders verfährt auch die herrschende Meinung nicht, so daß Röseners Auffassung sich von ihr nicht wesentlich unterscheidet. Sein Vorschlag einer Neuordnung des Rücknahmerechts bleibt im Ansatz stecken, weil er den Vertrauensschutz nicht als Tatbestand ausbaut und konkretisiert.

C. Zusammenfassender Überblick der herrschenden Lehre und Rechtsprechung

Versucht man, die Ansichten und den Weg der Rechtsfindung der herrschenden Meinung systematisch zu ordnen, so ergibt sich folgendes Bild:

Den Ausganspunkt bildet der Grundsatz der freien Rücknahme. Die Wertlosigkeit dieses Grundsatzes im Rahmen einer Interessenabwägung ist bereits angedeutet worden[127]. Ein Grundsatz als Ausgangspunkt für die Rechtsfindung hat nur in einem Regel-Ausnahme-System seinen Sinn, nicht aber im Rahmen einer konkret-individuellen Interessenabwägung. Hier könnte ein solcher Grundsatz allenfalls die Funktion einer Vermutungsregel übernehmen. Diese Bedeutung ist dem Grundsatz der freien Rücknahme aber bisher nicht beigelegt worden.

Ist über die Rücknahme eines rechtswidrigen begünstigenden Verwaltungsaktes zu entscheiden, so stellt die herrschende Ansicht zunächst den Grad der Fehlerhaftigkeit fest. Verstößt der Verwaltungsakt nicht gegen eine gebietende Rechtsnorm, so kann er nicht kassiert werden und die Prüfung ist beendet. Dabei wird teils angenommen, ein solcher Verwaltungsakt sei gar nicht erst rechtswidrig, teils wird davon ausgegangen, der Grundsatz der freien Rücknahme sei insoweit eingeschränkt. Vereinzelt wird nicht auf die Schwere des Gesetzesverstoßes, sondern auf dessen Offenkundigkeit abgestellt. Ist der Verwaltungsakt dagegen unter Verletzung einer gebietenden Rechtsnorm zustandegekommen, so muß weiter gefragt werden, ob der Vertrauensschutz einer Rücknahme im Wege

[127] vgl. oben S. 14.

steht. Die Erörterung dieser Frage vollzieht sich in zwei Etappen. Zunächst ist nach der objektiven Seite eine Interessenabwägung anzustellen, bei der das öffentliche Interesse und das Individualinteresse gegenübergestellt werden. Wesentlich für das Ergebnis dieser Abwägung ist, inwieweit der Betroffene seine Lebensweise auf Grund des Verwaltungsaktes eingerichtet und in welchem Maße er Aufwendungen gemacht hat sowie Art und Maß der Belastung der Öffentlichkeit. Hält der fehlerhafte Verwaltungsakt auch dieser Nachprüfung stand, indem das Individualinteresse überwiegt, so ist schließlich die Frage zu stellen, in wessen „Verantwortungsbereich" die Fehlerquelle liegt. Beruht der Erlaß des fehlerhaften Verwaltungsaktes auf einem Umstand, den der Betroffene zu vertreten hat, so genießt er keinen Vertrauensschutz und der Verwaltungsakt kann zurückgenommen werden.

D. Kritik an der herrschenden Ansicht zum Rücknahmerecht und Ansatzpunkte einer neuen Lösung

I. *Einengung des Begriffs der Rechtswidrigkeit und generelle Beschränkung der Rechtsfolgen für bestimmte Gesetzesverstöße*

Den ersten Angriffspunkt der herrschenden Ansicht bietet die Einengung des Begriffs der Rechtswidrigkeit[128]. Rechtswidrigkeit bedeutet Inkongruenz zwischen Sollen und Sein, m.a.W. Unvereinbarkeit mit dem geltenden Recht. Ein Verwaltungsakt ist also dann rechtswidrig, wenn der mit ihm getroffene Staatsausspruch der geltenden Rechtsordnung zuwiderläuft oder in einem das Recht verletzenden Verfahren zustandegekommen ist. Dieser Begriff der Rechtswidrigkeit ist schlechthin unteilbar[129]. Es geht nicht an, Verletzungen bestimmter Rechtssätze für rechtswidrig zu erklären, Verstöße gegen andere geltende Normen dagegen nicht. Dabei soll freilich nicht verkannt werden, daß verschiedene Rechtsverletzungen verschieden schwer wiegen können.

Die Schwere des Fehlers kann aber auf die Rechtswidrigkeit keinen Einfluß haben, sondern allenfalls auf die aus der Rechtswidrigkeit zu ziehende Rechtsfolge (z.B. Nichtigkeit, Anfechtbarkeit, Unbeachtlichkeit). Darin liegt der entscheidende Mangel, der mit dem Versuch, die Rechtswidrigkeit einzuengen, verbunden ist. Rechtstatbestand und Rechtsfolge werden in unzulässiger Weise vermengt[130]. Rechtswidrig ist auch der Verwaltungsakt, der nur mit einem leichten Formfehler behaftet ist, denn er ist in einem das geltende Recht verletzenden Verfah-

---

[128] vgl. auch die Kritik bei Schäfer, S. 33, 34 und Haueisen in NJW 1960, 1882.

[129] vgl. Haueisen in NJW 1960, 1883.

[130] vgl. oben S. 15ff., wie die Rspr. auch Forsthoff, Lehrbuch S. 241.

ren zustandegekommen. Daran führt kein Weg vorbei. Die Frage kann nur sein, ob diese Rechtswidrigkeit die Rechtsfolge der Rücknahme nach sich zieht. Deshalb sind auch die Entscheidungen zu mißbilligen, die für die Frage der Rechtswidrigkeit oder der Rücknahme auf die Offenkundigkeit des Fehlers abstellen. Der Grad des Verstoßes bei der Gesetzesanwendung kann für die Beurteilung der Rechtswidrigkeit nicht maßgebend sein, Rechtswidrigkeit als Inkongruenz zwischen Sollen und Sein liegt auch dann vor, wenn die Gesetzesverletzung nur schwer erkennbar ist oder kein besonderes Gewicht hat. Deshalb sind rechtswidrig auch solche Verwaltungsakte, deren Fehlerhaftigkeit sich erst nach geläuterter Rechtsanschauung erweist[131]. Der Begriff der Offensichtlichkeit bzw. Offenkundigkeit, auf den bei der Frage der Rechtswidrigkeit abgestellt werden soll, enthält ein subjektives Moment und versagt deshalb als brauchbares Unterscheidungsmerkmal[132].

Auch eine Differenzierung der Rechtsfolgen fehlerhafter (nicht nichtiger) Verwaltungsakte ließe sich allenfalls nach der Schwere des Fehlers vornehmen. Das ergibt sich schon daraus, daß ein schwer erkennbarer, aber grober Gesetzesverstoß eine größere Störung der Rechtsordnung hervorruft als ein leichter, aber offenkundiger Formfehler. Für die Rechtsfolge kann Maßstab aber nur Stärke und Intensität der Störung unserer Rechtsordnung sein.

Zu verwerfen sind auch die Entscheidungen, die zwar den Begriff der Rechtswidrigkeit unangetastet lassen und das Rücknahmeproblem richtigerweise als Rechtsfolgeproblem auffassen, aber eine Rücknahme nur bei Verletzung einer zwingenden materiellen Rechtsnorm zulassen[133]. Für eine solche Beschränkung der Rücknahme besteht im Hinblick auf den nach der Rechtsprechung zu gewährenden Vertrauensschutz kein Bedürfnis. Die Rücknahme eines Verwaltungsaktes findet am Vertrauensschutz des Betroffenen ihre Grenze. Verdient der Begünstigte keinen Vertrauensschutz, so unterliegt der rechtswidrige Verwaltungsakt der Rücknahme, unabhängig davon, ob die Rechtswidrigkeit auf der Verletzung formeller oder materieller Normen beruht. Erklärt man die Verletzung formeller Vorschriften für unbeachtlich, so müßte ein rechtswidriger Verwaltungsakt auch dann Bestand haben, wenn der Begünstigte unter Umständen keinen Vertrauensschutz verdient. Dieses Ergebnis kann mit dem Gesetzmäßigkeitsprinzip nicht in Einklang stehen[134]. Auch ein formwidriger Verwaltungsakt muß grundsätzlich zurückgenommen werden können.

---

131 vgl. BVerwG in NJW 1962, 360 (361) und die Ausführungen oben S. 8 ff.

132 PrOVG 80, 110 (112); Gerber in VerwArch. 1931, 73; von Müller in ZLA 1957, 244.

133 vgl. BVerwG in DVBl. 1958, 653 (654) = ZBR 1958, 247 = DÖV 1958, 826.

134 vgl. unten S. 53 ff.

Dagegen ist den Entscheidungen zuzustimmen, die den Grundsatz der freien Rücknahme auf Verstöße gegen „gebietende Rechtsnormen“ schlechthin beschränken[135]. Das OVG Berlin[136] hält das für bedenklich, weil dem Begriff der gebietenden Rechtsnorm auf dem Gebiet des öffentlichen Rechts sämtliche Gesetze zugeordnet werden müßten, so daß im Ergebnis die Behörde bei jeder Gesetzwidrigkeit zur Rücknahme eines Verwaltungsaktes berechtigt wäre. Folgerichtig müßte auch jede leichte formale Gesetzwidrigkeit ebenso wie eine schwere materielle die Behörde uneingeschränkt zur Rücknahme des Verwaltungsaktes berechtigen. Diese Bedenken können nicht geteilt werden. Das OVG Berlin versucht seiner Auffassung dadurch Nachdruck zu verleihen, daß es mehrmals von der „uneingeschränkten“ Rücknahme spricht. Daß der an einem leichten Formfehler leidende Verwaltungsakt uneingeschränkt zurückgenommen werden kann, trifft eben nicht zu. Eine Schranke hat die Rechtsprechung durch den Vertrauensschutz gesetzt. Wer keinen Vertrauensschutz verdient, für den kann es auch nicht unbillig sein, daß ein – wenn auch nur mit geringen Formfehlern behafteter – Verwaltungsakt zurückgenommen wird[137].

II. *Zur Interessenabwägung*

1. Ihre Ausgestaltung in der Rechtsprechung

Weit schwerer wiegen die Bedenken, die sich gegen die von der herrschenden Meinung geübten Interessenabwägung im Einzelfall richten. Das Bundesverwaltungsgericht hat in mehreren Entscheidungen[138] zum Ausdruck gebracht, bei der Frage, ob ein rechtswidriger begünstigender Verwaltungsakt zurückgenommen werden könne, sei im Einzelfall abzuwägen zwischen dem öffentlichen Interesse an der Gesetzmäßigkeit der Verwaltung und dem Interesse des Bürgers am Fortbestand des Verwaltungsaktes. Eine Rücknahme sei nur dann zulässig, wenn bei diesem Interessenvergleich dem öffentlichen Interesse stärkeres Gewicht zukomme.

2. Dogmatische Bedenken

Der Weg der Rechtsfindung durch konkret-individuelle Interessenabwägung ist methodisch nicht zu billigen. Diese Behauptung bedarf einer sorgfältigen Begründung, insbesondere deswegen, weil – wie bereits im ersten Teil der Arbeit angedeutet – das Hauptangriffsziel gegen die Rechtsprechung die Methode der Rechtsfindung und nicht so sehr die von ihr erzielten Ergebnisse bildet. Andererseits kann es nicht Aufgabe dieser Darstellung sein, Methodenfragen bis in Einzelheiten zu durchleuchten

---

[135] ebenso Amtl.MittBl.BAA 1956, 491.

[136] DVBl. 1957, 504; gegen das OVG Berlin auch Schütz in DÖV 1958, 449 f.

[137] vgl. dazu oben S. 17 ff. und unten S. 71 ff., ferner die Bemerkungen von Peters, Lehrbuch, S. 170.

und zu klären. Diesen umfangreichen und vielschichtigen Problemen sind insbesondere in jüngster Zeit mehrere Monographien gewidmet worden[139]. Die Schwierigkeit besteht darin, das methodische Problem gründlich und fundiert zu behandeln, ohne den Rahmen der Arbeit zu sprengen und die Schwerpunkte der Darstellung falsch zu setzen. Es wird deshalb notwendig sein, die Methodenfragen lediglich in den Grundzügen zu skizzieren und die Vor- und Nachteile der verschiedenen Meinungen in den Hauptargumenten gegeneinander abzuwägen. Wie sich zeigen wird, genügt das, um eine feste Plattform für weitere Untersuchungen zu schaffen. In speziellen Fragen und Einzelheiten muß sich die Darstellung deshalb damit begnügen, entweder nur die Ergebnisse der herrschenden Ansicht mitzuteilen oder auf Spezialwerke zu verweisen.

a) Um den richtigen Ansatzpunkt für die Lösung des methodischen Problems zu finden, ist zunächst hervorzuheben, daß das Rücknahmerecht einer gesetzlichen Kodifikation entbehrt. Zwar finden sich hier und dort vereinzelte Vorschriften, die für die Rücknahme besonderer Gruppen von Verwaltungsakten positive Regelungen treffen. Jedoch soll nach dem in der Einleitung ausdrücklich abgesteckten Umfang der Arbeit Gegenstand der Untersuchung lediglich die Frage der Rücknahme im Bereich rechtlich nicht geregelter Tatbestände sein. Die Problematik des Rücknahmerechts liegt demnach in der Lückenausfüllung[140].

b) Bei der Erörterung dieses Problems erscheint es sinnvoll, zunächst allgemein die anerkannten Methoden der Lückenausfüllung, die kasuistische (aa) und die legislatorische (bb), in ihren Wesenszügen darzustellen. Im Anschluß daran werden die Vor- und Nachteile beider Methoden abgewogen (cc). Zuletzt soll dann die Rechtsprechungspraxis methodisch eingeordnet werden (c), um aus dieser Einordnung die Fehler zu erkennen.

Die zahlreichen Vorschläge zur Ausfüllung von Gesetzeslücken lassen sich in zwei große Gruppen einteilen.

aa) Nach den sog. kasuistischen Methoden der Lückenausfüllung stellt der Richter keinen Rechtssatz auf, sondern entscheidet den Einzelfall unter Berücksichtigung seiner zahlreichen Besonderheiten[141]. Er erhebt den Rechtsstreit nicht ins Typisch-Allgemeine und stellt keine „generell-abstrakte" Norm auf, sondern beschränkt sich auf die Eruierung der „konkret-individuellen" Interessenlage.

bb) Einen grundlegend anderen Weg beschreitet der Richter bei der Anwendung der gesetzgeberischen (legislatorischen) Methode. Auf dieses

---

138 vgl. zuletzt in NJW 1961, 475 und die oben S. 16 zitierten Fundstellen.

139 vgl. Esser, Grundsatz und Norm; Larenz, Methodenlehre; Meier-Hayoz, Gesetzgeber; Reinhard, Methoden der Rechtsfindung; Bastian; Wieacker, Richterkunst; Siebert, Methode; Boehmer, Grundlagen.

140 vgl. Haueisen in DVBl. 1960, 351; Ule, Generalklausel, S. 271.

141 vgl. dazu Bastian S. 88 ff.

Verfahren hat zuerst Aristoteles aufmerksam gemacht. In seiner Nikomachischen Ethik (Buch V, Kapitel XIV) heißt es:

„Wenn das Gesetz allgemein lautet, aber ein Fall vorkommt, der in dieses Allgemeine nicht paßt, so verfährt man richtig, wenn man da, wo der Gesetzgeber dies außer acht gelassen und durch einen allgemeinen Ausdruck gefehlt hat, die Auslassung so verbessert, wie der Gesetzgeber selbst, wenn er zugegen wäre und den Fall sähe, es sehen und gesetzlich regeln würde[142]."

Dieser Gedanke hat auch in einer modernen Kodifikation, nämlich dem berühmten Art. 1 des Schweizer Zivilgesetzbuches über die „Anwendung des Rechts" seinen Ausdruck gefunden:

„Kann dem Gesetz keine Vorschrift entnommen werden, so soll der Richter nach Gewohnheitsrecht, und wo auch solches fehlt, nach der Regel entscheiden, die er als Gesetzgeber aufstellen würde. Er folgt dabei bewährter Lehre und Überlieferung."

Bei der Anwendung der gesetzgeberischen Methode betrachtet der Rechtsanwender nicht allein den konkreten Einzelfall in seiner speziellen Eigenart, sondern er hebt, vom gegebenen Rechtsfall ausgehend, seinen Blick auf den typisch-allgemeinen Interessenkonflikt, der in Gestalt eines Einzelfalles ihm entgegentritt, entscheidet diesen Interessenwiderstreit generell und wendet die gefundene abstrakt-generelle Entscheidung, mit anderen Worten die ermittelte Norm, auf den zu entscheidenden Fall an. Der Rechtsanwender stellt also eine abstrakt-generelle Norm auf, mit der er den Einzelfall löst. Um eine solche Norm zu finden, kommt er freilich nicht umhin, eine Interessenabwägung vorzunehmen. Jedoch stellt er dabei auf die generell-abstrakte Interessenlage ab und beschränkt sein Augenmerk nicht auf die konkrete Einmaligkeit des zu beurteilenden Falles[143].

Maßstab und Wegweiser für die kritische Wertung der Interessen und die Aufstellung der Norm bildet dabei die gesamte Rechtsordnung. Der Richter ist an die bereits vorgegebenen, in anderen Gesetzen oder Rechtsgrundsätzen zum Ausdruck gekommenen Wertungen des Gesetzgebers gebunden. Die freie Rechtsfindung hat aus dem Geist der Rechtsordnung zu erfolgen. Der gefundene Rechtssatz muß sich harmonisch in das vorhandene positive Recht einfügen[144].

cc) Ob das kasuistische oder das legislatorische Verfahren vorzuziehen ist, hängt davon ab, bei welcher Methode die Grundpostulate jeder Rechtsordnung, nämlich Gerechtigkeit und Rechtssicherheit, am besten gewährleistet sind.

Es wird sich zeigen, daß Gerechtigkeit und Rechtssicherheit nicht zugleich voll verwirklicht werden können. Das Streben nach vollkommener Gerechtigkeit geht immer auf Kosten der Rechtssicherheit (i. S. der Voraussehbarkeit der rechtlichen Entscheidungen), während umgekehrt die

---

142 zitiert nach Meier-Hayoz, Richter, S. 241.

143 Bastian, S. 113; Meier-Hayoz, S. 78.

144 vgl. Meier-Hayoz, S. 81, Bastian, S. 115.

Betonung der Rechtssicherheit mit einer Beschneidung der Gerechtigkeit verbunden ist. „Gerechtigkeit und Rechtssicherheit verhalten sich ebenso zueinander als lägen sie in den Waagschalen: Hebt sich die eine, so sinkt die andere. Ein Optimum läßt sich dann erreichen, wenn die beiden Waagschalen ausbalanciert sind[145]." Die Auffassungen über das Verhältnis von Gerechtigkeit und Rechtssicherheit sind je nach Ort und Zeit und der philosophischen Orientierung verschieden. Die Antinomie dieser Postulate zu beleuchten kann nicht Aufgabe dieser Darstellung sein. Jedoch sei vermerkt, daß es sich nach allgemeiner Ansicht in unserer Rechtsordnung bei diesem Problem nicht um ein „Entweder-Oder", sondern um ein „Sowohl-als-Auch" handelt. Die Rechtssicherheit wird nicht unter, sondern neben die Gerechtigkeit gestellt[146].

Die kasuistische, nur am Einzelfall orientierte Methode der Lückenausfüllung bildet eine große Gefahr für die Rechtssicherheit. Dadurch, daß der Richter nicht gezwungen ist, eine allgemeine Regel aufzustellen, verliert sich sein Blick in den Besonderheiten des Einzelfalles, ohne zu allgemeinen Wertungen zu kommen. Die Entscheidungen sind am Rechtsgefühl orientiert, wodurch die Gefahr eines unkontrollierbaren Subjektivismus heraufbeschworen wird und auch ein Minimum an Voraussehbarkeit der rechtlichen Entscheidungen nicht mehr gewährleistet ist. „Eine mögliche, wenn auch nicht notwendige Folge ist die Willkür. Fehlt die Pflicht zu grundsätzlichem Vorgehen, so besteht immer die Gefahr, in grundsatzloses Belieben abzugleiten[147]."

Weil der Richter aber keine allgemeine Norm schafft und ein für allemal festgelegten Wertungen entsagt, ist nicht die Gewähr für die gleiche Behandlung gleich liegender Fälle gegeben. Darin liegt wiederum eine Gefahr für das Gleichheitsprinzip, das ein wesentliches Gebot der Gerechtigkeit darstellt[148].

Dagegen kommt die gesetzgeberische Methode durch die Aufstellung abstrakt-genereller Normen dem Postulat der Rechtssicherheit weitgehend entgegen. Zwar stellt der Richter durch seine rechtsfindende Tätigkeit nach dem legislatorischen Verfahren auch nur das zu beurteilende Rechtsverhältnis rechtskräftig fest, so daß die von ihm aufgestellte Regel keinen allgemeinverbindlichen Rechtssatz, keine Rechts-

---

145 Meier-Hayoz, Richter, S. 246.

146 vgl. BVerfGE 2, 380; 3, 225 (232); 8, 274; 7, 196; 9, 137; NJW 1958, 97; NJW 1962, 291; BVerwG in MDR 1961, 170 (171); NJW 1961, 1130; BGH in DÖV 1957, 318; OLG Frankfurt a. M. in DVBl. 1953, 599 (600): „Die Rechtssicherheit gehört als ein Prinzip der Gerechtigkeit überhaupt zu den obersten Zielsetzungen des Rechtsstaates"; Peters, Rechtsstaat, S. 67; Radbruch, Rechtsphilosophie, S. 168, 181, 353; Mensch im Recht, S. 118; Thieme a. a. O. S. 245; Scholz, a. a. O.; Antoniolli, S. 110; ferner Schäfer, S. 10 f. mit weiteren Nachweisen.

147 Meier-Hayoz, Richter S. 97.

148 Meier-Hayoz, Richter, S. 248; Bastian, S. 89.

quelle darstellt, sondern nur Wirkung inter partes hat[149]. Jedoch ist mit der Bildung einer generell-abstrakten Regel in gewissem Umfang eine Berechenbarkeit für spätere Fälle geschaffen. Dies um so mehr als die übrige Lehre und Rechtsprechung sich mit der aufgestellten Norm auseinandersetzen und sie möglicherweise nachahmen werden, so daß sie sich durch eine ständige Praxis zu Gewohnheitsrecht verdichtet und damit allgemeine Verbindlichkeit erlangt. Ein solcher „Verdichtungsprozeß" wird durch die Verfahrensordnungen begünstigt, da diese die Einheitlichkeit der Rechtsprechungspraxis durch Vorlagepflichten bei unterschiedlichen Rechtsauffassungen gebieten[150] und damit von vornherein widersprüchliche Entscheidungen auf ein Minimum reduzieren.

Außerdem gewährleistet die legislatorische Methode am meisten, daß gleich liegende Fälle auch gleich beurteilt werden. Andererseits ist allerdings nicht zu verkennen, daß der gesetzgeberischen Methode mit ihrer Normbildung die Tendenz zur Schematisierung der Lebenssachverhalte innewohnt, die durch die vergröbernde Betrachtungsweise die feinen Nuancierungen des Einzelfalles nicht berücksichtigt. Diese Nuancen können bei der kasuistischen Methode freilich mit ausgewogen werden, worauf das Bundesverwaltungsgericht an einer Stelle stolz hinweist[151], jedoch wird diese Perfektion durch den Verlust der Rechtssicherheit und eine Gefährdung des Gleichheitsprinzips erkauft[152].

Somit läßt sich feststellen, daß die Gerechtigkeit bei beiden Methoden in bestimmtem Umfang verwirklicht wird – einerseits Gleichheitsgebot, andererseits Gerechtigkeit des Einzelfalles. Die Rechtssicherheit als gleichwertiges Postulat findet jedoch nur bei der legislatorischen Methode Berücksichtigung. Deshalb ist die gesetzgeberische Methode den kasuistischen Verfahren der Lückenausfüllung vorzuziehen.

Damit ist zugleich Stellung bezogen zu der teleologischen Methode von Hippels[153], die ebenfalls zu den kasuistischen Verfahren zählt und deshalb keine Billigung finden kann. Von Hippel erfaßt das Kapitel des fehlerhaften Staatsaktes als ein methodologisches Problem[154] und wendet sich mit Entschiedenheit gegen die Aufstellung abstrakter Schemata für die Rechtsfindung, m.a.W. gegen die Ausbildung eines Regel-Ausnahme-Systems[155], wie es hier befürwortet wird[156]. Er bekämpft sowohl die sogenannte Begriffsjurisprudenz, die den Richter zur „Subsumtionsmaschine" und das Recht zu einem „sinnentleerten Apparat" degradiere,

---

[149] vgl. Enneccerus-Nipperdey, S. 344; Meier-Hayoz, Richter, S. 250; Bastian, S. 123.

[150] vgl. §§ 11, 12 VwGO, §§ 120 III, 136, 137 GVG.

[151] in NJW 1961, 1131.

[152] vgl. Boehmer II, 1, S. 189; Meier-Hayoz, Rechtsfortbildung, S. 90; Coing, Systemgedanke, S. 29; Reimer Schmidt in JZ 1955, 396.

[153] a. a. O.

[154] a. a. O. S. 55.

[155] a. a. O. S. 66 ff., 154 ff., 180.

[156] vgl. abschließend dazu unten S. 46.

als auch die Interessenjurisprudenz, die als Rechtsfindungsmethode schon deshalb versagen müsse, weil sie zwar die sich gegenüberstehenden Interessen aufdecke, aber über deren Berechtigung keine Aussage machen könne[157]; auf den Maßstab, an dem die Interessen gemessen werden können, komme es aber entscheidend an.

Als den symptomatischen Fehler der Gegenwart beklagt von Hippel das Ausschalten der Rechtsidee im Verfahren der Rechtsfindung[158]. Auf der Erkenntnis dieses Fehlers baut er sein eigenes teleologisches System auf, indem er unter Hinweis auf die „Qualität des Rechtlichen", nämlich das Gute, die Gerechtigkeit und Wahrheit, das Heilige und Schöne[159] als „Organ der Rechtserkenntnis die moralische Vernunft" [160] ermittelt, die durch ihre Beziehung auf die Idee der Wahrheit den Verstand überhöhe[161]. Diese skizzenhaften Andeutungen zeigen schon, daß der Methode von Hippels abstrakte Schemata und scharf konturierte Tatbestände nicht adäquat sind.

Die Kritik von Hippels an der sog. Begriffsjurisprudenz ist im Grunde berechtigt, jedoch überspitzt dargestellt und deshalb verzerrend, denn die Begriffsjurisprudenz wird erst dort verhängnisvoll, wo sie den Weg des sog. Inversionsverfahrens betritt und Lückenergänzung durch Konstruktion von Ordnungsbegriffen betreibt[162]. Die Begriffsbildung an sich ist aber niemals ernsthaft beanstandet worden. Ähnliches gilt für die Kritik von Hippels an der Interessenjurisprudenz[163].

Was entscheidend gegen die von Hippel verfochtene teleologische Methode spricht, ist schon deren Ausgangspunkt, denn von Hippel begreift als Rechtsidee (lediglich) die Gerechtigkeit[164] und klammert damit offenbar die Rechtssicherheit aus. Die Bedeutung der Rechtssicherheit in unserem Rechtssystem ist schon an früherer Stelle gewürdigt worden[165]. Hier sei nochmals hervorgehoben, daß das Bundesverfassungsgericht[166] und der Bundesgerichtshof[167] unter ausdrücklicher Bezugnahme auf Radbruch[168] zum Ausdruck gebracht haben, daß die Gerechtigkeit nur in äußersten Fällen höher zu werten sei als die Rechtssicherheit. Gerechtigkeit und Rechtssicherheit stehen deshalb grundsätzlich nebeneinander. Weil von Hippel aber der Rechtssicherheit keine Beachtung schenkt, führt seine Methode zur Einzelfalljurisprudenz, die in der Kasuistik ver-

---

157 a. a. O. S. 141.

158 a. a. O. S. 160.

159 a. a. O. S. 182 ff.

160 a. a. O. S. 195.

161 a. a. O. S. 196.

162 vgl. dazu Heck, S. 93.

163 vgl. die Darstellung von Heck, Interessenjurisprudenz.

164 a. a. O. S. 184.

165 vgl. oben S. 32.

166 BVerfGE 3, 225 (232); vgl. auch BVerfG in NJW 1958, 97.

167 DÖV 1957, 318.

168 vgl. dessen Ausführungen in Rechtsphilosophie S. 168, 181, 353.

harrt[169]. Wie alle kasuistischen Verfahren birgt die teleologische Methode die Gefahr des unkontrollierbaren Subjektivismus in sich[170]. Das hat von Hippel auch selber empfunden, wenn er an mehreren Stellen von den „allgemeinen Gesichtspunkten“ [171] spricht, die für die konkrete Entscheidung gelten und aufweisbar sind.

Im übrigen sei bemerkt, daß die Rechtsanwendung mit Hilfe von Schemata nicht in einer „mechanischen Subsumtion“ besteht, was von Hippel kritisiert, sondern daß die Deckung zwischen Schema und Tatbestand letztlich eine starke, aber widerlegbare Vermutung für die Verwirklichung der Rechtsidee bedeutet[172]. So stehen Subsumtion und Ausrichtung auf die Rechtsidee in steter Wechselwirkung. Die Aufstellung abstrakter Schemata steht also dem Grundanliegen jeder Rechtsordnung, nämlich der Verwirklichung der Rechtsidee keineswegs entgegen. Vielmehr sind abstrakte Schemata, wenn man sie in der angegebenen Beschränkung anwendet, mehr geeignet, der Rechtsidee zum Durchbruch zu verhelfen, weil sie auch der Rechtssicherheit als ein „Element“ der Rechtsidee gebührende Beachtung schenken.

Unter Würdigung dieser Zusammenhänge ist einem fest ausgebildeten Regel-Ausnahme-System unbedingt der Vorzug zu geben. Im Rahmen der Lückenausfüllung bedeutet das die Anwendung der legislatorischen Methode.

Die deutsche Literatur steht ebenfalls überwiegend auf dem Standpunkt, daß der Richter bei der Lückenausfüllung in Anlehnung an Art. 1 des Schweizer Zivilgesetzbuches die gesetzgeberische Methode anzuwenden hat[173].

c) Es fragt sich, wie auf dem Hintergrund dieses Widerstreits der Methoden die Rechtsprechungspraxis zu beurteilen ist.

aa) Die methodische Einordnung der Rechtsprechungspraxis fällt, soweit es ihre Grundtendenz anlangt, nicht schwer, denn das Bundesverwaltungsgericht, dem die übrige Rechtsprechung im wesentlichen folgt, erklärt ausdrücklich, daß bei der Entscheidung über die Rücknahme eines

---

169 Darauf weist auch Forsthoff, Lehrbuch, S. 204, hin.

170 Ipsen, Widerruf, S. 2; v. Stenglin, S. 9, der bemerkt, die Auffassung von Hippels sei aus diesem Grunde ohne tieferen Einfluß auf die Praxis und die übrige Verwaltungsrechtslehre gewesen; auch Ule lehnt von Hippels Ansicht ab, vgl. Generalklausel, S. 276.

171 S. 180, 196.

172 vgl. Coing, Grundzüge, S. 269, 274; Enneccerus-Nipperdey, S. 333; Nipperdey in NJW 1962, 321 (322); Maunz-Dürig, Art. 20, 72; Schmitt, S. 103; Wieacker, Präzisierung, S. 14.

173 vgl. Boehmer II 1, S. 189; Enneccerus-Nipperdey, S. 342; Siebert, Gesetzesauslegung, S. 15; Bastian, S. 89 mit weiteren Nachweisen; vgl. auch Jellinek, Gesetz, S. 167; Bachof in VVDStRL 12 (1954), 53; 81 Leitsatz III 12 b; für das Gebiet des Rücknahmerechts spricht dies Ule, Generalklausel, S. 271, deutlich aus; vgl. in anderem Zusammenhang auch Hess. VGH in DVBl. 1951, 738 (740) r.Sp. oben.

fehlerhaften begünstigenden Verwaltungsaktes eine Interessenabwägung im Einzelfall vorzunehmen sei[174]. Mit dieser konkret-individuellen Interessenabwägung ist die Rechtsprechungspraxis in ihrem Grundcharakter den kasuistischen Rechtsfindungsverfahren zuzuordnen[175].

Wie diese Feststellung bereits andeutet, ist jedoch mit dieser methodischen Einordnung die Beurteilung der Rechtsprechung noch nicht erschöpft. Die oben dargelegte Bestandsaufnahme[176] hat gezeigt, daß sich die Rechtsprechung von Anfang an darum bemüht hat, für die Interessenabwägung abstrakt-generelle Maßstäbe zu finden, indem sie darauf abstellt, in wessen Verantwortungsbereich der Mangel des Verwaltungsaktes liegt, in welchem Maße die Öffentlichkeit und der Betroffene durch den Fortbestand bzw. die Rücknahme des Verwaltungsaktes belastet werden, welcher Zeitraum seit dem Erlaß des Verwaltungsaktes verstrichen ist und welche Behörde den Akt erlassen hat. Ob diese Abwägungsmaßstäbe als solche für die Rücknahme brauchbar sind, soll hier dahinstehen. Auf diese Frage wird noch einzugehen sein. Für die methodische Beurteilung interessiert nur, daß die Rechtsprechung überhaupt nach objektiven Maßstäben gestrebt hat.

Zusammenfassend läßt sich die Rechtsprechungspraxis dahin charakterisieren, daß sie – methodisch gesehen – konkret-individuelle Grundtendenz aufweist, also sich der kasuistischen Verfahrensweise bedient, jedoch durch die Aufstellung objektiver Maßstäbe für die Interessenabwägung generell-abstrakte Züge trägt und damit zur legislatorischen Methode hinweist. Die Tendenz zur Generalisierung und Systematisierung ist jedoch nur in den Ansätzen vorhanden. Was der Rechtsprechung fehlt, um ihr Rechtsfindungsverfahren der allgemein anerkannten gesetzgeberischen Methode der Lückenausfüllung zuordnen zu können, ist die Aufstellung abstrakt-genereller Normen, die sich an vorgegebene Wertungen des Gesetzgebers anlehnen und sich damit harmonisch in das System unserer Rechtsordnung einfügen. Diese Kritik klingt auch bei Tietgen an[177], der zwar der Vertrauensschutzrechtsprechung im Grundsatz zustimmt, jedoch äußert, es sei besser gewesen, wenn das Bundesverwaltungsgericht seine Rechtsprechung „rational strukturiert und systematisiert" hätte.

Die weitere Beurteilung der von der Rechtsprechung geübten Interessenabwägung liegt nach den vorangegangenen grundsätzlichen Erörterungen über Methodenfragen auf der Hand. Sie bedeutet eine Gefahr

---

[174] Nachweise vgl. oben S. 30.

[175] Die kasuistische Tendenz wird vom BVerwG selber eingeräumt in JR 1962, 31.

[176] S. 10 ff.

[177] in DVBl. 1959, 890.

für Rechtssicherheit[178, 179] und die Verwirklichung des Gleichheitsprinzips.

Nun muß zwar der Rechtsprechung das Lob gespendet werden, daß sie mit dem Rücknahmeproblem bisher in befriedigendem Maße fertig geworden ist und im wesentlichen gerechte und zu billigende Ergebnisse erzielt hat. Auch sind Fälle auffallender ungleicher Entscheidungen nicht bekannt geworden. Das hat die Rechtsprechung jedoch nicht w e g e n, sondern t r o t z der von ihr eingeschlagenen Rechtsfindungsmethode erreicht – durch ihre vorzügliche Richterschaft. Gleichwohl bleiben die Gefahren einer uferlosen Kasuistik und der Vernachlässigung von Rechtssicherheit und Rechtsgleichheit – wenn auch nur zeitweilig latent – bestehen, und die Rechtslehre darf – wie bereits einleitend betont – bei solcher Lage nicht die Hände in den Schoß legen, sondern muß darum bemüht bleiben, Fingerzeige für die künftige Entwicklung zu geben[180].

bb) Angesichts der offenkundigen Vor- und Nachteile zwischen der legislatorischen und der kasuistischen Methode der Lückenausfüllung ist man versucht zu fragen, warum die Rechtsprechung nicht von Anfang an den Weg des gesetzgeberischen Verfahrens eingeschlagen hat. Das hat wohl mehrere Gründe.

Einer ist der, daß die Rechtsfortbildung ihren Ausgang vom Fall nimmt, der Denkanstoß wird also regelmäßig durch ein plötzlich auftretendes praktisches Bedürfnis gegeben. Deshalb wird das neu auftauchende Rechtsproblem auch vom Einzelfall her nach möglichen Problemlösungen vorsichtig und zurückhaltend abgetastet. Nach einer gewissen Prüfzeit verdichten sich die verschiedenen Varianten von Lösungsvorschlägen zu einer einheitlichen Linie, die dann zur Regel ausgeformt wird. Der Weg der Regelbildung geht also vom Fallproblem zum Prinzip, nicht umgekehrt. „Das Streben nach inhaltlicher Gerechtigkeit führt notwendig zu einer der aequitas der alten Rechte entsprechenden Würdigung des Einzelfalles, die das Gesetzesschema zunächst durchbricht, mit der Zeit aber zu einer neuen, dieses verbessernden Institutionsbildung führt. Was zunächst für den harten Einzelfall eine Durchbrechung oder

---

178 Zwar beruft sich die Rechtsprechung bei der Gewährung des Vertrauensschutzes auch auf das Prinzip der Rechtssicherheit (vgl. oben S. 17), jedoch hat sie dabei offensichtlich nur die Bestandskraft von Verwaltungsakten im Auge, nicht aber die andere Ausprägung der Rechtssicherheit, nämlich die Voraussehbarkeit der Entscheidungen (vgl. zu den einzelnen Ausprägungen der Rechtssicherheit unten S. 77).

179 vgl. insoweit auch die Kritik von Kretschmer in ZBR 1959, 312 und unten Anm. 208; ebenso Tietgen in DVBl. 1959, 891: „Die Rechtsprechung des BVerwG in dieser Frage läuft Gefahr, daß die Ergebnisse . . . selbst für den Kenner nicht mehr voraussehbar sind.“ Beachtlich in diesem Zusammenhang auch die Kritik Forsthoffs in DÖV 1959, 41. Gegen die Interessenabwägung ferner Ipsen, Widerruf, S. 95 und Naumann, S. 52, insbes. aus dem Gesichtspunkt der Rechtssicherheit.

180 Zur Offenlegung der Methode vgl. insbes. Jesch, S. 36 f. mit Nachweisen.

Korrektur verlangt, rechtfertigt sich nicht aus dem Selbstzweck dieser einen Fallösung praeter oder contra legem durch „Abwägung nach den Einzelumständen", sondern aus der Notwendigkeit, mit Hilfe der Kasuistik zu zweckvolleren dogmatischen Vorstellungen zu kommen. Was zunächst aequitas war, wird durch Einarbeitung der stehenden Judikatur zu ius. Bis dahin bleiben zahlreiche Entscheidungen im Zwielicht von Billigkeitserwägungen über Zumutbarkeit oder Untragbarkeit und von ethischen Vorwürfen gegenüber rechtlich gegebenen Möglichkeiten. Diese Korrektur aus „Treu und Glauben", die vom Fall her an das positive Recht herangetragen wird, ist eine für dessen Fortbildung unentbehrliche Zwischenstation[181]." Dieses Zwischenstadium vom Fall zur Regelbildung und zur Verfestigung einer Institution ist oft ein langjähriger Prozeß, aber er kommt irgendwann zum Abschluß[182]. Für die hier zu beurteilende Rechtsprechungspraxis läßt sich sagen, daß sie sich mitten in einem solchen Fortbildungsprozeß befindet.

Ein zweiter Grund für den von der Rechtsprechung eingeschlagenen Weg der Rechtsfindung liegt in der Veränderung der Auslegungsmethode, die seit dem Inkrafttreten des Grundgesetzes an Raum gewonnen hat. Diese Veränderung hat Forsthoff[183] eindringlich beschrieben. Sie liegt in dem Abrücken vom syllogistischen Schluß und der Hinwendung zu einer „geisteswissenschaftlich-werthierarchischen Auslegung", die sich als eine am Wert orientierte Art des Folgerns darstellt. Daß die Rechtsanwendung kein mathematisch exakter Vorgang ist, sondern im letzten Grunde ein Prozeß der Wertverwirklichung, soll nicht geleugnet werden. Jedoch führt die Überbetonung ethischer, sittlicher und sozialer Gesichtspunkte zu einer Subjektivierung der Wertgehalte, die für die Rechtsverwirklichung eher abträglich als förderlich ist. Die geisteswissenschaftlich-hierarchische Methode verunsichert das Recht, indem sie das Gesetz in Kasuistik auflöst[184], und tritt damit in Gegensatz zu dem auf Rationalität hin angelegten rechtsstaatlichen Denken. Das Gesetz und das Recht schlechthin verliert seine rechtsstaatliche Form in dem Maße, in dem es irrationale Gehalte aufnimmt, unter die nicht mehr im Wege des syllogistischen Schlusses subsumiert werden kann[185]. Auf diese hier nur andeutungsweise dargelegten Gefahren hat Forsthoff mit Recht hingewiesen. Zwar ist die höchstrichterliche Rechtsprechung zum Rücknahmerecht wie oben dargestellt ernsthaft darum bemüht, daß das Recht

---

181 Esser, Schuldrecht, S. 100. Diese Ausführungen Essers zu § 242 BGB können allgemeine Gültigkeit beanspruchen. Vgl. auch Wieacker, Richterkunst, S. 14; Meier-Hayoz, Rechtsfortbildung, S. 99; Soergel-Siebert § 242 Anm. 2.

182 vgl. Rümelin, Billigkeit, S. 61 mit praktischen Nachweisen; zur Zwitterstellung der „ständigen Rechtsprechung" als Rechtsquelle in diesem Zwischenstadium vgl. Larenz, Methodenlehre, S. 302 und Meier-Hayoz, Rechtsfortbildung, S. 98.

183 Umbildung, S. 35 ff.

184 Umbildung, S. 55.

185 Umbildung, S. 53.

nicht aus den Fugen gerät, jedoch machen sich bereits vereinzelt – insbesondere in jüngeren Entscheidungen – Zersetzungserscheinungen bemerkbar[186].

Ein weiterer tiefer liegender Grund für die Zurückhaltung der Rechtsprechung bei der Aufstellung allgemeiner Regeln ist wohl der, daß sich unsere Rechtswissenschaft und Praxis in einer Übergangszeit zwischen dem empirischen und systematischen Denken befindet, wobei der empirische Einschlag aus der soziologischen Jurisprudenz herrührt[187]. Allgemein wird jedoch betont[188], daß der Systemgedanke nicht aufgegeben werden darf, nicht allein weil der menschliche Geist nach Ordnung strebt, sondern um die Einheitlichkeit unserer Rechtsordnung zu wahren. Daß dabei System nicht als logisch geschlossenes System von Begriffen, die untereinander in einem Ableitungszusammenhang im Sinne einer formalen Logik stehen, verstanden werden darf, hat die Grundlagenforschung insbesondere der letzten Jahre deutlich hervorgehoben[189]. System will verstanden sein im Sinne eines „inneren Begründungszusammenhangs" [190], als „Ordnungszusammenhang" der Ordnungsgesichtspunkte unseres Rechtsgefüges[191] und Institut und Rechtsbegriff sind „nicht mehr Surrogate ausgeträumter mathematisch-axiomatischer Naturrechtsentwürfe und daher auch nicht mehr Normenkomplexe, die der Richter ähnlich wie die gesetzlichen Normen durch Subsumption auf Einzelfälle anzuwenden hätte, sondern vielmehr ein Repertoire von Problemlösungsvorschlägen, die bei wiederholter praktischer Bewährung durch den Konsens der Fachgenossen Verbindlichkeit für die Rechtsprechung gewinnen können"[192].

d) Die Aufgabe der Rechtslehre als einer praktischen Wissenschaft ist damit umrissen. Sie hat dreierlei zu bewältigen.

aa) Zunächst ist der bestehende Zustand des Rechtsfortbildungsprozesses aufzuzeichnen. Bevor die Rechtslehre eigene Ideen vorträgt, muß sie sozusagen eine Inventur der bereits vorliegenden Problemlösungsvorschläge voranschicken, um auf dieser Grundlage weitere Erörterungen anzustellen.

bb) Im Anschluß an diese Bestandsaufnahme ist das vorhandene Material der Rechtsfortbildung daraufhin zu überprüfen, ob sich einzelne Grundsätze herausgebildet haben, die bereits gewohnheitsrechtlich erhärtet sind. Diese Grundsätze und die noch nicht zu allgemeinverbind-

---

186 vgl. dazu insbes. unten S. 87 und Anm. 361.

187 vgl. dazu näher Coing, Systemgedanke, S. 40 ff.

188 vgl. Coing, Systemgedanke, S. 41; Larenz, Methodenlehre, S. 134; Wieacker, Richterkunst, S. 14; Meier-Hayoz, Rechtsfortbildung, S. 99.

189 vgl. Larenz, Methodenlehre, S. 134; Wieacker, Richterkunst, S. 14; Meier-Hayoz, Rechtsfortbildung, S. 120.

190 Meier-Hayoz, Rechtsfortbildung, S. 120.

191 Reinhardt, S. 25.

192 Wieacker, Richterkunst, S. 14; zustimmend Meier-Hayoz, Rechtsfortbildung, S. 120.

lichem Recht ausgeformten Problemlösungsvorschläge sind auf dem Hintergrund unserer Rechtsordnung zu systematisieren, mit den unserem Recht zugrundeliegenden Grundgedanken zu vergleichen und zu erklären.

cc) Bei dieser Stoffordnung darf die Rechtswissenschaft jedoch nicht stehenbleiben[193]. Vielmehr hat sie das vorhandene Material kritisch zu würdigen und Vorschläge zur Korrektur und zu neuen Lösungen zu machen. Es ist ihre Aufgabe, das System auszubauen und die Rechtsfortbildung mit zu lenken[194]. So stellt sich der Prozeß der Rechtsfortbildung als ein Zusammenspiel zwischen Theorie und Praxis dar[195].

Die Aufgabe der Stoffordnung ist für das Rücknahmerecht zu Beginn dieses Kapitels erfüllt worden. Neue Problemlösungsvorschläge und insbesondere Gedanken zum weiteren Ausbau des Systems werden im zweiten Kapitel vorgetragen. Darüber, welcher Weg bei der Findung neuer Problemlösungsvorschläge einzuschlagen ist, herrscht weitgehend Einigkeit. Um im Ergebnis eine Norm zu erzielen, die sich harmonisch in das System unserer Rechtsordnung einfügt, ist auszugehen von anerkannten und feststehenden Grundprinzipien, die für das Rücknahmerecht konkret zu Ende gedacht und damit zu speziellen Rechtssätzen ausgeformt werden müssen[196]. Diese Konkretisierung ist ohne Zuhilfenahme anderer Maßstäbe freilich meist nicht zu bewältigen. Als solche Maßstäbe kommen rechtliche und außerrechtliche Wertungen, anerkannte Institutionen, Lösungsansätze in bewährter Lehre und Judikatur, Zweck und Natur des Rechtsverhältnisses, Praktikabilität, Zumutbarkeit, Rechtssicherheit und Verkehrssitte in Betracht, um nur einige zu nennen[197].

---

[193] vgl. Peters, Verwaltungsstaat, S. 19 und Meier-Hayoz, Rechtsfortbildung S. 122: „Es geht mir nur darum zu betonen, daß die Rolle der Rechtswissenschaft sich nicht darin erschöpfen kann, den . . . Rechtsstoff zu sammeln und zu ordnen. Die Doktrin ist mehr als eine ancilla legislatoris oder eine ancilla iudicis, ihre Methode nicht die der handwerkmäßigen Sichtung und Etikettierung von anderswo fertig fabriziertem Rechtsinhalt. Gewiß hat sie in erster Linie die gesetzlichen und die richterlichen Präjudizien zu erforschen, aber sie darf nicht dabei stehen bleiben."

[194] vgl. Peters, Entwicklungstendenzen, S. 244.

[195] Meier-Hayoz, Rechtsfortbildung, S. 100.

[196] vgl. Bastian S. 143; Enneccerus-Nipperdey S. 343; Meier-Hayoz, Rechtsfortbildung, S. 99, 119 und Richter, S. 255; Huber, „Grundsätze in der Auslegung der Wirtschaftsartikel", in Wirtschaft und Recht 10 (1958) S. 10: „Sowohl die Rechtsgrundsätze als auch die verfassungsgestaltenden Grundentscheidungen bedürfen nun nicht der Auslegung, sondern der Konkretisierung, der normgewinnenden, normentwickelnden Ausschöpfung. Das hat seinen Grund darin, daß sie ohne diese Konkretisierung noch gar nicht „anwendungsbereit" sind, d. h. noch keine hinreichenden Weisungen für bestimmte Fragen und Sachverhalte enthalten"; vgl. auch Siebert, S. 15; Reinhardt, S. 25 ff.; Wieacker, Richterkunst, S. 17; Bachof in VVDStRL 12 (1954), 53; 81 Leitsatz III 126.

[197] vgl. dazu Enneccerus-Nipperdey, S. 343; Siebert, Gesetzesauslegung, S. 15.

3. Praktische Bedenken

Neben den aufgezeigten dogmatisch-methodischen Bedenken gegen die herrschende Meinung im Rücknahmerecht sind auch eine Reihe praktischer Einwände zu erheben, die mit den methodischen Mängeln zumeist eng verflochten sind.

a) Eine praktische Schwierigkeit bereitet die Feststellung des öffentlichen Interesses, mit dem das Individualinteresse abgewogen werden soll. Das öffentliche Interesse ist ein komplexer Begriff. Ebenso wie die Gesetzmäßigkeit liegt auch die Rechtssicherheit und die Beachtung des Grundsatzes von Treu und Glauben im öffentlichen Interesse[198]. Die Grenzen des Begriffs „öffentliches Interesse" sind verschwommen[199]. Dieser Begriff entzieht sich naturgemäß einer sicheren inhaltlichen Erfassung[200]. Über das, was im öffentlichen Interesse liegt, können im Einzelfall die verschiedensten Meinungen vertreten werden[201]. Wenn man bedenkt, daß d a s öffentliche Interesse sich als Resultante verschiedener öffentlicher Einzelinteressen erweist, zu denen auch die Rechtssicherheit gehört, wenn man andererseits berücksichtigt, daß die herrschende Meinung das Individualinteresse auf den Gesichtspunkt der Rechtssicherheit abstützt, so muß man sich fragen, wo hier noch eine Diskrepanz zwischen dem öffentlichen und privaten Interesse liegt. Die Interessenabwägung ist darum nichts anderes als allein die Bestimmung dessen, was im öffentlichen Interesse schlechthin liegt[202]. Somit treten uns als Gegensatzpaar das Gesetzmäßigkeitsprinzip und der Grundsatz der Rechtssicherheit entgegen. Die Problemstellung dreht sich also um einen Konflikt grundlegender Rechts n o r m e n, der durch eine generell-abstrakte Interessenabwägung gelöst werden muß, d. h. es muß generell geklärt werden, unter welchen Umständen die eine Norm der anderen vorgeht.

b) Ein weiterer Mangel der von der herrschenden Meinung vertretenen Interessenabwägung liegt darin, daß die von ihr gegebenen Maßstäbe für die Bewertung der Interessen unzureichend sind.

Als Wertmesser für die Intensität des öffentlichen Interesses wird in erster Linie die Belastung der Öffentlichkeit durch den rechtswidrigen

---

198 Peters, Lehrbuch, S. 164; Haueisen in NJW 1958, 884; Weber in BKK 1960, 237.

199 Weber in BKK 1960, 237; „Er ist schwammig, dehnbar und einer Bestimmung durch positive Merkmale entzogen."

200 Schüle in VerwArch. 1933, 433.

201 vgl. Erning in DVBl. 1960, 193; Rösener a. a. O. S. 513; siehe auch Fleiner, Einzelinteresse, S. 3 f.

202 vgl. auch Rösener a. a. O. S. 513, der bemerkt, daß beim Problem der Rücknahme nur e i n öffentliches Interesse anzuerkennen sei, nämlich das der Gesetzmäßigkeit der Verwaltung. M. E. verkennt Rösener den möglichen Konflikt zwischen Gesetzmäßigkeit und Rechtssicherheit, der u. U. zugunsten der Rechtssicherheit zu entscheiden ist. Auch die Rechtssicherheit liegt letzten Endes im öffentlichen Interesse!

begünstigenden Verwaltungsakt angesehen. Dieses Bewertungsmerkmal ist unbrauchbar. Das ergibt sich schon aus der Überlegung, daß die mit dem Erlaß eines rechtswidrigen begünstigenden Verwaltungsaktes verbundene Belastung der öffentlichen Hand im Einzelfall regelmäßig so gering ist, daß sie im Verhältnis zum Haushaltsvolumen gar nicht ins Gewicht fallen kann. So wird man mit dem Argument, das öffentliche (Vermögens-)Interesse erfordere unabweislich die Rücknahme einer rechtswidrig ergangenen Bewilligung einer Hausratsentschädigung von 800,– DM, schwerlich die Rücknahme eines Leistungsbescheides rechtfertigen können. Und selbst wenn eine rechtswidrig zugesprochene Kriegsschadensrente in Betracht steht, die eine Dauerbelastung für die Öffentlichkeit mit sich bringt, läßt sich dieses Argument nicht halten. Nebenbei sei bemerkt, daß der Empfänger einer rechtswidrig gewährten Kriegsschadensrente nach Rücknahme des Leistungsbescheides regelmäßig auf öffentliche Fürsorge angewiesen ist, so daß letztlich wiederum die Öffentlichkeit die – allerdings anders firmierten – Lasten zu tragen hat[203]. Demgegenüber kann nicht vorgebracht werden, daß eine Verweisung auf Fürsorgeunterstützung unzumutbar sei. Mit Recht bemerkt das Bundessozialgericht[204], die Auffassung, daß der Empfang von Fürsorgeunterstützung regelmäßig ein Verdrängen aus der gesellschaftlichen Stellung und damit einen sozialen Abstieg bedeute, entspringe einer gesellschaftlichen Denkweise, die als überholt gelten müsse.

Auch der Gesichtspunkt, daß der Behörde der gesamte Organisationsapparat zur Verfügung steht, um das Zustandekommen eines fehlerhaften Verwaltungsaktes zu verhindern, und daß sie insoweit ein erhebliches Übergewicht gegenüber dem Bürger hat[205], ist für die Interessenabwägung ungeeignet. Die Interessenstärke als objektive Größe hat mit der Frage, wer die Rechtswidrigkeit verursacht hat, nichts zu tun. Das Verschulden der Rechtswidrigkeit auf seiten des Bürgers kann allenfalls seinen Vertrauensschutz in Frage stellen. Das ist aber ein von der objektiven Interessenabwägung zu unterscheidender Gesichtspunkt. Dagegen kann ein Verschulden der Behörde das öffentliche Interesse am gleichmäßigen Gesetzesvollzug in keiner Weise mindern.

Die Interessenabwägung krankt, wie dieser Punkt deutlich zeigt, daran, daß Staat und Bürger im Verhältnis der Partnerschaft gedacht werden, die zu gegenseitiger Treue und Rücksichtnahme verpflichtet sind. Diese zivilrechtliche Vorstellung ist im öffentlichen Recht fehl am Platz und führt auch im Rücknahmerecht zu Mißdeutungen. Ebenso beruht die Neigung, dem Bürger gegenüber der allmächtigen Behörde jeglichen

[203] vgl. LSG Bremen in BB 1957, 543, das zutreffend darauf hinweist, daß bei der Rücknahme eines Rentenbescheides eine nur geringe oder gar keine Einsparung öffentlicher Mittel erzielt, sondern nur eine Verlagerung des Aufwandes bewirkt wird, den die Gemeinschaft für den Betroffenen zu tragen hat.

[204] in DÖV 1959, 584 (585).

[205] so BVerwG in DÖV 1957, 911 (912).

Schutz angedeihen zu lassen, auf überholten Ansichten von der Stellung der Exekutive[206].

c) Die für die Interessenabwägung aufgezeigten Wertungsmaßstäbe stehen in der Rechtsprechungspraxis unverbunden nebeneinander, ohne daß auch nur der Versuch gemacht würde aufzuzeigen, welcher Gesichtspunkt für die Abwägung schwerer wiegt und welchem geringere Bedeutung zukommt[207]. So ist denn auch aus einzelnen Entscheidungen ersichtlich, mit welcher Unsicherheit der Verwaltungsrichter an die Abwägung herangeht. Mit anderen Worten – die Interessenabwägung ist nicht praktikabel[208].

Der Nachweis mangelnder Praktikabilität soll an einer Entscheidung des OVG Münster vom 9. 12. 1959[209] nachgewiesen werden. Der Entscheidung lag folgender Sachverhalt zugrunde:

Die Ehefrau des Klägers wurde im Jahre 1945 durch einen Lkw der britischen Besatzungsmacht überfahren und getötet. Die Besatzungsmacht erkannte ihre Haftung für die Folgen dieses Unfalles dem Grunde nach an. Durch Bescheid vom 14. 9. 1953 wurde dem Kläger für die zurückliegende Zeit bis zum 31. 7. 1955 eine laufende monatliche Entschädigung wegen entgangener Dienstleistungen zuerkannt. Dieser Bescheid wurde nicht angefochten. Nach Abschluß der Zahlungen wurde festgestellt, daß in dem Feststellungsbescheid zwei fehlerhafte Rechnungsposten vorhanden waren, die eine Überzahlung zur Folge hatten. Durch Bescheid vom 13. 9. 1955 wurde die Entschädigung bis zum 30. 9. 1953 demgemäß anderweitig festgesetzt. Gleichzeitig wurde der Kläger aufgefordert, den zuviel gezahlten Betrag zurückzuzahlen.

In den Entscheidungsgründen qualifizierte das Gericht zunächst den Bescheid vom 14. 9. 1953 als einen begünstigenden Verwaltungsakt. Nachdem es die Rechtswidrigkeit dieses Bescheides festgestellt hat, nimmt

---

[206] vgl. dazu unten S. 55 ff.

[207] Daß den einzelnen Gesichtspunkten für die Abwägung unterschiedliche Bedeutung zukommt, betont auch Wolff, Lehrbuch, § 53 III (S. 295).

[208] Die Praktikabilität des Rechts ist auch eine Forderung der Rechtssicherheit, vgl. dazu Radbruch, Einführung, S. 39, 40; Die mangelnde Praktikabilität der herrschenden Rechtsprechung kritisiert auch Kretschmer, S. 312: „Die praktischen Auswirkungen der meist schwierigen auf den Einzelfall abzustellenden und daher der Allgemeingültigkeit entbehrenden rechtlichen Erwägungen, die bei Anwendung der vom Bundesverwaltungsgericht entwickelten Rechtsgrundsätze anzustellen sind, werden weittragend sein . . . Die Verwaltung verlangt nach einfachen praktikablen Richtlinien, wenn nicht durch ungleiche Behandlung gleicher Tatbestände eine ständige Verletzung des Gleichheitsgrundsatzes und damit völlige Rechtsunsicherheit eintreten soll"; ebenso Tietgen in DVBl. 1959, 891 in einer Anmerkung zu einem das Rücknahmerecht betreffenden Urteil des BVerwG: „Mit Urteilen wie diesem, die einen tatbestandlich typischen Fall mit Argumenten der Einzelfallgerechtigkeit lösen, können die nachgeordneten Verwaltungsgerichte und die Verwaltungsbehörden kaum noch etwas anfangen." Vgl. auch Weber in BKK 1960, 237.

[209] MDR 1960, 956.

das Gericht zu der Frage Stellung, ob der Bescheid trotz der Rechtswidrigkeit zurückgenommen werden kann. Dabei wird zunächst die oben dargestellte herrschende Gerichtspraxis zur Interessenabwägung angeführt und bejaht. Sodann heißt es in den Entscheidungsgründen weiter:

„Der Senat ist hiernach der Auffassung, daß eine mit Wirkung für die Vergangenheit ausgestattete Rücknahme des Bescheides vom 14. 9. 1953, soweit dadurch eine Überzahlung erfolgt ist, unzulässig ist, weil der Kläger die Überzahlung nicht mit unlauteren Mitteln erwirkt und nicht einmal verursacht hat. Die Fehler, die für die Überzahlung ursächlich waren, fallen allein in den „Verantwortungsbereich" der Verwaltungsbehörde. Seit dem Erlaß des Bescheides vom 14. 9. 1953, auf den der Kläger nahezu acht Jahre warten mußte, waren bereits zwei Jahre vergangen, als der Berichtigungs- und Rückforderungsbescheid erging, so daß das Vertrauen des Klägers auf den Bestand des Feststellungsbescheides besonders schutzwürdig ist. Im Hinblick auf diese besonderen Umstände des Falles verdient das private Interesse des Klägers, der als Postfacharbeiter in bescheidenen Vermögensverhältnissen lebt und durch die Verpflichtung zur Rückzahlung des überzahlten Betrages hart betroffen würde, gegenüber dem öffentlichen Interesse an der teilweisen Rücknahme des insoweit fehlerhaften Verwaltungsaktes den Vorrang, zumal auch die Belastung der Öffentlichkeit bei Belassung kein unverhältnismäßiges Gewicht darstellt."

Ob der Entscheidung im Ergebnis zuzustimmen ist, mag dahinstehen. Gegenstand der Betrachtung soll nur sein, w i e das Gericht Recht gefunden hat.

Zunächst stellt das Gericht fest, daß der Kläger die Rechtswidrigkeit des Verwaltungsaktes nicht verschuldet hat. Dieser Umstand ist für die Entscheidung erheblich. Systematisch gehört diese Erwägung jedoch nicht an die Spitze, denn das Verschulden zerstört den Vertrauensschutz, der seinerseits erst bei überwiegendem Privatinteresse in Frage kommt, so daß zunächst die Interessen abzuwägen waren. Unbeachtlich ist, daß der Kläger acht Jahre auf den ihn begünstigenden Bescheid gewartet hat. Bedenklich ist, daß das Gericht den Zeitraum nach Erlaß des Verwaltungsaktes als Maßstab der Interessenbewertung ansieht[210].

Diese Auffassung ist m. E. nicht zu halten, denn es kann nicht darauf ankommen, ob der Bürger bereits zwei Jahre oder erst sechs Monate rechtwidrig Zahlungen bezogen hat. Ebenso sind die Vermögensverhält-

---

210 Wolff, Lehrbuch, § 53 III c (S. 295), hält zwar den Zeitraum, der seit dem Eintritt der Mangelhaftigkeit verstrichen ist, für bedeutsam und beruft sich auf BSG in NJW 1957, 397. Jedoch behandelt diese Entscheidung den Sonderfall der Verwirkung (vgl. dazu unten S. 94). Die Verwirkung ist zwar auch ein Anwendungsfall des Vertrauensschutzes, hat aber als Rücknahmeschranke selbständige Bedeutung.

nisse des Klägers bisher als Wertungsmaßstab nicht anerkannt. Das OVG Münster verwendet ihn aber.

Dagegen enthalten die Entscheidungsgründe keine Ausführungen darüber, ob und inwieweit der Kläger seine Lebensweise auf Grund der rechtswidrigen Zahlungen eingerichtet hat. Ein Gesichtspunkt, auf den es entscheidend für die Beurteilung der Interessenabwägung und damit des Vertrauensschutzes ankam. Das Gericht hat sich bei seiner Urteilsfindung offensichtlich von Billigkeitserwägungen leiten lassen[211], indem es auch Interessen in die Betrachtung einbezog, deren rechtliche Relevanz bisher nicht anerkannt ist. Der Fehler dafür ist darin zu suchen, daß sich gegenüberstehende Interessen abgewogen werden, ohne zu bedenken, ob die Interessen nach der Rechtsordnung auch beachtlich sind, d. h. ob ihre Berechtigung sich in einem Rechtssatz (!) nachweisen läßt.

Wenn schon obere Instanzen der Verwaltungsgerichtsbarkeit mit der Interessenabwägung Schwierigkeiten haben, so läßt sich leicht denken, daß der mittlere Verwaltungsbeamte, der ebenfalls häufig über die Rücknahme zu entscheiden hat, überfordert ist. Daraus ergeben sich weittragende Folgen, weil die Rechtsgrundsätze des allgemeinen Verwaltungsrechts und damit auch die Rücknahmeregeln auf Grund ihres subsidiären Charakters fast auf allen Sondergebieten des Verwaltungsrechts, insbesondere auch in dem umfangreichen Sektor des Sozialrechts, oft zur Anwendung kommen und von der Beamtenschaft beherrscht werden müssen. Es ist deshalb verständlich, wenn gerade aus den Reihen der Verwaltungspraktiker der Hilferuf nach klaren und praktikablen Rechtsgrundsätzen kommt[212].

III. *Zusammenfassung der Kritik und Ansatzpunkte für eine neue Ausgestaltung des Rücknahmerechts*

1. Übersicht über die Schwächen der herrschenden Meinung

Die bisherigen Erörterungen haben gezeigt, daß der herschenden Ansicht sowohl dogmatische als auch praktische Mängel anhaften. Dogmatisch bedenklich erscheint die teilweise vorgenommene Beschneidung des unteilbaren Begriffs der Rechtswidrigkeit. Als verfehlt sind auch die Entscheidungen zu bezeichnen, die anstatt auf die Schwere auf die Offen-

---

[211] Davor haben Maunz-Düring, Art. 20, 147 nachdrücklich gewarnt: „Eine Mitleidsrechtsprechung, die etwa bei rechtswidrigen Geldbewilligungsbescheiden allein auf das „arme Mütterchen" schaut, dem man aus „sozialen Gründen" nicht mehr das Erhaltene entziehen dürfe, wäre sicherlich auf dem falschen Wege, weil — es muß einmal gesagt werden — schließlich Gelder der Allgemeinheit (der anderen) vergeben wurden." Wie sehr eine Rechtsprechung, die auf scharf umrissene Tatbestände verzichtet, ins Schwimmen gerät, beweist auch die Entscheidung des LSG Bremen in BB 1957, 543, die an die oben zitierten Worte von Maunz-Dürig erinnert und vom BSG mit Recht aufgehoben worden ist.

[212] vgl. Weber in BBK 1960, 237.

kundigkeit des Gesetzesverstoßes abstellen. Der entscheidende Fehler liegt aber in der im Einzelfall geübten Interessenabwägung. Sie trägt die Tendenz zu einer uferlosen Kasuistik in sich und bedeutet eine erhebliche Gefährdung der Rechtssicherheit und des Gleichheitsprinzips. Außerdem ist die Interessenabwägung nicht praktikabel, einmal weil das öffentliche Interesse schwer abzugrenzen ist, zum anderen weil die ermittelten Wertmaßstäbe für die Interessenabwägung unzureichend sind und schließlich weil die Interessenabwägung als Rechtsfindungsmethode nicht sicher gehandhabt werden kann.

2. Die Notwendigkeit eines Regel-Ausnahme-Systems

Diese Schwächen haben ihren Grund darin, daß der Rechtsanwender den Bereich der Normen verläßt und auf die hinter ihnen liegenden Interessen zurückgeht, um sie selbständig zu bewerten. Der einzige Weg zu einer sauberen und klaren Rechtsfindung führt jedoch über die Norm. Es ist daher erforderlich, das Rücknahmeproblem als Normenkonfliktsproblem in Gestalt einer generell-abstrakten Interessenabwägung ins Auge zu fassen und, ausgehend vom Legalitätsprinzip, danach zu forschen, ob diesem Prinzip andere Rechtssätze entgegenstehen und wann sie ihm vorgehen können[213]. Die Voraussetzungen für den Vorrang eines dem Gesetzmäßigkeitsprinzip entgegenstehenden Rechtssatzes sind in Form eines möglichst scharf umrissenen Tatbestandes zusammenzufassen. Auf diese Weise entsteht ein Regel-Ausnahme-System, das allein eine klare Rechtsanwendung verbürgt, die Rechtssicherheit zur Geltung bringt und eine möglichst gleiche Beurteilung gleich liegender Tatbestände gewährleistet[214].

Zweites Kapitel: **Versuch eines neuen Systems des Rücknahmerechts**

Der von der herrschenden Meinung befolgten Interessenabwägung im Einzelfall stehen sowohl dogmatische als auch praktische Bedenken entgegen. Erstrebenswert ist allein ein fest umrissenes und tatbestandlich ausgeprägtes Regel-Ausnahme-System.

Der einzuschlagende Weg – die legislatorische Methode – ist im ersten Kapitel skizziert worden. Die Hauptaufgabe wird darin bestehen, Verfassungsgrundsätze und anerkannte tragende Prinzipien unserer Rechtsordnung, insbesondere solche des Verwaltungsrechts, zu konkretisieren und aus ihnen praktikable Rechtssätze für das Rücknahmerecht zu formen. Dabei ist in erster Linie auf Erkenntnisse „bewährter Lehre und Überlieferung" zurückzugreifen. Durch die Konkretisierung tragender, unserem Recht innewohnender Prinzipien und die Beachtung erprobter

---

[213] vgl. Saladin, S. 131, der zu derselben Fragestellung kommt, sie allerdings anders löst, s. oben S. 37.

[214] so insbes. Naumann, S. 52.

Erkenntnisse von Lehre und Praxis ist die Garantie dafür gegeben, daß sich die zu formenden Rechtsnormen harmonisch in das System unserer Rechtsordnung einfügen.

A. Der Grundsatz der freien Rücknahme

Mit der herrschenden Lehre[215] und Rechtsprechung[216] ist daran festzuhalten, daß rechtswidrige begünstigende Verwaltungsakte grundsätzlich frei zurückgenommen werden können[217]. Es sei ausdrücklich betont, daß dieser Grundsatz hier lediglich für rechtswidrige Verwaltungsakte gemeint ist. Die Frage der freien Rücknahme wird im allgemeinen für Verwaltungsakte schlechthin, also einschließlich der rechtmäßigen gestellt. Ob ein Grundsatz aufgestellt werden kann dahin, daß alle Verwaltungsakte (ohne Rücksicht auf Rechtmäßigkeit oder Rechtswidrigkeit) frei aufhebbar sind, kann unentschieden bleiben. Hier interessiert nur die Rücknahme r e c h t s w i d r i g e r Verwaltungsakte.

Der Grundsatz der freien Rücknahme ist mit Hilfe zahlreicher Rückschlüsse und Rechtsgrundsätze untermauert und auch angefeindet worden, die im folgenden kritisch geprüft werden sollen.

I. *Die Natur der Sache*

Vereinzelt[218] ist behauptet worden, der Grundsatz der freien Rücknahme ergebe sich aus der Natur der Sache. Die Ansicht hat keinen Widerhall gefunden, sondern wird in der Literatur abgelehnt[219]. Auf die Natur der Sache wird regelmäßig erst dann zurückgegriffen, wenn sich für ein rechtlich erwünschtes Ergebnis keine andere fundierte Begründung geben läßt. Zwar ist die Natur der Sache als juristische Denkform anerkannt[220], sie sollte jedoch als Begründungsmittel für einen Rechtsgrundsatz nur in Betracht gezogen werden, wenn sich nicht andere sicherere rechtliche Stützen finden lassen. Der Grundsatz der freien Rücknahme kann aber, wie noch darzustellen sein wird, aus konkreten und allgemein anerkannten Rechtssätzen abgeleitet werden, so daß es vertretbar er-

---

[215] vgl. Peters, Lehrbuch, S. 159, 169; Forsthoff, Lehrbuch, S. 209; v. Turegg in JR 1952, 18; Menger VerwArch. 1960, 274; Schütz in DÖV 1958, 449; Sommer in DÖV 1954, 746; Dickmann a. a. O. S. 282; Fauser a. a. O.; Nitschke a. a. O.; Saladin S. 116; Zschacke in NJW 1954, 1436 (1437); Pöppinghaus, S. 56 f.; Zolles S. 107; Seibert S. 53; von Müller in ZLA 1957, 241; Klinger § 42 E IV 1; Amtl. MittBl. BAA 1956, 491 Ziff. 2; Zusammenstellung der älteren Literatur bei Naumann S. 20.

[216] vgl. die Nachweise oben S. 11 f.

[217] Über diese Frage der Rücknahmepflicht vgl. unten S. 63.

[218] so Gerber in VerwArch. 1931, 69.

[219] vgl. z. B. Ipsen, Widerruf, S. 61; Erning S. 27.

[220] vgl. Radbruch, Die Natur der Sache als juristische Denkform, Festschrift für Laun, 1949, S. 157.

scheint, das Argument der Natur der Sache unbeachtet zu lassen. Auf eine Untersuchung der Berechtigung dieses Schlusses kann deshalb verzichtet werden.

II. *Die Dynamik der Lebensverhältnisse*

Ein Teil des Schrifttums[221] ist der Ansicht, der Grundsatz der freien Rücknahme ergebe sich vor allem aus der Tatsache, daß sich die Behörde wechselnden Lagen gegenübersehe und sie imstande sein müsse, sich ihnen anzupassen. Dieses Argument der variablen Sachlagen ist mit Recht bekämpft worden[222]. Die Überlegung, daß die Verwaltung imstande sein müsse, sich den wechselnden Verhältnissen anzupassen, ist rechtspolitischer Natur. Rechtspolitische Erwägungen sind jedoch grundsätzlich dem Gesetzgeber vorbehalten. Der Gesetzanwender darf erst dann auf rechtspolitische Gesichtspunkte zurückgreifen, wenn logische und sinnvermittelnde Überlegungen nicht zu einer Lösung des gestellten Rechtsproblems führen[223]. Rechtspolitische Erwägungen müssen für den Rechtsanwender also ultima ratio sein.

Pöppinghaus[224] hält das Argument der variablen Sachlagen für einen unzulässigen Schluß von den Aufgaben der Verwaltung auf ihre Befugnis. Wie weit die Verwaltung befugt sei, sich wechselnden Lagen anzupassen, bestimme allein die Rechtsordnung[225].

III. *Analogieschluß zur ZPO und zum FGG*

Der Grundsatz der freien Rücknahme ist auch auf eine Analogie zu dem § 18 FGG und § 571 ZPO gestützt worden[226]. Nach § 18 FGG kann das Gericht eine von ihm erlassene Verfügung ändern, wenn es sie nachträglich für ungerechtfertigt hält. Das gilt nach § 18 Abs. 2 FGG nicht, sofern die Verfügung der sofortigen Beschwerde unterliegt.

Die Gegner des Analogieschlusses folgern aus Abs. 2, daß eine Analogie gerade zum Ausschluß der freien Rücknahme führen müsse, denn ebenso wie die sofortige Beschwerde seien auch die Rechtsmittel des Verwaltungsrechts befristet[227]. Dieser Einwand geht jedoch fehl, soweit es begünstigende Verwaltungsakte angeht, denn Rechtsmittel stehen dem Betroffenen nur gegen belastende Akte zu, so daß Rechtsmittelfristen auch nur bei belastenden Verwaltungsakten ausgelöst werden. Da aber die freie Rücknahme belastender Verwaltungsakte unproblematisch ist,

---

[221] Forsthoff, Lehrbuch, S. 234 f.; Nebinger, S. 216; Sommer DÖV 1954, 686.

[222] vgl. Pöppinghaus S. 32; Erning S. 27 f.

[223] vgl. dazu Saladin S. 52.

[224] S. 33.

[225] so auch Erning S. 28.

[226] Kormann S. 335.

[227] vgl. Ipsen, Widerruf, S. 62, Pöppinghaus S. 33.

weil sie den Adressaten begünstigt, geht die auf § 18 Abs. 2 FGG gestützte Argumentation an der Sache vorbei.

Erning[228] bringt demgegenüber vor, daß die Tatbestände des § 18 Abs. 1 FGG innerlich fast ausnahmslos verschieden seien von denen des Verwaltungsrechts. Die Begründung hierfür bleibt er allerdings schuldig.

Dennoch muß man Bedenken tragen, diesem Analogieschluß rückhaltlos zuzustimmen. Zwar wird das Gebiet der freiwilligen Gerichtsbarkeit auch zur Verwaltung gerechnet, so daß insoweit das FGG als „Verwaltungsgesetz" anzusehen ist und seine Normen als Grundlage rechtslogischer Schlüsse dienen können. Jedoch ist zu beachten, daß der im FGG geregelte Bereich der Verwaltung gegenüber den sonstigen Wirkungsbereichen der Verwaltung rein quantitativ – abgesehen von den qualitativen Unterschieden – so gering ist, daß es bedenklich erscheinen muß, von ihm allein Rückschlüsse auf das gesamte Gebiet des Verwaltungsrechts zu ziehen. Jedenfalls ist es unbefriedigend, einen so fundamentalen Rechtsgrundsatz wie den der freien Rücknahme fehlerhafter Verwaltungsakte auf eine so schmale Gesetzesbasis zu gründen[229].

Noch weniger für eine Analogie eignet sich § 571 ZPO, da hier im wesentlichen nur die prozessuale, nicht aber die materielle Parteistellung in Betracht steht[230].

IV. *Analogieschluß zum besonderen Verwaltungsrecht*

Gewichtiger sind Stimmen, die den Grundsatz der freien Rücknahme mit einer Rechtsanalogie zum besonderen Verwaltungsrecht begründen. Dieser Schluß ist insbesondere in der Rechtsprechung angewendet worden[231]. Er gründet sich auf die Vorschriften der §§ 143 I Nr. 2 Thür. LVO, 42 I a PVG, 24 I b OBG.NW, 88 I Nr. 1 Württ.EVRO. In diesen Bestimmungen wird zum Ausdruck gebracht, daß ein Verwaltungsakt zurückgenommen werden kann, wenn seine Erteilung dem bestehenden Recht widerspricht.

Gegen eine Analogie wird eingewendet, die Fassung sowohl des § 143 Thür.LVO („kann ... nur zurückgenommen werden, wenn ...") als auch des § 42 PVG („ist ... nur zulässig, wenn ...") lasse erkennen, daß lediglich die besonderen Voraussetzungen, unter denen begünstigende Verwaltungsakte bestimmter Art zurücknehmbar sein sollten, normiert worden seien. Die Bedeutung der Gesetzesvorschriften liege daher in erster Linie in der beschränkenden (limitativen) Aufzählung derjenigen sachlichen und rechtlichen Tatbestandsmerkmale, auf welche die Rücknahme gestützt werden könne. Weder der Wortlaut noch der Sinngehalt dieser Vorschriften könne jedoch zur Begründung der Ansicht herangezogen werden, daß die Rücknahme eines begünstigenden Verwaltungs-

---

[228] S. 30.
[229] vgl. Ipsen, Widerruf, S. 63.
[230] vgl. dazu Ipsen, Widerruf, S. 623; Pöppinghaus S. 34 Erning S. 30.
[231] vgl. oben S. 13; aus dem Schrifttum z. B. Schütz a. a. O. S. 450.

aktes ohne weiteres gerechtfertigt sei, wenn nachträglich seine Gesetzwidrigkeit festgestellt werde[232]. Dagegen bringt Schütz[233] vor, die angegebene Fassung der Gesetzesvorschriften („... kann nur zurückgenommen werden, wenn ...") oder („die Zurücknahme ... ist ... nur zulässig, wenn ...") sei nur verständlich aus der Tatsache, daß die Rechtswidrigkeit neben anderen Widerrufsgründen genannt sei, bei denen eine Rücknahme p f l i c h t nicht bestehe.

Welcher Ansicht die größere Überzeugungskraft zukommt, ist schwer zu sagen, jedenfalls läßt sich der Analogieschluß, den die herrschende Rechtsprechung zieht, nicht mit dem Argument beiseiteschieben, das besondere Verwaltungsrecht sei spezifisch gelagert und deshalb sachlogisch über das allgemeine Verwaltungsrecht hinaus unter Berücksichtigung der Eigenart des zu regelnden Sondergebietes weiterentwickelt worden. Es würde deshalb einem circulus vitiosus gleichkommen, hernach wiederum auf das allgemeine Verwaltungsrecht Rückschlüsse zu ziehen[234]. Die Analogie als Schlußverfahren vom Besonderen auf das Allgemeine ist zwar problematisch, aber anerkannt[235]. Die Frage kann nur sein, ob dieser Schluß hier gezogen werden kann. Ohne auf die Problematik dieser Frage einzugehen, kann gesagt werden, daß sich bei diesem Verfahren nur selten annähernd zwingende Folgerungen ziehen lassen[236]. Wie nunmehr gezeigt werden soll, bedarf es des schwankenden Bodens der Analogie jedoch nicht, um den Grundsatz der freien Rücknahme sicherzustellen.

V. *Gewohnheitsrechtliche Geltung*

Es kann nämlich nachgewiesen werden, daß dieser Grundsatz gewohnheitsrechtlich verfestigt ist[237] und auch heute noch Geltung beanspruchen kann. Gewohnheitsrecht entsteht, wenn ein bestimmtes Verhalten von den Beteiligten in der Überzeugung rechtlicher Gebotenheit oder Gewährung lange Zeit hindurch gleichmäßig und allgemein geübt wird und sich diese Gewohnheit in einem verpflichtenden oder berechtigenden Rechtssatz formulieren läßt[238].

Drei Merkmale kennzeichnen also die Bildung von Gewohnheitsrecht: das objektive der Übung (longa consuetudo), das subjektive der Rechtsüberzeugung (opinio necessitatis)[239] sowie das formale der rechtssatz-

---

232 so OVG Berlin in DVBl. 1957, 503 (505), ebenso Pöppinghaus S. 55; Erning S. 32 ff.

233 DÖV 1958, 450, 451.

234 so Erning S. 33; nebenbei sei bemerkt, daß Erning sich, wenn es in sein System paßt, selbst solcher Rückschlüsse bedient, so auf S. 28.

235 vgl. Engisch S. 142 ff.

236 dazu vgl. Saladin, S. 148, Anm. 60 Abs. 2.

237 so Sommer DÖV 1954, 685; OVG Rheinland-Pfalz in MDR 1961, 352 (354); Sächs. OVG in JW 1935, 2463.

238 Wolff, § 25 III a.

239 vgl. Peters, Lehrbuch, S. 80.

mäßigen Formulierbarkeit der Gewohnheit. Das Erfordernis der Formulierbarkeit bedarf keiner näheren Erörterung.

Ebenso dürfte das objektive Merkmal der lang dauernden[240], allgemeinen[241], regelmäßigen[242] und ständigen[243] Übung[244] nicht zweifelhaft sein. Seit der Entscheidung des PrOVG aus dem Jahre 1877[245] ist der Grundsatz der freien Rücknahme von den Gerichten ständig praktiziert worden[246]. Dem sind auch die Verwaltungsbehörden gefolgt.

Nun reichen zwar Verwaltungs- und Gerichtsbrauch für sich allein zur Bildung von Gewohnheitsrecht nicht aus, vielmehr muß die Rechtsüberzeugung auch bei den verpflichteten und berechtigten Rechtsgenossen vorherrschen[247]. Jedoch läßt sich die Rechtsüberzeugung des Volkes nicht registrieren. Normalerweise drückt sie sich in der Rechtsprechung und in der Verwaltungsübung aus, denn eine der Rechtsüberzeugung der Bürger zuwiderlaufende Rechtsprechung und Verwaltungsübung kann sich nicht Jahrzehnte hindurch halten. Deshalb wird der Gerichtsbrauch, der sich allgemein durchsetzt, als die Quelle des Gewohnheitsrechts angesehen[248]. Gegen eine fast 80 Jahre währende Rechtsprechung, die ständig angenommen hat, rechtswidrige Verwaltungsakte könnten jederzeit zurückgenommen werden, läßt sich jedenfalls nicht vorbringen, es sei nicht erwiesen, ob die Überzeugung von der Richtigkeit dieses Grundsatzes auch bei den Rechtsunterworfenen vorhanden sei. Die lang dauernde Übung ist sicher ein starkes Indiz für das Vorhandensein einer Rechtsüberzeugung. Das PrOVG hat deshalb in ständiger Rechtsprechung von der tatsächlichen Übung auf die Rechtsüberzeugung geschlossen[249].

---

240 Forsthoff, Lehrbuch, S. 133.

241 Wolff § 25 III a.

242 Peters, Lehrbuch, S. 80.

243 v. Turegg, Lehrbuch, S. 98.

244 zum ganzen: eingehend Höhn, S. 44 f.

245 PrOVG 2, 390; vgl. dazu Forsthoff, Lehrbuch, S. 242. Forsthoff hat bis zur 5. Auflage angenommen, daß die Verwaltung grundsätzlich j e d e n Verwaltungsakt jederzeit beseitigen kann. Diese Auffassung hat er für die fehlerfreien begünstigenden Verwaltungsakte aufgegeben. Da hier jedoch lediglich der f e h l e r h a f t e begünstigende Akt zur Erörterung gestellt ist, besteht die hier vorgetragene Ansicht nach wie vor mit Forsthoffs Auffassung in Einklang. Bei der Herausarbeitung des Grundsatzes muß man sich überhaupt immer im klaren darüber sein, welche Gruppe von Verwaltungsakten angesprochen wird. Der Grundsatz-Streit geht fast immer nur darum, ob a l l e Verwaltungsakte jederzeit beseitigt werden können.

246 vgl. oben S. 11.

247 Peters, Lehrbuch, S. 80; Wolff, § 25 III a.

248 vgl. Enneccerus-Nipperdey S. 267; Lehmann § 3 III; Höhn S. 55 f.

249 PrVBl. Bd. 35 S. 110: „Für die Überzeugung von der rechtlichen Notwendigkeit bedarf es keines besonderen Beweises. Das Vorhandensein der Überzeugung ist bei Mangel entgegenstehender Umstände ohne weiteres aus der lange Zeit hindurch fortgesetzten, häufigen und gleichmäßigen Übung zu Entnehmen“; ebenso PrVBl. Bd. 24, 296 (298)

Gegen die Feststellung gewohnheitsrechtlicher Geltung vermag der Einwand von Pöppinghaus[250] nichts auszurichten, daß die Regel der freien Rücknahme deshalb nicht gewohnheitsrechtlich erhärtet sei, weil es in Literatur und Rechtsprechung stets Gegner dieses Grundsatzes gegeben habe. Zunächst sei nochmals klargestellt, daß hier lediglich die freie Rücknahme (nur) rechtswidriger Verwaltungsakte in Frage steht. Die insoweit erhobenen Gegenstimmen sind nur vereinzelt[251]. Der Fall, daß ein bestimmter ungeschriebener Rechtssatz oder eine Rechtsansicht in der juristischen Literatur keine Gegner findet, dürfte wohl utopisch sein. Allein aus der Tatsache, daß sich nur ganz vereinzelt Stimmen gegen eine sich durchsetzende Rechtsüberzeugung erheben, kann nicht der Mangel einer allgemeinen Rechtsüberzeugung hergeleitet werden[252]. „Allgemein" heißt nicht, daß alle bis auf den letzten Rechtsunterworfenen die Rechtsüberzeugung gewonnen haben müssen, sondern es genügt, wenn diese so weit vorgedrungen ist, daß nur noch ein verschwindend geringer Prozentsatz anderer Ansicht ist[253], daß kein „erheblicher Widerstand mehr geleistet wird" [254].

Befremdlich ist auch die Stellungnahme Ernings[255]: „Der Hinweis der herrschenden Meinung auf die gewohnheitsrechtliche Erhärtung des Grundsatzes der freien Widerruflichkeit von Verwaltungsakten ist modernem Verwaltungsrecht fremd, da es in besonderem Maße den Wandlungen und Anschauungen der Zeit unterliegt." Die Wandelbarkeit des Rechts ist schon deswegen kein Argument gegen die Bildung von Gewohnheitsrecht, weil auch dieses sich selbstverständlich ändern kann[256]. Zwar erkennt Erning ganz richtig, daß sich das Verwaltungsrecht in den letzten Jahrzehnten durch historische und staatsrechtliche Umwälzungen mehrfach in den grundsätzlichen Bezugspunkten geändert hat, er übersieht jedoch, daß einige Grundsätze auch diese Wandlungen überdauert haben, und dazu gehört der Grundsatz der freien Rücknahme rechtswidriger Verwaltungsakte.

VI. *Der Grundsatz der Gesetzmäßigkeit der Verwaltung*

Der Grundsatz der freien Rücknahme rechtswidriger Verwaltungsakte, der bereits gewohnheitsrechtlich erhärtet ist, stellt sich zugleich als Ausfluß des Prinzips der Gesetzmäßigkeit der Verwaltung dar, das in

---

250 S. 33, ihm folgend Hangartner S. 82

251 vgl. aus der neueren Rechtsprechung OVG Berlin in DVBl. 1957, 503

252 vgl. Peters, Lehrbuch, S. 80

253 vgl. Höhn, S. 44

254 Enneccerus-Nipperdey, S. 268

255 S. 30

256 vgl. Höhn, S. 55. Daß das Gewohnheitsrecht für gewöhnlich zählebiger ist als anderes Recht, ändert an der grundsätzlich möglichen Wandelbarkeit nichts.

Art. 20 Abs. 3 GG seinen positiv-rechtlichen Niederschlag gefunden hat. Die Verwaltung ist an Gesetz und Recht gebunden. Sie hat sich bei ihrer Tätigkeit im Rahmen der Gesetze zu halten, d. h. das Recht zu verwirklichen. Ihr obliegt es deshalb, rechtswidrige Verwaltungsakte zu kassieren[257].

Gegen diese Auffassung wird angeführt, das Prinzip der Gesetzmäßigkeit der Verwaltung sei lediglich eine Schutzvorschrift zugunsten des Bürgers[258]. Dieser Grundsatz besage nur, daß belastende Verwaltungsakte nicht ohne gesetzliche Ermächtigung ergehen dürften; das bedeute aber nicht, daß ausschließlich begünstigende Verwaltungsakte immer eine positive Rechtsgrundlage haben müßten[259]. Der Grundsatz der Gesetzmäßigkeit der Verwaltung spreche sogar gegen die freie Rücknahme. Denn wenn belastende Verwaltungsakte einer Rechtsgrundlage bedürften, so gelte dies auch für die Rücknahme eines rechtswidrigen begünstigenden Verwaltungsaktes, da durch diese Rücknahme der Begünstigte belastet werde[260].

Dieser Einwand bedarf näherer Beleuchtung. Der Auffassung von dem Grundsatz der Gesetzmäßigkeit der Verwaltung als Schutzvorschrift ist vornherein der Boden entzogen, wenn sich herausstellen sollte, daß das Gesetzmäßigkeitsprinzip allumfassende Bedeutung hat, d. h. nicht nur für belastende, sondern auch für begünstigende Verwaltungsakte gilt. Bedeutung und Umfang des Grundsatzes der Gesetzmäßigkeit der Verwaltung sind deshalb zunächst vorab zu untersuchen. Eine Lösung kann nur gefunden werden, wenn zuvor der Sinngehalt des Gesetzmäßigkeitsprinzips aufgedeckt wird. Dieser Sinngehalt ist heute mehr denn je umstritten[261]. Es geht um die Frage, ob die Verwaltung nur auf Grund gesetzlicher Ermächtigung tätig werden kann (Totalvorbehalt) oder ob sie einer solchen Rechtsgrundlage nur zu Eingriffen in Freiheit und Eigentum des Bürgers bedarf. Bevor zu dem aufgeworfenen Problem abschließend Stellung genommen wird, soll zunächst ein kurzer Abriß der Meinungen gegeben werden.

Die bisher herrschende – und auch wohl heute noch überwiegende – Lehre steht auf dem Standpunkt, daß die Verwaltung einer gesetzlichen Ermächtigung nur für Eingriffe in die Rechtssphäre des Bürgers be-

---

[257] vgl. Peters, Lehrbuch, S. 169; Forsthoff, Lehrbuch, S. 241; Schütz in DÖV 1958, 449; Sommer in DÖV 1954, 746; Dickmann, a. a. O.; Zschacke in NJW 1954, 1436 (1437); Saladin, S. 116; Pöppinghaus, S. 56; Zolles, S. 107; Amtl. MittBl. BAA 1956, 491; a. A. Haueisen in NJW 1954, 1427; Erning, S. 33, 47; Wilke, S. 66; Hammerschmidt, S. 84

[258] Schäfer, S. 32; Erning, S. 33

[259] OVG Berlin in DVBl. 1957, 505; Haueisen in NJW 1954, 1427; Schäfer, S. 32; Erning, S. 47

[260] Schäfer, S. 32 f., ebenso OVG Rheinl.-Pfalz in MDR 1961, 352 (353)

[261] vgl. einerseits Peters, Ermächtigungsgrundlage, a. a. O., andererseits Jesch a. a. O und die im Folgenden zitierten Nachweise

darf[262]. Einige Schriftsteller sind jedoch bereits in der Weimarer Zeit für eine weite Auslegung des Gesetzmäßigkeitsprinzips eingetreten[263]. Insbesondere aber in jüngster Zeit mehren sich die Stimmen, die gegen eine enge Auslegung des Gesetzmäßigkeitsprinzips als Eingriffsvorbehalt ankämpfen[264].

Jesch kommt in seiner Habilitationsschrift[265] zu dem Ergebnis, daß Leistungen und Begünstigungen von der Verwaltung nur noch auf Grund einer parlamentarischen Ermächtigung gewährt werden dürfen[266]. Diesem Resultat liegen folgende Erwägungen zugrunde. Jesch nimmt eine funktionale Abhängigkeit der Geltung, des Inhalts und des Umfangs des Gesetzmäßigkeitsprinzips von der jeweiligen Struktur der speziellen Verfassungsordnung an, wobei er diese Funktion als methodische Hypothese zum Ausgangspunkt seiner Erörterungen macht[267]. Sodann weist er die strukturellen Verschiedenheiten der konstitutionellen Monarchie des 19. Jahrhunderts und der heute bestehenden Verfassungslage auf und folgert aus dieser Verschiedenheit, daß das Gesetzmäßigkeitsprinzip heute einen anderen Inhalt haben müsse als zur Zeit seiner Entstehung im 19. Jahrhundert.

Der Gedankengang stellt sich im einzelnen folgendermaßen dar. Das Prinzip der Gesetzmäßigkeit ist in der konstitutionellen Monarchie entstanden und galt in seinen beiden Ausprägungen als Vorrang und Vorbehalt des Gesetzes. In seiner Ausprägung als Vorbehalt des Gesetzes enthielt es eine für die konstitutionelle Monarchie charakteristische Einschränkung. Der Gesetzesvorbehalt galt nur für allgemeine Gewaltverhältnisse und war hier beschränkt auf Eingriffe in Freiheit und Eigentum. Diese Einschränkung erklärt sich aus der Verfassungsstruktur der konstitutionellen Monarchie. Die Verfassung der konstitutionellen Monarchie trägt einen dualistischen Grundzug[268]. Die beiden unmittelbaren und primären Organe Herrscher und Volk standen einander gegenüber. Das Volk wurde durch das Parlament repräsentiert. Höchstes Organ war der Monarch, zugleich Herr der Exekutive. Seine Herrschaft fand ihre Grenze am Recht und an der Macht des Parlaments, durch welches

---

262 vgl. Peters, Ermächtigungsgrundlage, S. 207 f. mit Nachweisen

263 Darmstädter, Die Grenzen der Wirksamkeit des Rechtsstaates (1930), 62; Bühler, Allgemeines Steuerrecht (1927), 64 ff.; Fleiner, Institutionen, S. 130; Köttgen, Freiheitsschutz und Wohnungsschutz in ihrem Verhältnis zu Gesetzgebung und Verwaltung, in Grundrechte und Grundpflichten der Reichsverfassung I (1929), 348 ff. (355); Wittmayer, Regierung und Verwaltung, in Handbuch des Deutschen Staatsrechts II (1932), 337; vgl. auch Jerusalem, Gesetzmäßigkeit, S. 106; andererseits: Peters in Hue de Grais-Peters, S. 7

264 vgl. Jesch, Mallmann a. a. O. und die im Folgenden gegebenen Literaturnachweise

265 a. a. O.

266 a. a. O. S. 205

267 S. 66

268 a. a. O. S. 88 ff.

das Volk an der Gesetzgebung teilnahm. Diese Struktur stellte sich als Kompromiß dar, der die das 19. Jahrhundert bestimmende Auseinandersetzung zwischen Fürstensouveränität und Volkssouveränität beenden sollte. Auf der einen Seite die Erhaltung des „monarchischen Prinzips", auf der anderen demokratische Teilhabe an der Gesetzgebung, die die Freiheit des Volkes gegenüber dem Staat, d. h. gegen eigenmächtige Eingriffe der Exekutive in den geschützten Individualbereich, sichern sollte[269]. Der Schutz des Volkes lag in der Teilhabe am Staat, die sich in der Gesetzeskontrolle konkretisierte. Die Kontrolle der Exekutive wurde gesichert durch das Mittel des Gesetzesvorbehalts für Eingriffe in Freiheit und Eigentum. So erweist sich der Eingriffsvorbehalt als ein die Verfassungsstruktur der konstitutionellen Monarchie wesentlich bestimmendes Element, das diese Verfassungsstruktur entscheidend mitprägt und sich zugleich als Funktion dieser Struktur darstellt[270].

Die Verfassungsstruktur hat sich jedoch seitdem in grundlegender Weise gewandelt. Die Verfassungsordnung der Bundesrepublik beruht auf der Souveränität des Volkes: Alle Staatsgewalt geht vom Volke aus (Art. 20 Abs. 2 S. 1 GG). Das im Parlament repräsentierte Volk ist in der Gesetzgebung von der Exekutive unabhängig. Die Exekutive ihrerseits ist dem Parlament untergeordnet und empfängt von ihm erst Aufgabe und Ziel. Mit dieser Wandlung im Verhältnis Parlament – Exekutive ist der für den konstitutionell-monarchischen Staat typische Gegensatz von Gesellschaft und Staat aufgehoben. Die Führungsaufgabe des Parlaments gilt auch für Verwaltungsleistungen, so daß die Verwaltung nur noch auf Grund parlamentarischer Ermächtigung Leistungen gewähren kann[271]. Das ist in knappen Sätzen der Versuch von Jesch, das Gesetzmäßigkeitsprinzip an der Verfassungsstruktur neu zu bestimmen.

Dieselben Gedankengänge sind bei Menger[272] anzutreffen. Auch er folgert aus dem parlamentarischen Prinzip, daß jede Verwaltungstätigkeit nur auf Grund einer gesetzlichen Ermächtigung oder überhaupt einer Ermächtigung seitens des Volkes vorgenommen werden könne. Dabei verkennt er nicht die Unmöglichkeit, alle Tatbestände vorauszusehen, einzuplanen und gesetzlich zu regeln, in denen staatliche Hilfe erforderlich wird. Trotzdem will er ein eigenmächtiges Handeln der Verwaltung nur zulassen, wenn die Existenzerhaltung der Demokratie dies im Ausnahmefall erfordert. Die Ermächtigung zum selbständigen Handeln in solchen Grenzfällen sei der Verwaltung mit der Entscheidung des Volkes für die Demokratie konkludent erteilt.

Wie Jesch betrachtet auch Mallmann[273] die Lehre von der Gesetzmäßigkeit der Verwaltung im Sinne eines Eingriffsvorbehaltes als ein

---

[269] S. 108 f.
[270] S. 170
[271] S. 205
[272] in VerwArch. 1961, 196
[273] a. a. O. S. 177

„anachronistisches Überbleibsel aus der Zeit der deutschen konstitutionellen Monarchie“ und tritt aus dem Gesichtspunkt des parlamentarischen Prinzips für eine allumfassende Geltung des Grundsatzes der Gesetzmäßigkeit ein. Dabei verkennt er jedoch nicht, daß es dem Gesetzgeber unmöglich ist, alle Tatbestände vorherzusehen und zu regeln, daß es somit eine völlig durchnormierte Verwaltung nicht geben kann. Mallmann hält es deshalb für ausreichend, wenn die Tätigkeit der Verwaltung auf eine Organisations- oder Zuständigkeitsregelung als gesetzliche Grundlage zurückgeführt werden kann[274].

Einen anderen Versuch der Neubegründung des Gesetzmäßigkeitsprinzips hat der Schweizer Max Imboden[275] vorgetragen. Er orientiert den Inhalt dieses Prinzips an den Gegebenheiten des modernen Sozialstaates[276]. „Was im heutigen sozialen Wirtschaftsstaat für die einen Vergünstigung und Gewährung bedeutet, erweist sich für andere direkt oder indirekt, offen oder versteckt vielfach als Last. Im Grunde geht es stets nur um ein Verteilungsprinzip, um die Frage der Abwägung von Lasten und Vergünstigungen, von Leistungen des Staates an den einzelnen[277].“ Ähnliche Erwägungen sind bei Obermayer[278] zu finden.

Aus der Verknüpfung von Belastung und Begünstigung läßt sich für das Problem der Inhaltsbestimmung des Gesetzmäßigkeitsprinzips jedoch nichts gewinnen. Staatliche Leistungen sind von jeher aus dem Steueraufkommen gewährt worden, ohne daß aus der genannten Koppelung die von Imboden angestrebten Folgerungen gezogen worden wären[279].

Anknüpfend an das demokratische Prinzip verlangt Spanner[280] eine weitestgehende Gesetzbindung der Verwaltung aus einem anderen Grunde, nämlich aus der Bedeutung des Hauptgrundsatzes der Demokratie, des Gleichheitssatzes heraus. Der Gleichheitssatz verlange zur Sicherung seiner Geltung die Anerkennung des Grundsatzes der Gesetzmäßigkeit der Verwaltung auch für begünstigende Verwaltungsakte. Spanner weist darauf hin[281], daß bei der Auffassung der Gesetzmäßigkeit der Verwaltung als Eingriffsvorbehalt der Verwaltung ein für die Verwirklichung des Gleichheitssatzes höchst gefährlicher Ermessensbereich eingeräumt werde. Er schließt seine Untersuchung mit den Worten: „Eine durchgängige Geltung des Gleichheitssatzes ist nur dann gewährleistet, wenn man erkennt, daß die Gleichheit nicht nur durch

---

274 a. a. O. S. 187

275 a. a. O.

276 Ähnliche Gedankengänge finden sich bei Krüger in DVBl. 1955, 450 (451) und Rupp in DVBl. 1959, 81 ff. (84 f.), der sie gesetzliche Grundlage für staatliche Leistungen aus einem gewandelten Freiheitsbegriff ableitet; gegen diese Ansicht Jesch, S. 204

277 Imboden, S. 42; ähnlich, aber konkreter Maunz-Dürig, Art. 20, 135

278 in DÖV 1959, 267 (268)

279 vgl. Jesch, S. 201

280 a. a. O. S. 8

281 a. a. O. S. 12

unmittelbare ungleiche Belastung, sondern ebenso durch mittelbare ungleiche Belastung infolge ungleicher Begünstigung verletzt wird. Ein Mittel zur Verhinderung dieser zweiten Möglichkeit der Gleichheitsverletzung besteht aber in der Bindung der Verwaltung an das dem Gleichheitssatz entsprechende Gesetz auch bei begünstigenden Verwaltungsakten[282]."

Diese Bedenken Spanners im Hinblick auf den Gleichheitssatz werden von Friesenhahn[283], Huber [284], Dickmann [285] und vereinzelten Ansichten in der Rechtsprechung geteilt[286].

Die Stimmen, die dem Gesetzmäßigkeitsprinzip eine umfassende Bedeutung einräumen, mehren sich[287]. Das Bundesverfassungsgericht[288] hat den Eingriffsvorbehalt in Frage gestellt, ohne sich abschließend dazu zu äußern. Das Gericht bemerkt, die Abgrenzung „Eingriffe in Freiheit und Eigentum" sei historisch auf die Staatsauffassung des liberalen Bürgertums zurückzuführen. Seither habe sich eine Hinwendung zu einer egalitär-sozialistischen Denkweise und damit eine wesentliche Veränderung der Auffassung über die Stellung des einzelnen zu der im Staat verkörperten Gesamtheit vollzogen. Diese Wandlung könne auch die Grenzen des Gesetzesvorbehalts verschoben und diesen Vorbehalt auf neue Bereiche ausgedehnt haben[289].

Ein Blick auf benachbarte Rechtsordnungen zeigt, daß sich die herrschende schweizerische Lehre[290] bereits von der Formel „Eingriffe in Freiheit und Eigentum" gelöst hat und auch für staatliche Leistungen eine gesetzliche Grundlage verlangt. Insbesondere ist auch Giacometti[291] für einen Totalvorbehalt des Gesetzes eingetreten. Er stützt seine Ansicht auf das Gewaltenteilungsprinzip. Nach diesem Grundsatz sei Verwaltung

---

[282] a. a. O. S. 13

[283] a. a. O. S. 250

[284] a. a. O. S. 77

[285] a. a. O. S. 282

[286] so VGH Kassel in DVBl. 1958, 763; Bayr. VGH in VerwRspr. 4, 144; Bedenken gegen die Auffassung des Gesetzmäßigkeitsprinzips erhebt auch das VG Frankfurt a. M. in DVBl. 1961, 52, ohne sich allerdings abschließend zu äußern

[287] Jesch a. a.O.; Mallmann a. a. O.; Schütz a. a. O.; Dickmann in DÖV 1957, 282; Spanner a. a. O.; Stern in VerwArch. 1958, 106 ff. (139, 140); Rupp in DVBl. 1959, 81 ff. (84 f.); wohl auch Forsthoff in DVBl. 1957, 724; zweifelnd Krüger in DVBl. 1955, 450 (451) und Bachof in JZ 1956, 35 (36); nicht klar erkennbar Friesenhahn a. a. O. S. 250

[288] NJW 1959, 235

[289] Das BVerwG ist dieser Frage bisher ausgewichen, obwohl es bereits mehrfach Gelegenheit hatte, zu ihr Stellung zu nehmen, vgl. dazu Czermak, a. a. O.

[290] Imboden a. a. O., Höhn, S. 21, Saladin, S. 111 und insbes. Roos, S. 128, mit zahlreichen Nachweisen

[291] S. 251

nichts anderes als Gesetzesvollziehung[292], so daß das Gesetz im gewaltentrennenden Staat die positive Bedingung jeglicher Verwaltung darstelle. Ein Staat, in dem nur die Eingriffsverwaltung inhaltlich durch den Grundsatz der Gesetzmäßigkeit der Verwaltung beherrscht werde, sei ein „hinkender Rechtsstaat“ [293].

Diese Auffassung hat sich neuerdings Mayer[294] zu eigen gemacht.

In Frankreich wurde unter materieller Legalität stets verstanden, daß jeder Akt der Verwaltung einer gesetzlichen Grundlage bedürfe[295]. Auf demselben Standpunkt steht die österreichische Lehre[296]. Auf Grund des Art. 18 Abs. 1 der österreichischen Bundesverfassung ist nunmehr auch positiv-rechtlich festgelegt, daß die gesamte staatliche Verwaltung nur auf Grund der Gesetze geführt werden darf[297].

Gegen diese in den Nachbarländern herrschende und in Deutschland aufkommende Lehre vom Prinzip der Gesetzmäßigkeit als Totalvorbehalt hat neuerdings Peters Front gemacht[298]. Er wendet sich vor allem gegen die Auffassung, daß die Verwaltung nur dann tätig werden könne, wenn das Gesetz ihr dazu die Ermächtigung gebe, so daß das Gesetz der Verwaltung nicht nur eine Schranke setzt, sondern ihr erst Aufgaben und Ziele zuweist[299]. Peters hält dem zunächst entgegen, ein Blick in die Geschichte lehre, daß die Verwaltung niemals nur die Aufgabe der Gesetzesvollziehung gehabt habe[300]. Entscheidend scheint mir der Hinweis von Peters auf die Stellung der Verwaltung in der Verfassungsordnung und auf ihre Funktion als Ausprägung der Staatsgewalt zu sein. Gesetzgebung, Rechtsprechung und Verwaltung sind drei voneinander unabhängige, auf gleicher Stufe stehende Funktionen der Staatsgewalt. Regierung und Verwaltung stellen demnach eine selbständige Staatsfunktion dar. Allein aus der Tatsache, daß die Verwaltung in ihren Aktionen nicht gegen das Gesetz verstoßen darf, kann kein Anhaltspunkt dafür hergeleitet werden, daß sie auch nur auf Grund eines

---

[292] S. 226, 227

[293] S. 251

[294] a. a. O.

[295] vgl. Andersen S. 303 ff.; Giacometti, S. 252

[296] vgl. Merkl. S. 167; Antoniolli, S. 102 ff.

[297] vgl. dazu Adamovich-Spanner, Handbuch des österreichischen Verfassungsrechts, 5. Aufl. 1957, S. 319; Adamovich, Handbuch des österreichischen Verwaltungsrechts, 1. Bd. 5. Aufl., S. 15

[298] Ermächtigungsgrundlage a. a. O., vgl. auch Maunz, S. 203; Scheuner in DÖV 1960, 601 (606)

[299] vgl. Schütz in DÖV 1958, 450: „Diese Organe (Verwaltungsbehörden) handeln nicht aus eigenständigem Recht, sondern führen als — ihren Lebenszweck — das durch die Gemeinschaft durch ihre Gesetzgebungsorgane gesetzte Recht aus“; ebenso Dickmann in DÖV 1957 282: „Die Durchführung der Gesetze ist ihr (der Behörde) vornehmster Lebenszweck“; deutlich die oben angegebenen Schweizer Autoren.

[300] Ermächtigungsgrundlage, S. 210 ff.; ebenso Bachof in VVDStRL 12 (1954), 55

Gesetzes tätig werden kann. Das kommt in Art. 20 Abs. 3 GG nicht zum Ausdruck[301] und hätte angesichts der Stellung der Verwaltung, die sie seit jeher innehatte, besonders und klar geregelt werden müssen[302].

Das ist der ausschlaggebende Gesichtspunkt, der auch das von der Gegenmeinung aus dem demokratischen Prinzip geschöpfte Argument ausräumt. Das Gesetz als Willensentscheidung des im Parlament repräsentierten Volkes ist zwar der primäre, aber eben doch nicht der alleinige Ordnungsfaktor des Gemeinschaftslebens[303]. Die Staatszwecke und -aufgaben werden nicht nur durch Gesetze angestrebt und erreicht, sondern auch durch freie schöpferische Tätigkeit der Verwaltung[304]. Der Fehler der Mindermeinung liegt darin, daß sie die Stellung der Verwaltung falsch einschätzt oder überhaupt gar nicht in Betracht zieht. Der Grund dafür ist zum Teil darin zu erblicken, daß der Jurist die Verwaltung nur durch die rechtliche Brille betrachtet, wodurch wesentliche Teile der Verwaltung, nämlich gerade die eigener Intitiative erwachsenen Aufgaben, seinem Blickfeld entrückt bleiben[305].

Indes muß die behauptete Stellung der Verwaltung im Verfassungsgefüge noch untermauert werden. Hingewiesen wurde schon darauf, daß die Verwaltung nie nur die Aufgabe hatte, Gesetze zu erfüllen. Das ist, wie ein Blick in die Wirklichkeit lehrt, auch heute nicht anders. In weiten Bereichen wird die Verwaltung tätig, ohne daß eine gesetzliche Grundlage vorhanden ist. Insoweit sei auf die zahlreichen bei Peters[306] angeführten Beispiele hingewiesen, in denen insbesondere auf die Gebiete der Wirtschaftsverwaltung, Kultur- und Hochschulverwaltung aufmerksam gemacht wird. Hinzugefügt sei ein weiteres Beispiel, das zur Verdeutlichung dienen mag. Alle größeren Städte in Nordrhein-Westfalen haben zum Teil zahlreich besetzte Ämter für Wirtschaftsförderung eingerichtet, die sich z. B. mit der Ansiedlung von mittleren Betrieben zur Auflockerung der durch Großindustrie geprägten Wirtschaftsstruktur befassen oder bereits ansässigen Betrieben durch Vermittlung von Grund-

---

301 Das gibt auch Mallmann in VVDStRL 19 (1961), 182 zu.

302 Peters, Ermächtigungsgrundlage, S. 214 und Kulturverwaltung, S. 292; vgl. auch BVerwG in NJW 1958, 1153; NJW 1959, 1098

303 Beachtlich ist in diesem Zusammenhang die Auffassung Bachofs in VVDStRL 12 (1954), 63 und 19 (1961), 269, nach der die Verwaltung ihre Ermächtigung unmittelbar aus der Verfassung, für den Bereich der Leistungsverwaltung beispielsweise aus dem Sozialstaatsprinzip bezieht

304 vgl. Peters, Lehrbuch, S. 5, 7; Bachof in VVDStRL 12 (1954), 55; Scheuner in DÖV 1960, 607; vgl. auch Forsthoff, Lehrbuch, S. 14; Wolff, § 30 II (S. 135).

305 vgl. Peters, Ermächtigungsgrundlage, S. 217; dafür, daß die Verwaltung nicht nur Ausführung von Gesetzen ist, sondern auch im sog. gesetzfreien Raum tätig wird: Maunz, S. 203; Scheuner in DÖV 1960, 601 (606); Ule, Verwaltungsstaat, S. 156; BVerfG in NJW 1961, 547; BVerwG in NJW 1958, 1153; NJW 1959, 1098.

306 Ermächtigungsgrundlage S. 218; vgl. auch Maunz, S. 203.

stücken oder – was in diesem Zusammenhang interessiert – durch finanzielle Unterstützungen (z. B. Steuerstundungen und Darlehen) bei der Erweiterung behilflich sind. In diesen Ämtern wird die Verwaltung ohne formal-gesetzliche Ermächtigung tätig, und noch niemand ist auf den Gedanken gekommen, die Gemeinden dürften keine Wirtschaftsförderung betreiben oder sie handelten nicht gesetzmäßig.

Man wende demgegenüber nicht ein, die formal-gesetzliche Grundlage für die Wirtschaftsförderung der Gemeinden sei in den §§ 1, 2 GO. NW zu erblicken. Denn bei diesen und ähnlichen Bestimmungen, auf die gelegentlich verwiesen wird, handelt es sich nicht um Ermächtigungsvorschriften, sondern um Regelungen sachlicher Zuständigkeit[307]. Die demgegenüber von Mallmann[308] vorgetragene Ansicht, „Gesetzes h e r r s c h a f t“ sei nicht allzu wörtlich und intensiv zu verstehen, sondern von der Grundlage jener Auffassung aus zu begreifen, die sich letzten Endes mit einer „minimalen Orientierung der Verwaltung am Gesetz“ begnüge und Organisations- und Zuständigkeitsregelungen als gesetzliche Grundlage ausreichen lasse, wirkt gekünstelt und vermag nicht zu befriedigen[309]. Ermächtigung und Zuständigkeit sind zwei ganz verschiedene Dinge, die nicht miteinander vermengt werden dürfen. Die Qualifikation einer Zuständigkeitsnorm als ausreichende Aktionsgrundlage für die Verwaltung stellt einen Kunstgriff dar, zu dem sich Mallmann offensichtlich unter dem Eindruck der Wirklichkeit genötigt sieht.

Denn daß der Verwaltung neben der Gesetzesausführung auch noch ein Bereich eigener Initiative verbleiben muß, ergibt sich auch aus einer teleologischen Erwägung[310]. Nicht jeder öffentliche Zweck läßt sich durch die Gesetzgebung allein realisieren. Abgesehen davon, daß der Gesetzgeber nicht alle Erscheinungen voraussehen und einplanen kann, treten auch Augenblicksbedürfnisse auf, die eine sofortige Abhilfe fordern, zu der aber die Gesetzgebung durch das zu beobachtende langwierige Verfahren nicht in der Lage ist[311]. Hier muß die Verwaltung aus eigener Initiative, die Staatszwecke unmittelbar vollziehend, selbsttätig in Aktion treten. Nicht zuletzt sei darauf hingewiesen, daß die harten Belastungsproben der Gemeinschaft in der Nachkriegszeit in erster Linie durch die Verwaltung und nicht durch die Gesetzgebung gemeistert worden sind! Das soll nur vermerkt sein, um die Bedeutung der Ver-

---

[307] vgl. dazu Peters, Ermächtigungsgrundlage, S. 216 und in VVDStRL 19 (1961), 275.

[308] a. a. O. S. 187.

[309] vgl. insoweit auch die Kritik von Ipsen in VVDtRL 19 (1961), 268.

[310] vgl. dazu Peters, Ermächtigungsgrundlage, S. 215 und Scheuner in DÖV 1960, 601.

[311] vgl. Kniesch in NJW 1961, 2190. Das war auch ein Hauptargument, das Mallmann auf der Staatsrechtslehrertagung im Oktober 1960 entgegengehalten worden ist, vgl. die Diskussionsbeiträge in VVDStRL 19 (1961) von Krüger, S. 266, Bachof, S. 269.

waltung als unmittelbare und selbsttätige Vollzieherin des Gemeinwohls ins rechte Licht zu rücken[312].

Es ist im Grunde genommen gar keine notwendige Konsequenz des demokratischen Prinzips, daß die Verwaltung allenthalben n u r rechtsgebunden tätig werden darf, daß ihr also kein r e c h t s f r e i e r Raum zugestanden werden kann. Letzlich geht es doch nur um die Frage, wie ein Staat – auch eine Demokratie – am besten funktioniert. Die Demokratie, die in der Form des Gesetzgebungsstaates ihre Krönung erblickt, kann notwendigerweise nur eine papierene Staatsform sein, aber keine Realität für sich beanspruchen. Daß sich die tatsächlichen Verhältnisse anders entwickeln, ja entwickeln müssen, hat Peters[313] schon früher klargestellt. Der Eifer, den der Gesetzgeber aufwenden muß, um alle Lebenstatbestände zu regeln, führt zu der vielbeklagten Hypertrophie der Gesetze, die zur Oberflächlichkeit führt und gleichwohl Lücken läßt, und zur Flucht in die Generalklauseln, mit deren Hilfe die Verbindung zwischen dem Parlament und der Regelung des konkreten Einzelfalles künstlich aufrechterhalten wird[314]. Das Parlament vernachlässigt seine eigentliche Aufgabe, die großen Richtlinien des öffentlichen Lebens zu bestimmen, und versinkt im Kleinkram technischer Regelungen[315]. Auch eine Demokratie kann ihre Aufgaben nur dann wirksam erfüllen, wenn sie die Funktion der Verwaltung als Mitvollzieherin des Gemeinwohls, als Instanz für die Erfüllung der k o n k r e t e n Staatszwecke anerkennt[316]. Diese Funktion kann jedoch nicht ohne die Möglichkeit eigener Initiative ausgefüllt werden. Deshalb muß der Verwaltung ein solcher Bereich eigener, freier, schöpferischer Tätigkeit verbleiben.

Die Abneigung davor, der Verwaltung diese Funktion einzuräumen, wurzelt m. E. nicht zuletzt in den Erfahrungen der politischen Vergangenheit vor 1945[317].

Diese Erwägungen stehen auch dem Ergebnis von Jesch entgegen. Der entscheidende Fehler in der Darstellung von Jesch liegt m. E. in der Unterschätzung und falschen Orientierung der Funktionen, die der Verwaltung zukommen, von jeher zugekommen sind und zukommen müssen.

Auch die Ansicht von Menger, der der Verwaltung eigenmächtiges Handeln nur zugestehen will, wenn die Existenz der Demokratie bedroht ist, und damit der Verwaltung die Funktion eines Rettungs-

---

312 vgl. dazu Peters, Verwaltungsstaat, S. 27.

313 Verwaltungsstaat, a. a. O.; vgl. auch Hangartner, S. 40: „Dem idealen Gesetzesstaat würde es entsprechen, wenn jeder Tatbestand, an den die Verwaltung anknüpfen soll, eindeutig bestimmt und jedem Tatbestand eine eindeutige Rechtsfolge zugeordnet wäre. Eine solche Lösung ist aber weder zu verwirklichen noch erwünscht."

314 vgl. Peters, Verwaltungsstaat, S. 33.

315 vgl. Peters, Verwaltungsstaat, S. 23; Scheuner in DÖV 1960, 601; aus der älteren Literatur: Scholz in RuPrVBl. 55 (1934), 235.

316 vgl. dazu Kniesch in NJW 1961, 2190.

317 vgl. Kniesch in NJW 1961, 2191.

ankers für das sinkende Staatsschiff überträgt, kann nicht gebilligt werden. Warum es in einer Demokratie erst zur Existenzbedrohung kommen soll, bevor die Verwaltung regulierend eingreifen darf, ist unverständlich. Das vermeintliche Dogma vom Totalvorbehalt ist zwar rechtslogisch gut gedacht, aber nicht realistisch[318].

Damit ergibt sich, daß die Auffassung des Gesetzmäßigkeitsprinzips als Totalvorbehalt abzulehnen ist, da der Verwaltung ein rechtsfreier Raum zur selbständigen Entfaltung verbleibt[319].

Der zu prüfende Einwand, das Gesetzmäßigkeitsprinzip stelle sich als Schutzvorschrift zugunsten des Bürgers dar und könne daher nicht als Grundlage für den Grundsatz der freien Rücknahme fehlerhafter begünstigender Verwaltungsakte herangezogen werden, kann also nicht mit dem Argument beiseitegeschoben werden, daß der Grundsatz der Gesetzmäßigkeit der Verwaltung allumfassende Bedeutung habe und auch für begünstigende Akte gelte.

Angesichts dieser Feststellung könnte die Auffassung, die Rücknahme fehlerhafter begünstigender Verwaltungsakte verstoße gegen das Gesetzmäßigkeitsprinzip, da sie in Rechte des Bürgers eingreife, neue Nahrung erhalten. Das ist jedoch nicht der Fall. Auch wenn man den Totalvorbehalt ablehnt, kann man zu keinem anderen Ergebnis kommen als dem, daß die freie Rücknahme Ausfluß des Gesetzmäßigkeitsprinzips ist. Die Gesetzmäßigkeit der Verwaltung wäre mißverstanden, wollte man sie als Begründung zur Aufrechterhaltung eines rechtswidrigen Zustandes heranziehen. Das würde heißen, daß das Gesetzmäßigkeitsprinzip dem Schutz des Unrechts zu dienen hätte. Diese Schutzfunktion wäre freilich paradox. Sie bedeutete einen Widerspruch in sich. Aus der dem Gesetzmäßigkeitsprinzip innewohnenden Beschränkung folgt vielmehr die grundsätzliche Befugnis zur Beseitigung fehlerhafter Verwaltungsakte[320]. Mit der Rücknahme eines fehlerhaften begünstigenden Verwaltungsaktes wird dem Bürger ohnehin nur genommen, was ihm nicht gehört[321]. Daß der Eingriffsvorbehalt dem nicht entgegensteht, ist bereits an früherer Stelle nachgewiesen worden[322].

VII. *Rücknahme als Ermessensentscheidung*

Damit ist klargestellt, daß ein fehlerhafter begünstigender Verwaltungsakt grundsätzlich frei zurückgenommen werden kann. Dies folgt aus einem gewohnheitsrechtlich verfestigten Grundsatz und dem Prinzip

---

318 vgl. Hangartner, S. 40.

319 so die herrschende Meinung: Peters a. a. O.; Forsthoff, Lehrbuch, S. 14 ff.; Wolff, § 30 II (S. 135); Kniesch in NJW 1961, 2190; Scheuner in DÖV 1960, 601 (606); Maunz, S. 203; Werner in DVBl. 1959, 527; BVerwG in NJW 1958, 1153.

320 vgl. dazu auch Pöppinghaus, S. 57; Spaeth, S. 87.

321 vgl. Ipsen, Widerruf, S. 128; richtig auch Disse, S. 25.

322 vgl. oben S. 25.

der Gesetzmäßigkeit der Verwaltung, das in Art. 20 Abs. 3 GG verankert ist.

Zu prüfen bleibt die Frage, ob der Verwaltung die Pflicht obliegt, den fehlerhaften Akt zu kassieren, oder ob die Entscheidung über die Rücknahme ihrem Ermessen anheimgestellt ist.

Die Ansichten sind geteilt. Ein Teil der Stimmen in Literatur und Rechtsprechung nimmt eine Rücknahmepflicht[323] an, andere stellen die Rücknahmeentscheidung in das Ermessen der Verwaltung[324]. Begründungen sind nur vereinzelt zu finden. Das OVG Rheinland-Pfalz[325] vertritt die Auffassung, es habe sich ein Gewohnheitsrechtssatz dahin gebildet, daß die Rücknahme eines fehlerhaften Verwaltungsaktes, soweit keine besondere gesetzliche Regelung bestehe, im pflichtmäßigen Ermessen der Behörde stehe.

Die Gegenmeinung[326] folgert dagegen die Rücknahmepflicht aus dem Prinzip der Gesetzmäßigkeit der Verwaltung. Diese Folgerung läßt sich m. E. nicht halten. Sinngehalt und Tragweite des Gesetzmäßigkeitsprinzips sind bereits oben erörtert worden. Dabei wurde festgestellt, daß die Verwaltung zum Erlaß eines begünstigenden Verwaltungsaktes nicht notwendig einer positiven Gesetzesgrundlage bedarf. Kann die Verwaltung aber begünstigende Verwaltungsakte ohne gesetzliche Grundlage erlassen, so muß es ihr auch möglich sein, rechtswidrige begünstigende Verwaltungsakte aufrechtzuerhalten. Denn rechtswidrig ist ein Verwaltungsakt dann, wenn er nicht hätte ergehen dürfen, weil gesetzliche Vorschriften nicht erfüllt sind. Das bedeutet aber nichts anderes, als daß der Verwaltungsakt gesetzlos ist[327], also ohne gesetzliche Ermächtigung – oder hier deutlicher: auf Grund vermeintlicher gesetzlicher Ermächtigung – ergangen ist. Wenn die Verwaltung aber von vornherein gesetzlose Verwaltungsakte erlassen kann, also zu ihrem Erlaß einer gesetzlichen Ermächtigung nicht bedarf, so folgt daraus ohne weiteres, daß sie Verwaltungsakte nicht zurückzunehmen braucht, die zunächst nach dem Willen der Verwaltung als auf einer gesetzlichen Ermächtigung beruhend erlassen wurden, später aber als von der Ermächtigung nicht gedeckt erkannt worden sind. Vielmehr unterliegt diese Entscheidung ihrem

---

[323] vgl. Ipsen, Widerruf, S. 128; Forsthoff, Lehrbuch, S. 241; Bernhardt in ZfS 1959, 551; Schütz in DÖV 1958, 450; Köhler, S. 194; Saladin, S. 116; Zolles, S. 108; Pöppinghaus, S. 56; Bayr. VGH in VerwRspr. 4, 144.

[324] vgl. Peters, Lehrbuch, S. 170; Baring in DVBl. 1953, 427; Haueisen in NJW 1954, 1427 und DVBl. 1957, 507; Otto in DDB 1959, 157; Scheerbarth in DVBl. 1960, 187; Rösener a. a. O. S. 513; v. Stenglin, S. 49; Hoke in DÖV 1962, 285; aus der Rechtsprechung: OVG Münster in DÖV 1956, 151; OVG Rheinl.-Pfalz in MDR; 1961, 354; Hess. VGH in ES VGH 8, 219 (224); jetzt auch BVerwG in DVBl. 1962, 562.

[325] in MDR 1961, 352 (354).

[326] vgl. die oben Anm. 323 zitierten Nachweise.

[327] vgl. Schunck-De Clerck § 42 Anm. 2 c (S. 179); Ule in DV 1949, 369 (371); BVerwGE 1, 67 (69).

pflichtmäßigen Ermessen, ebenso wie sie nach eigenem Ermessen auch Verwaltungsakte ohne gesetzliche Ermächtigung erlassen kann, denn zwischen dem rechtswidrigen und dem ohne gesetzliche Grundlage ergehenden begünstigenden Verwaltungsakt besteht kein Wesensunterschied, beide sind dadurch gekennzeichnet, daß sie durch eine gesetzliche Ermächtigung nicht gedeckt sind[328].

Außerdem ist anerkannt[329], daß die Verwaltung nicht verpflichtet ist, unanfechtbar gewordene belastende Verwaltungsakte zurückzunehmen, wenn sie rechtswidrig sind. Vielmehr liegt die Rücknahme im Ermessen der Behörde. Es wäre jedoch schwer verständlich, wenn bei begünstigenden Verwaltungsakten schärfere Rücknahmeregeln gelten sollten.

Das Gesetzmäßigkeitsprinzip gibt demnach für die Annahme einer Rücknahme**pflicht** nichts her. Vielmehr ist der Ansicht zu folgen, die die Rücknahmeentscheidung in das Ermessen der Verwaltung stellt[330]. Diese Auffassung steht auch besser mit dem Grundsatz der Opportunität in Einklang, der das praktische Wirken der Verwaltung beherrscht[331].

Die folgende Darstellung hat sich demnach damit zu befassen, ob dem der Verwaltung eingeräumten Ermessensbereich gewisse Grenzen gezogen sind. Es wird sich zeigen, daß diese Ermessensschranken unter Umständen so weit gehen, daß die Rücknahme ganz ausgeschlossen ist.

Zunächst ist jedoch der Nachweis dafür zu führen, daß der Grundsatz der freien Rücknahme überhaupt der Einschränkung bedarf.

B. Notwendigkeit der Einschränkung des Grundsatzes der freien Rücknahme

I. *Die Wirksamkeit des fehlerhaften Verwaltungsaktes*

Der fehlerhafte[332] Verwaltungsakt ist gültig. Für die Gültigkeit spricht die Vermutung[333]. Daraus folgt, daß der fehlerhafte Verwaltungsakt so lange als wirksam betrachtet und von jedermann beachtet werden muß, bis er durch erfolgreiche Anfechtung oder Rücknahme aus dem Rechtsverkehr gezogen wird. Da der fehlerhafte Verwaltungsakt durch seine Rechtswirksamkeit die Beachtung aller Rechtsbeteiligten fordert, ist er geeignet, das Rechtsleben mitzugestalten und die Entschlüsse und Dispositionen der durch ihn angesprochenen Rechtssubjekte zu bestimmen.

---

[328] vgl. BVerwGE 1, 67 (69).

[329] BVerwG in DÖV 1961, 109; Haueisen in DVBl. 1960, 914; Weber in BKK 1960, 242; Amtl. MittBl. BAA 1956, 491; anders Forsthoff, Lehrbuch, S. 241.

[330] Diese Ansicht bezeichnet Menger bei der Besprechung der Entscheidung des BVerwG in DVBl. 1962, 562 als „jetzt gefestigte Meinung“ (VerwArch. 1963, 90).

[331] vgl. BVerfG in NJW 1959, 931 (932).

[332] nicht dagegen der nichtige Verwaltungsakt.

[333] vgl. statt aller Peters, Lehrbuch, S. 165 und Forsthoff, Lehrbuch, S. 206 mit Nachweisen.

Auch der fehlerhafte Verwaltungsakt, der dem Bürger eine vorteilhafte Rechtsposition einräumt, also begünstigenden Charakter hat, löst dieselben Wirkungen aus. Der Adressat eines solchen Aktes wird regelmäßig die erworbene Rechtsstellung in seine Planungen und Zwecke einbeziehen und auf diese Weise vollendete Tatsachen schaffen.

Mit der Rücknahme des fehlerhaften Verwaltungsaktes wird der dem Bürger zugewiesenen vorteilhaften Rechtsstellung der Boden entzogen. Das kann naturgemäß nicht ohne Einfluß auf seine getroffenen Planungen bleiben. Die inzwischen abgelaufene Entwicklung muß sozusagen zurückgedreht werden, soweit sie von der fehlerhaft gewährten Rechtsstellung beeinflußt worden ist. Das geht regelmäßig nicht ohne Vermögenseinbußen oder sonstige Nachteile für den Bürger vor sich.

Die Frage stellt sich deshalb, ob der Bürger diese Nachteile selber tragen muß oder ob er infolge der zwischenzeitlich fortgeschrittenen Rechtsentwicklung und auf Grund seines Vertrauens in den Bestand des fehlerhaften Verwaltungsaktes geschützt werden muß.

Ein solcher Schutz würde bedeuten, daß der Grundsatz der freien Rücknahme zurückgedrängt bzw. durchbrochen wird.

II. *Die Unzulänglichkeit der Amtshaftungsvorschriften als Korrektiv*

Zum Teil wird vorgebracht, einer solchen Durchbrechung bedürfe es nicht, da die Möglichkeit bestehe, diesen Fall durch Schadensersatzansprüche gem. § 839 BGB i.V.m. Art. 34 GG auszugleichen. Insbesondere Forsthoff[334] sieht in der Existenz der Amtshaftungsansprüche ein starkes Argument gegen die von der herrschenden Lehre verfochtene Beschränkung der freien Rücknahme und bemerkt, es sei auffällig, daß die von der Rechtsordnung gewährte Möglichkeit der Erlangung von Schadensersatz bei Amtspflichtverletzungen so nachdrücklich ignoriert werde, als wenn es sie überhaupt nicht gäbe.

Dieser Einwand Forsthoffs hält einer näheren Nachprüfung jedoch nicht stand. Vielmehr wird sich erweisen, daß die Amtshaftungsvorschriften nicht ausreichen, um die mit der Rücknahme eines fehlerhaften begünstigenden Verwaltungsaktes möglicherweise verbundenen Härten und Unbilligkeiten auszuräumen.

Mit Recht weist Haueisen[335] darauf hin, daß in Fällen, in denen der Begünstigte eine schutzwürdige Position erlangt hat, eine Rücknahme des fehlerhaften Aktes Amtshaftungsansprüche nicht auszulösen braucht. Zudem muß mit dem Erlaß eines fehlerhaften Verwaltungsaktes auch nicht notwendig die Verletzung einer Amtspflicht einhergehen[336]. Ja, man wird darüber hinaus sagen können, daß im Normalfall sogar keine Amtspflicht verletzt wird! Das bedarf näherer Erläuterung. Der Schadensersatzanspruch gem. § 839 BGB i.V.m. Art. 34 GG setzt voraus, daß der Be-

---

[334] Lehrbuch, S. 240; zustimmend Ule in DVBl. 1960, 614.

[335] DVBl. 1959, 231; zustimmend Schäfer, S. 37.

[336] vgl. Schäfer, S. 37.

amte „die ihm einem Dritten gegenüber obliegende Amtspflicht" verletzt hat. Als „Dritter" kommt nur der Begünstigte in Betracht, der den Schaden erlitten hat. In der Rücknahme des fehlerhaften begünstigenden Verwaltungsaktes kann eine Amtspflichtverletzung keinesfalls erblickt werden, denn – vorausgesetzt der Grundsatz der freien Rücknahme gilt ausnahmslos – diese war rechtmäßig[337]. Ein Beamter, der rechtmäßig handelt, kann keine Amtspflichten verletzen. Ebensowenig kann aber in dem voraufgegangenen Erlaß des rechtswidrigen begünstigenden Verwaltungsaktes die Verletzung einer Amtspflicht gegenüber dem Begünstigten enthalten sein. Zwar handelt der Beamte, der einen rechtswidrigen Akt erläßt, nicht pflichtgemäß. Er verletzt zweifellos seine Amtspflicht, denn er hat sich im Rahmen seiner Vorschriften zu halten. Jedoch genügt eine Amtspflichtverletzung für sich allein noch nicht, um den Schadensersatzanspruch aus § 839 BGB zu begründen, erforderlich ist vielmehr, daß die verletzte Amtspflicht gegenüber dem Dritten, also dem Begünstigten, bestand. Davon kann aber im Regelfall wohl nicht ausgegangen werden. Denn als Prüfstein für die Frage, ob dem Beamten gegen den Dritten eine Amtspflicht auferlegt ist, kann regelmäßig das Vorhandensein von Rechtsmitteln gegen die Amtshandlung angesehen werden[338]. Gegen einen begünstigenden Verwaltungsakt sind aber mangels Beschwer keine Rechtsmittel gegeben. Abgesehen von den Bedenken hinsichtlich der Amtspflichtverletzung wird durch den Erlaß des rechtswidrigen begünstigenden Verwaltungsaktes kein Schaden ausgelöst[339].

Darüber hinaus läßt sich anführen, daß der Amtshaftungsanspruch für den Betroffenen in der Praxis oft dadurch illusorisch sein wird, daß entweder den Beamten kein Verschulden trifft oder ein Verschuldensnachweis nicht geführt werden kann. Daraus folgt, daß der Bürger bei der Rücknahme eines fehlerhaften begünstigenden Verwaltungsaktes weitgehend schutzlos bliebe, wenn man ihn auf die Amtshaftungsansprüche verweisen würde.

Diese Konsequenz kann auch Forsthoff nicht durchhalten. So läßt er normalerweise die Rücknahme nur ex nunc zu und konzediert damit den Vertrauensschutz[340], den er fast an gleicher Stelle als contra legem ablehnt[341]. Der Widerspruch im Haftungssystem Forsthoffs wird aber, was Haueisen zutreffend kritisiert[342], noch aus einer anderen Perspektive deutlich, nämlich aus der Gegenüberstellung der Rücknahme von rechtswidrigen belastenden und rechtswidrigen begünstigenden Verwaltungs-

---

[337] vgl. Erning, S. 34.

[338] vgl. Palandt-Gramm § 839 Anm. 5 unter Hinweis auf RG JW 1937, 2766 und Enneccerus-Lehmann, S. 972.

[339] vgl. insoweit auch Erning, S. 34, 35.

[340] vgl. Lehrbuch, S. 248.

[341] vgl. Lehrbuch, S. 241; das gleiche gilt für Schütz in DÖV 1958, 451; auf diesen Widerspruch bei Forsthoff und Schütz weist auch Haueisen in DVBl. 1959, 228 (230) hin, ebenso Jesch, S. 195, Anm. 84.

[342] DVBl. 1959, 228 (230).

akten. Bei fehlerhaften belastenden Akten hat der Betroffene gegen die Verwaltung einen Folgenbeseitigungsanspruch, weil – wie Forsthoff meint[343] – dem Opfer eines fehlerhaften Verwaltungshandelns nicht die Last der Rechtsverfolgung gegen Dritte[344] im Zivilrechtsweg aufgebürdet werden kann. Wer auf den Bestand eines begünstigenden Verwaltungsaktes vertraut, soll dagegen auf Schadensersatzansprüche angewiesen sein. Aus welchen Gründen diese Unterscheidung berechtigt sein soll, ist nicht ersichtlich[345]. Die Frage, ob der Bürger bei der Rücknahme eines rechtswidrigen begünstigenden Verwaltungsaktes Schutz verdient, ist auch kein Problem des Schadensersatzes, sondern ein Problem der Kontinuierlichkeit des Rechtslebens, d. h. der Rechtssicherheit und des Rechtsfriedens[346]. Die Amtshaftungsvorschriften allein reichen jedenfalls nicht aus, um die mit der Rücknahme verbundenen Sonderfälle zu korrigieren.

III. *Die Kompromißlösung von Wirth und Dürig*

Einen Mittelweg schlägt Wirth, unterstützt von Dürig, vor[347]. Er bejaht zwar grundsätzlich die Gewährung von Vertrauensschutz als Gegenwirkung zur freien Rücknahme, läßt aber die Geltung des Grundsatzes der freien Rücknahme unberührt und verlegt die Verteidigungslinie in die Rechtsfolge. Nach seiner Ansicht soll sich der Vertrauensschutz nicht gegen die Rücknahme des rechtswidrigen begünstigenden Verwaltungsaktes richten, dessen Existenz dem Bürger regelmäßig gleichgültig sei, sondern gegen den durch die Rücknahme ausgelösten Rückforderungsanspruch der Behörde.

Dieser Lösungsvorschlag begegnet aber sowohl rechtsdogmatischen als auch praktischen Bedenken und ist daher abzulehnen. Mit Recht führt Clasen[348] aus, daß Rücknahme und Erstattungsanspruch in einem inneren kausalen Zusammenhang stehen, eine Rechtseinheit bilden und deshalb nicht voneinander losgelöst betrachtet werden können. Daraus ergibt sich, daß sich der Vertrauensschutz sowohl gegen die Rücknahme als den primären Rechtsakt als auch gegen den Rückforderungsanspruch als den sekundären Nachfolgeakt richtet. Da die Rücknahme eine Anspruchsvoraussetzung für den Rückforderungsanspruch der Behörde darstellt, kann der von Wirth vorgeschlagenen isolierten Betrachtungsweise nicht gefolgt werden.

Schwerwiegender sind die praktischen Einwände, die gegen Wirths Auffassung erhoben werden müssen. Seine Lösung versagt nämlich bei

---

343 Lehrbuch, S. 239.

344 z. B. Räumungsklage bei fehlerhafter Einweisung.

345 gegen Forsthoff auch Maunz-Dürig Art. 20, 147 (S. 63 Anm. 3).

346 vgl. Menger, VerwArch. 1958, S. 83; Haueisen in DVBl. 1959, 228 (231).

347 DÖV 1960, 173.

348 in DÖV 1960, 900; gegen Wirth auch Wolff, § 53 IIIc (S. 294); Haueisen in DVBl. 1960, 352 Anm. 26 und Zuck in DÖV 1960, 582 Anm. 39 a. E.

solchen begünstigenden Verwaltungsakten, die nicht auf Geldleistungen gerichtet sind und demgemäß keinen Rückforderungsanspruch der Behörde auslösen, gegen den Vertrauensschutz gewährt werden könnte[348a]. Ebensowenig können die Fälle befriedigend gelöst werden, in denen die Begünstigung zwar bereits zuerkannt, aber von der Behörde noch nicht erbracht worden sind, und der Betroffene in Erwartung der zu erbringenden Leistung Aufwendungen gemacht hat. Auch in diesem Falle wird durch die Rücknahme kein Rückforderungsanspruch der Behörde ausgelöst, so daß ein eventuell zu gewährender Vertrauensschutz nicht realisiert werden könnte.

IV. *Ergebnis*

Die bisherigen Erörterungen haben gezeigt, daß die Amtshaftungsvorschriften zur Korrektur des Grundsatzes der freien Rücknahme nicht ausreichen, sondern daß der Vertrauensschutz früher einsetzen muß. Der Vertrauensschutz kann auch nicht in den mit der Rücknahme verbundenen Rückforderungsanspruch verlagert werden, sondern er muß bereits bei der logisch früher liegenden Rücknahme selber berücksichtigt werden[349].

Die bisherigen Ergebnisse lassen sich demnach wie folgt zusammenfassen:

1. Die geltenden Korrekturvorschriften reichen nicht aus, um die mit der freien Rücknahme verbundenen Härten und Unbilligkeiten zu vermeiden.
2. Eine weitere Korrektur ist notwendig. Sie muß bereits bei der Rücknahme selber einsetzen.

C. Tatbestandsgruppen, die die Rücknahme ausschließen oder einschränken

Auf der Grundlage der im vorangehenden Abschnitt gewonnenen Erkenntnisse kann nunmehr untersucht werden, welche Grenzen dem Ermessen der Verwaltung bei der Anwendung des Grundsatzes der freien Rücknahme gesteckt sind bzw. in welchen Fällen die freie Rücknahme ganz ausgeschlossen ist.

I. *Unbeachtliche Gesetzesverletzungen*

An mehreren Stellen[350] wurde bereits erörtert, daß Gesetzesverletzungen unterschiedlich zu beurteilen sind, je nachdem ob gegen zwingende oder nachgiebige Rechtsvorschriften verstoßen worden ist. Während dieser Unterscheidung für die Beurteilung der Rechtswidrigkeit

---

[348a] vgl. Haueisen in DVBl. 1960, 352 Anm. 26; Zuck in DÖV 1960, 582 Anm. 39 a. E.

[349] vgl. BVerwG in NJW 1960, 692 (694).

[350] vgl. oben S. 7, 28 f.

keine Bedeutung zukommt, ist sie für die Frage nach den Rechtsfolgen entscheidend. Verstöße gegen nachgiebiges Recht, beispielsweise Sollvorschriften, werden zwar von der Rechtsordnung mißbilligt, jedoch sind sie dadurch charakterisiert, daß das Gesetz für sie keine Sanktionen vorsieht[351]. Der Mangel einer Rechtsfolge bei Sollvorschriften ist in den vorhandenen Kodifikationen[352] allgemein zu beobachten. Dieser Zusammenhang muß auch im Rücknahmerecht Beachtung finden und zum Ausschluß einer Rücknahme als mögliche Rechtsfolge führen.

Mit der bereits dargestellten und an früherer Stelle kritisch gewürdigten Rechtsprechung und Lehre[353] ist deshalb davon auszugehen, daß nur solche Verwaltungsakte der freien Rücknahme ausgesetzt sind, die gegen zwingende Rechtsvorschriften verstoßen. Als zwingend ist eine Norm dann anzusehen, wenn sie strikt keine Ausnahme zulassend und kein Ermessen einräumend den Tatbestand bestimmt, der für die Begründung von Rechten und Pflichten maßgebend ist, mit anderen Worten wenn ein von der Norm abweichendes Verhalten ausgeschlossen ist.

Die hiergegen erhobenen Bedenken, insbesondere durch das OVG Berlin, sind oben bereits erörtert und zurückgewiesen worden[354]. Mit Rücksicht auf frühere Ausführungen ist eine nähere Stellungnahme deshalb hier entbehrlich.

Die Behörde hat also, wenn sie einen fehlerhaften Verwaltungsakt kassieren will, zunächst festzustellen, wie der Fehler beschaffen ist. Liegt er lediglich in einem Widerspruch zu nachgiebigen Rechtsvorschriften, so kann sie eine Rücknahme nicht aussprechen.

II. *Der Verzicht*

Die Rücknahme eines fehlerhaften begünstigenden Verwaltungsaktes ist auch dann ausgeschlossen, wenn die Behörde auf ihr Recht zur Rücknahme wirksam verzichtet.

Der Verzicht als einseitiges Rechtsgeschäft ist dem Verwaltungsrecht bekannt[355]. Jedoch sind der Geltung des Verzichtes durch zwingende Verwaltungsrechtsnormen enge Grenzen gezogen. Als Preisgabe einer Rechtsposition setzt der Verzicht voraus, daß dem Verzichtenden Verfügungsbefugnis zusteht. Denn man kann nur auf das verzichten, was sich innerhalb der eigenen Verfügungsmacht befindet[356]. Daraus folgt, daß die Verwaltung nur auf solche Rechte verzichten kann, zu deren Ausübung sie nicht verpflichtet ist. „Wo die Verwaltungsbehörden kein

351 vgl. Wolff, § 53 II e (S. 292); Hoke in DÖV 1962, 283.

352 vgl. z. B. die §§ 8, 9, 10 EheG, die als Sollvorschriften keine Rechtsfolgen zeitigen. Eine unter Verletzung dieser Vorschriften zustandegekommene Ehe ist voll gültig; ebenso § 35 OBG.NW; 34 PVG.

353 vgl. oben S. 28 f., vgl. auch Pöppinghaus, S. 62.

354 vgl. oben S. 30.

355 vgl. statt vieler Peters, Lehrbuch, S. 149 f.; Forsthoff, S. 261 f.

356 Forsthoff, Lehrbuch, S. 262.

freies Ermessen haben, ob sie ein Recht ausüben wollen oder nicht, dort gibt es auch keinen Verzicht[357]." Da sich die Rücknahme eines fehlerhaften begünstigenden Verwaltungsaktes als Ermessensentscheidung der Behörde darstellt, ist aus den vorangegangenen Überlegungen ohne weiteres zu folgern, daß die Verwaltung auf das Recht zur Rücknahme verzichten kann. Wenn die Behörde die Rücknahme nicht auszusprechen braucht, muß sie auch auf sie verzichten können[358].

Der Verzicht ist grundsätzlich an keine Form gebunden. Er kann also auch durch konkludente Handlungen erklärt werden. Jedoch muß der Verzichtswille unzweideutig hervortreten. Insoweit werden sich im Einzelfall Abgrenzungsschwierigkeiten zu dem noch zu entwickelnden Tatbestand der Verwirkung ergeben[359].

Zu beachten wird auch sein, daß ein etwaiger Verzicht durch den zuständigen Beamten erklärt werden muß. Nicht jede Erklärung eines subalternen Bediensteten der Behörde, die Rücknahme werde unterbleiben, kann als wirksamer Verzicht angesehen werden[360].

III. *Der Vertrauensschutz*

Grob umrissen besagt der Vertrauensschutz, daß der Bürger, der im Vertrauen auf den Bestand behördlicher Entscheidungen seine Lebensverhältnisse entsprechend geordnet hat, geschützt werden muß.

1. Rechtliche Grundlage

Über die rechtliche Grundlage des Vertrauensschutzes werden verschiedene Ansichten vertreten.

a) Vereinzelt[361] wird das Vertrauensschutzprinzip auf Art. 1 GG gestützt. Diese Auffassung geht von folgenden Erwägungen aus. Der Vertrauensschutz solle verhindern, daß der einzelne Objekt staatlicher Ge-

---

357 Peters, Lehrbuch, S. 150.

358 Peters, Lehrbuch, S. 170; Jellinek, Lehrbuch, S. 288; Hangartner, S. 185.

359 vgl. unten S. 94, insbes. S. 96 ff.

360 vgl. Schüle in VerwArch. 1934, 28.

361 Zuck in DÖV 1960, 582; ebenso LSG Bremen in DVBl. 1961, 338 (340); vgl. auch Thieme a. a. O. S. 245 f. Auf der gleichen Linie liegt der Versuch des LSG Bremen in BB 1957, 543, die Rücknahme fehlerhafter Verwaltungsakte einzuschränken. In dieser Eintscheidung hat das Gericht aus „rechts- und sozialstaatlichen Erwägungen" einen zweifelsfrei fehlerhaften Rentenbescheid für nicht rücknehmbar erklärt, weil die 73jährige Klägerin sonst einer Notlage überantwortet würde, die weder mit der Achtung vor der Würde eines a l t e n (!?) Menschen (Art. 1 I GG), der sein Leben auch angesichts der Folgen der Verwundung seines Ehegatten pflichtgemäß gelebt hat, noch mit der Respektierung des Grundrechts der persönlichen Entfaltungsfreiheit (Art. 2 I GG) vereinbar wäre. Der Akzent liegt also auch hier auf der Menschenwürde und dem Menschenbild des Grundgesetzes.

Die Entscheidung hat eine zwiespältige Beurteilung erfahren. Bernhardt a. a. O. und Rohwer-Kahlmann (Präsident des LSG Bremen!) in „Soziale

walt werde. Es gehe dabei um den Lebensraum, den er bereits gestaltet habe. Diese Gestaltung sei von der öffentlichen Gewalt zu respektieren. Der Grund für den geschuldeten Respekt liege in dem Verbot des Art. 1 Abs. 1 GG, den Menschen zum Objekt zu machen. Dies geschehe aber dort, wo über eine Entscheidung des einzelnen, die dieser in einem – wie er glaubte – für ihn gestaltungsfreien Raum getroffen hatte, hinweggegangen werde.

Diese Ansicht ist abzulehnen. Sie überspannt den Sinngehalt des Art. 1 Abs. 1 GG. Zunächst ist einmal streitig, ob Art. 1 Abs. 1 GG überhaupt ein spezielles Recht verleiht. Die Meinungen sind geteilt. Die wohl überwiegende Ansicht leugnet die aktuelle Grundrechtsqualität des Art. 1 und sieht erst in Abs. 3 die entscheidende Aktualisierungsnorm[362]. Sie geht davon aus, daß Art. 1 Abs. 1 GG als ideeller Ausgangspunkt der nachfolgenden Grundrechte gedacht sei[363]. Nach Wortlaut und Systematik habe Art. 1 Abs. 1 GG den Charakter eines obersten Konstitutionsprinzips allen objektiven Rechts erhalten, welches dann schrittweise zugunsten des einzelnen Rechtsträgers realisiert werde[364]. Diese Auslegung des Art. 1 Abs. 1 GG wird hergeleitet aus der Formulierung „darum“ in Abs. 2, die die Folgerung aus Abs. 1 ziehe, und aus dem

---

Sicherheit“ 1957 S. 358 haben ihr zugestimmt. Schultz in MDR 1957, 398 (399) bezeichnet sie als „höchst verdienstvoll“.

Dagegen warnt Forsthoff in DÖV 1959, 42 (43) unter Bezugnahme auf das genannte Urteil des LSG Bremen (Anm. 7) vor einer Hinwendung zu „unformalem Recht, dessen Irrationalität sich in der Tatsache erweist, daß es nur nach den Umständen des jeweiligen Falles so oder so praktiziert werden kann“ (vgl. auch dessen Ausführungen in Carl-Schmitt-Festschrift a. a. O.). Unter ausdrücklicher Ablehnung der Ansicht von Bernhard wendet sich auch Rösener a. a. O. S. 514 f. gegen eine Überbetonung des Sozialrechts und weist auf die Gefahr eines Einbruchs in das auf Rationalität hin angelegte rechtsstaatliche Denken hin. Ähnliche Bedenken hat Hennig in SGb 1958, 182 (183); mit Recht bemerkt er, daß sich soziale Gesichtspunkte immer finden lassen.

In der Tat bedeutet die Entscheidung des LSG Bremen eine Knochenerweichung unseres Rechtsgefüges zugunsten verschwommener sozialethischer Erwägungen. „Jedenfalls aber wird die juristische Präzision der Arbeit, wie sie sich in den Urteilsgründen ausspricht, ziemlich stark herabgesetzt werden, wenn soziologische und ökonomische oder ethische Räsonnementes an die Stelle juristischer Begriffe treten“ (Max Weber, Wirtschaft und Gesellschaft, Bd. 2, 4. Aufl. 1956, S. 512). Zwar sprechen die Anhänger des LSG Bremen immer von einer „Konkretisierung“ verfassungsrechtlicher Prinzipien. Handfeste Anhaltspunkte i. S. einer Konkretisierung sind aber nirgends zu finden. Die zitierte Entscheidung des LSG Bremen ist deshalb mit Recht vom BSG in DÖV 1959, 584 aufgehoben worden.

[362] vgl. Maunz-Dürig, Art. 1, 4; von Mangoldt-Klein, S. 148; Maunz S. 95; Apelt, JZ 1951, 353 Anm. 3; Kiefersauer JR 1952, 81; Dürig JR 52, 259 (260); Kratzer a. a. O. S. 120; Lerche, Ordentlicher Rechtsweg und Verwaltungsrechtsweg (1953) S. 28.

[363] so Maunz, S. 95.

[364] Maunz-Dürig, Art. 1, 4.

Wort „nachfolgend“ in Abs. 3, wodurch das Vorausgehende als nicht zu den bindenden Grundrechten gehörig charakterisiert werde[365].

Nipperdey[366] bezeichnet diese Auslegung als spitzfindigen Formalismus, der sich nicht zieme. Er faßt Art. 1 Abs. 1 GG als das materielle Hauptgrundrecht auf[367] und spricht an anderer Stelle[368] von einem naturrechtlichen Elementarprinzip, das vorstaatlich und überpositiv sei. Diesem Prinzip mißt er unmittelbare und aktuelle Geltung und Wirkung zu.

Welche dieser Auffassungen letztlich die besseren Gründe für sich hat, mag dahinstehen. Jedenfalls steht fest, daß die „Menschenwürde“ auch nach der Auffassung Nipperdeys nicht als Grundlage für den Vertrauensschutz dienen kann. Die Menschenwürde wird nur verletzt, wenn der einzelne in seiner Wesenheit als Mensch, als Person, getroffen wird[369]. Die Menschenwürde wird beispielsweise „berührt“ durch Diffamierung, Diskriminierung, Entrechtung, Austreibung, Verschleppung, Folterung usw.[370]. Die Rücknahme eines Verwaltungsaktes ist aber nicht geeignet, eine solche Persönlichkeitsverletzung herbeizuführen. Nipperdey[371] hat selber davor gewarnt, den Art. 1 Abs. 1 GG zu „überfordern“, und empfohlen, bei der Auslegung „eine gewisse konservative Grundhaltung“ einzunehmen. Eine solche „Überforderung“ des Art. 1 Abs. 1 GG muß aber darin erblickt werden, daß er als Grundlage des Vertrauensschutzes im Rahmen des Rücknahmerechts herangezogen wird.

b) Ferner[372] wird die rechtliche Grundlage für die Gewährung von Vertrauensschutz in dem Sozialstaatsprinzip gesehen. Über Inhalt und Tragweite der Sozialstaatsklausel bestehen nach wie vor Meinungsverschiedenheiten[373]. Gemeinsam ist allen Äußerungen jedoch, daß dieses Prinzip alle Staatsorgane verpflichtet, eine soziale und gerechte Ordnung zu schaffen und dem einzelnen ein menschenwürdiges Dasein zu ermöglichen. Konkret ausgedrückt: die Gemeinschaft hat die Pflicht, notleidenden Mitgliedern der Gesellschaft zu helfen. Diese Hilfe besteht in einem fürsorgenden Eingreifen, einem Gewähren[374], also einem positiven Tun. Die Gemeinschaftshilfe kann nun freilich auch in der Aufrechterhaltung einer einmal dem Bürger gewährten Rechtsposition bestehen, wie sie im

---

365 so Maunz, S. 95.

366 a. a. O. S. 12.

367 a. a. O. S. 11 ff.; ebenso Hamann, Art. 1, B; Löw in DÖV 1958, 516; BVerfG 1, 333 (343); BVerwG in NJW 1961, 1548.

368 a. a. O. S. 2.

369 vgl. Nipperdey a. a. O. S. 2 und 26 ff.

370 vgl. die zahlreichen weiteren Beispiele bei Nipperdey S. 27.

371 S. 17.

372 Fischbach in RiA 1956, S. 289; Thieme a. a. O. S. 251 ff. (255).

373 vgl. die Darstellung bei von Mangoldt-Klein S. 607.

374 vgl. Hamann, S. 33; Forsthoff in VVDStRL 12 (1954) 25.

Rahmen des Rücknahmerechts zur Diskussion steht. Indes liegt das Wesentliche des Sozialstaatsprinzips nicht in der Bewahrung einer Rechtsstellung, sondern in der unterstützenden und gewährenden Intervention[375]. Das Sozialstaatsprinzip zur Grundlage des Vertrauensschutzes zu erklären, verbietet sich also schon deshalb, weil diesem Prinzip eine andere Funktion zukommt.

Außerdem ist darauf hinzuweisen, daß Vertrauensschutz nicht deshalb gewährt wird, um den Bürger vor einer Notsituation zu retten, denn mit der Rücknahme eines rechtswidrigen begünstigenden Verwaltungsaktes ist eine solche Notlage des Betroffenen nicht notwendig verbunden; man kann sagen, daß eine Notlage regelmäßig nicht eintreten wird, sondern lediglich eine Einbuße von Werten. Das zu verhindern, ist aber nicht der Sinn der Sozialstaatsklausel.

c) Die neuere Rechtsprechung hat den Vertrauensschutz zunächst vornehmlich aus dem Grundsatz von Treu und Glauben hergeleitet.

aa) Die Anerkennung des Treu- und Glaubenssatzes im öffentlichen Recht steht heute außer Zweifel[376], wenn er auch teils mit Zurückhaltung angewendet wird[377]. Die Geltung dieses Rechtssatzes wird teils auf einen Analogieschluß (argumentum a minori ad maius) zum Privatrecht[378] gestützt teils mit der Theorie des allgemeinen Rechtsgedankens begründet[379]. Vereinzelt wird auch auf das Naturrecht als Ursprung des Treu- und Glaubenssatzes zurückgegriffen[380], oder seine Geltung kraft Denknotwendigkeit angenommen[381]. Über die Berechtigung dieser Ansichten zu urteilen, ist angesichts der Tatsache, daß der Grundsatz von Treu und Glauben in der Rechtsprechung bereits seit Jahrzehnten[382] praktiziert und deshalb wohl jedenfalls auch schon gewohnheitsrechtlich verfestigt ist, hier nicht der Ort.

bb) Bedeutsamer und schwieriger ist es, den Satz von Treu und Glauben begrifflich zu erfassen und seine rechtliche Funktion zu erklären.

---

375 vgl. Ipsen in DVBl. 1956, 463; Zuck in DÖV 1960, 582.

376 vgl. statt aller Peters, Lehrbuch, S. 163; Forsthoff, Lehrbuch, S. 155 ff.; soweit ich sehe, wird die Geltung dieses Grundsatzes im öffentlichen Recht nur von Saladin, S. 145 ff., geleugnet.

377 vgl. Peters und Forsthoff a. a. O.; Schüle in VerwArch. 1933, 401, der von der Struktur des öffentlichen Rechts her Bedenken gegen die Anwendung des Satzes von Treu und Glauben anführt, seine Geltung als Vertrauensschutzprinzip im Rahmen der Lehre vom fehlerhaften Verwaltungsakt jedoch anerkennt (a. a. O. S. 403 und VerwArch. 1934, 23).

378 so Hamburger in LZ 1931, 1442; Hamb. VG in JW 1927, 2948 Nr. 4.

379 Zu dieser Methode der Rechtsfindung vgl. Schack a. a. O. und Schüle in VerwArch. 1933, S. 404 ff.; sie wurde vom RG angewandt.

380 so Baumann, S. 24 ff.

381 so Gowa, S. 29, 35.

382 Die erste Anerkennung im öffentlichen Recht geschah in RGZ 112, 223; 113, 24; zur Entwicklung der Rechtsprechung vgl. Schüle in VerwArch. 1933, 410 ff.

Bevor insoweit keine Klarheit herrscht, ist eine weitere Stellungnahme zur Anwendbarkeit dieses Grundsatzes im Rahmen des Vertrauensschutzes nicht möglich. Die Versuche, den Treu- und Glaubenssatz in seinem Inhalt durch eine generelle Formel zu erfassen, sind m. E. als gescheitert zu betrachten[383]. Daß die Suche nach einer „Generalformel" von Anfang an vergeblich sein mußte, ergibt sich aus der rechtlichen Funktion dieses Rechtsgrundsatzes.

cc) Diese Funktion liegt in seiner Eigenart als Korrekturvorschrift[384]. Dem liegt folgender Gedankengang zugrunde. Einmal kann der Gesetzgeber nicht alle künftigen Erscheinungen übersehen. Deshalb ist das Gesetz notwendig lückenhaft. Im Streitfalle muß aber auch im Bereich nicht geregelter Tatbestände eine Entscheidung getroffen werden. Zum anderen bringt die Schematisierung der gesetzlichen Tatbestände es mit sich, daß in besonderen Fällen Härten entstehen, die einen Ausgleich erheischen. Hier tritt der im Treu- und Glaubenssatz enthaltene Billigkeitsgedanke auf den Plan, der eine „Korrektur der durch die notwendige Abstraktion des Rechtssatzes entstehenden Härten" [385] herbeiführen soll. Die Billigkeit bedeutet damit „eine Verbesserung des Gesetzes", „wo dieses wegen seiner Allgemeinheit etwas versieht" [386]. Der Grundsatz von Treu und Glauben dient also als Auffangtatbestand für besondere Härtefälle und soll, das Gesetz ausfüllend oder korrigierend, das Billigkeitsrecht zur Geltung bringen[387].

Nun besteht die Gefahr, daß, wenn der Treu- und Glaubenssatz nicht konkretisiert wird, man sich „unsicheren Gefühlsregungen" anvertrauen muß[388]. Jellinek hat deshalb bei der Anwendung des Treu- und Glaubenssatzes stets eine „entwicklungswissenschaftliche Betrachtung" empfohlen[389]. Auch die Rechtsprechung hat die im Billigkeitsrecht liegende Gefahr für die Rechtssicherheit[390] erkannt und deshalb den Grundsatz von Treu und Glauben durch Schaffung neuer Rechtsinstitute konkret

---

383 vgl. die Darstellung bei Schmitt, S. 40; Schüle in Verw.Arch. 1933, 400.

384 vgl. Max Rümelin, Billigkeit, S. 56; Praun, S. 3; Géza Kisss in Archiv für Rechts- und Wirtschaftsphilosophie, Jahrg. 1910, III (536); Knieper, S. 24, 26; Staudinger-Weber, § 242 A 117 ff.; Schüle in VerwArch. 1933, 401 f.

385 Rümelin, Billigkeit, S. 56; vgl. auch Enneccerus-Lehmann, S. 24; Soergel-Siebert, § 242 Anm. 4.

386 Géza Kiss a. a. O.; vgl. dazu auch G. Boehmer II 1 S. 174, 186; Esser, Schuldrecht, S. 99 f.; Giese, S. 167 ff.

387 vgl. Eichler, S. 23; Hedemann, S. 57, der die Generalklauseln als Waffe und Mittel der Rechtsgestaltung bezeichnet, die „ein Stück offengelassener Gesetzgebung" (S. 58) ausfüllen sollen.

388 Jellinek in RuPrVerwBl. 52, 805.

389 RuPrVerwBl. 52, 805.

390 vgl. dazu oben S. 33.

ausgefüllt[391]. Diesem Verfahren ist das Schrifttum gefolgt[392]. Auch im öffentlichen Recht kann der Grundsatz von Treu und Glauben einer näheren „Konkretisierung" nicht entraten[393].

dd) Nun fragt sich, ob der im Treu- und Glaubenssatz zur Geltung kommende Billigkeitsgedanke auch im Rahmen des Vertrauensschutzes angewendet werden kann[394]. Sicherlich wird man den Fall, daß der Bürger, der sich im Vertrauen auf den Bestand eines Verwaltungsaktes eingerichtet hat, durch die Rücknahme unter Umständen gezwungen ist, seine Lebensverhältnisse neu zu ordnen, oftmals als Härtefall ansehen müssen, so daß es unter dem Gesichtspunkt der Billigkeit gerechter erscheinen kann, ihm die gewährte Rechtsstellung zu belassen. Jedoch ist es nicht allein die Rücksicht auf den Billigkeitsgedanken, die einen Schutz des auf den Bestand eines Verwaltungsaktes vertrauenden Bürgers erheischt. Eine wesentliche Rolle spielt hier auch die Rechtssicherheit.

d) In neueren Entscheidungen des Bundesverwaltungsgerichts[395] und auch im Schrifttum[396] tritt deshalb die Neigung hervor, den Vertrauensschutz nicht mehr auf den Grundsatz von Treu und Glauben, sondern auf die Rechtssicherheit abzustützen[397]. Auch die Mehrheit der Schweizer Schriftsteller leitet den Vertrauensschutz aus der Rechtssicherheit ab[398].

---

[391] vgl. dazu Schmitt, S. 36 ff., der zu dieser Rechtsprechung kritisch Stellung nimmt. Diese Kritik ist unberechtigt. Durch die Schaffung neuer Rechtsinstitute wurde die Gefahr einer unkontrollierbaren Gefühlsjurisprudenz gebannt, aber gleichzeitig beim Auftauchen neuer, bisher unbekannter Sachverhalte der Weg zur Lösung durch Bildung neuer Rechtsinstitute offengehalten. Das war im Interesse der Rechtssicherheit die beste Lösung. Wenn die Rechtsprechung nach der Empfehlung Schmitts, S. 124, gemäß der Rechtsüberzeugung des Volkes judiziert hätte, wäre es um die Einheitlichkeit der Rechtsprechung und die Rechtssicherheit schlecht bestellt.

[392] vgl. Esser, Schuldrecht, S. 99 f. und die einschlägigen Kommentare zum § 242 BGB, insbesondere Soergel-Siebert, § 242 Anm. 2; Staudinger-Weber, A 168. Ich sehe in dieser Rechtsprechung eine Bestätigung meiner Auffassung, daß auch im Rücknahmerecht zum Regel-Ausnahme-System zurückgekehrt werden muß. Wenn Schmitt diese Rechtsprechung auch als Rückfall in die konstruktiv-juristische Methode ablehnt, die jahrzehntelange reibungslose Praxis zeigt, daß die Rechtsprechung auf dem richtigen Wege ist. Wie die Entscheidungen aussehen, wenn man sich von fest umrissenen Rechtsinstituten abkehrt, ist oben S. 44 f. dargelegt worden.

[393] vgl. VGH Baden-Württemberg in ZBR 1960, 165, 394 Gowa, S. 60, bezeichnet den Vertrauensschutz als einen Anwendungsfall von Treu und Glauben.

[394] Gowa, S. 60, bezeichnet den Vertrauensschutz als einen Anwendungsfall von Treu und Glauben.

[395] vgl. oben S. 17.

[396] vgl. Haueisen in DÖV 1961, 121 (128); Thieme a. a. O. S. 245 ff.; Bernhardt a. a. O. S. 552 f.

[397] In diesem Zusammenhang sei auch die bereits früher geäußerte Ansicht von Peters, Rechtsstaat, S. 72, vermerkt: „Endlich sichert es (das Recht) die Vorausberechenbarkeit des Erfolges menschlicher Handlungen und ermög-

aa) Die Rechtssicherheit als Ausfluß des Rechtsstaatsprinzips[399] ist als tragender Grundsatz unserer Rechtsordnung bereits an früherer Stelle hervorgehoben worden[400] und bedarf hier keiner näheren Rechtfertigung mehr.

bb) Um beurteilen zu können, ob das Prinzip der Rechtssicherheit im Rahmen des Vertrauensschutzes fruchtbar gemacht werden kann, ist es notwendig, seinen Inhalt zu erfassen. Das Rechtssicherheitsprinzip weist mehrere Ausprägungen auf, die sich jedoch berühren und ineinander übergehen. So setzt Radbruch[401] Rechtssicherheit gleich mit „Unverbrüchlichkeit" und „Stetigkeit" des Rechts. Die andere Seite der Rechtssicherheit liegt in der Voraussehbarkeit, Meßbarkeit und Vorausberechenbarkeit des Rechts[402]. Bezieht man diese Ausprägungen der Rechtssicherheit (lediglich) auf das Gesetz, so gibt das Prinzip der Rechtssicherheit für den Vertrauensschutz nichts her. Denn das Ziel der Vorausberechenbarkeit wird gerade durch das Gesetzmäßigkeitsprinzip, mit dem der Vertrauensschutz in Konflikt steht, erreicht. Und die „Stetigkeit" und „Unverbrüchlichkeit" des Rechts als Ausprägungen der Rechtssicherheit verlangen gerade den ausnahmslosen Gesetzesvollzug, dem durch Gewährung von Vertrauensschutz in gewissen Fällen entgegengewirkt werden soll. Gesetzmäßigkeit und Rechtssicherheit stehen also insoweit gleichermaßen dem Vertrauensschutz entgegen[403].

Jedoch bezieht sich die Stetigkeit der Rechtsentwicklung als Element der Rechtssicherheit nicht nur auf den gleichmäßigen Gesetzesvollzug, sondern ebenso auf den Bestand der Entscheidungen staatlicher Organe, denn die Gewährleistung der Rechtssicherheit verlangt nicht nur einen geregelten Verlauf der Rechtsfindung, sondern auch einen Abschluß, dessen Rechtsbeständigkeit gesichert ist[404]. Ebenso liegt es im Interesse der Rechtssicherheit, daß die Behörde nicht heute so und morgen anders entscheidet. Dadurch würden die stetige Rechtsentwicklung und der Rechtsfrieden mehr gestört, als wenn in besonderen Fällen die Behörde einen rechtswidrigen Akt bestehen ließe, also den Gesetzesvollzug zurückstellen würde. Insoweit stehen dann allerdings die Prinzipien der Gesetzmäßigkeit und Rechtssicherheit im Widerstreit.

---

licht im Alltagsleben wie für die Wirtschaft erst eine Kalkulation, ein Planen auf längere Sicht. So lehren uns die eigenen Erfahrungen die wichtigsten Funktionen einer Rechtsordnung für die Rechtssicherheit zu schätzen." Auch hier tritt m. E. der Zusammenhang zwischen Vertrauensschutz und Rechtssicherheit zutage.

398 vgl. Baumann, S. 124 mit Nachweisen.

399 Peters, Rechtsstaat, S. 66: „Rechtsstaat ist ein Mittel zur Erreichung der Rechtssicherheit." Zur Ableitung aus dem Rechtsstaatsprinzip vgl. Thieme a. a. O. S. 245 und Bernhardt a. a. O. S. 553.

400 vgl. oben S. 32 f.

401 Rechtsphilosophie S. 169, Anm. 1.

402 vgl. Maunz-Dürig, Art. 20. 86.

403 ähnlich die Kritik von Zuck in DÖV 1960, 580 (582).

404 BVerfG 2, 380; vgl. auch Coing, Grundzüge, S. 24.

Und insoweit kann die Rechtssicherheit für den Vertrauensschutz Bedeutung gewinnen.

cc) Es ist demnach ein Gebot der Rechtssicherheit, daß ein Staatsausspruch, der bestimmend in die Rechtsentwicklung eingreift, grundsätzlich Bestand haben muß, um die eingetretene Ruhelage beizubehalten und den Rechtsfrieden nicht zu stören. Diese Seite der Rechtssicherheit spricht für die Gewährung von Vertrauensschutz.

In diesen Zusammenhang ist jedoch noch auf einen Gedanken einzugehen, den Saladin geäußert hat[405]. Er bringt vor, daß das „Stoßende" an der Rücknahme nicht das Zurückkommen auf den Akt an sich sei, was ja nach der dargestellten Ausprägung der Rechtssicherheit vermieden werden soll. Dies gehe daraus hervor, daß der Betroffene es gewiß nicht als verletzend empfinde, wenn ein belastender Verwaltungsakt zurückgenommen oder gemildert werde. Das Gravierende sei der Eingriff, der durch die Rücknahme eines begünstigenden Verwaltungsaktes erfolge. Dem ist entgegenzuhalten, daß durch die Rücknahme eines belastenden Verwaltungsaktes – jedenfalls aus der Perspektive des Bürgers – der Rechtsfriede eben nicht gestört, die Rechtssicherheit also gar nicht berührt wird. Als Störung kann nur der Eingriff in eine Rechtsposition gesehen werden. Gleichwohl macht der Einwand Saladins deutlich, daß der Vertrauensschutz sich nicht aus dem Prinzip der Rechtssicherheit allein ergibt, sondern daß darüber hinaus der Gedanke mitspielt, dem Bürger die zuerkannte Rechtsposition zu lassen, weil es für ihn unter Umständen eine Härte bedeuten kann, wenn sie wieder zurückgenommen würde.

e) Diese Zusammenhänge zeigen, daß der Vertrauensschutz sich nicht ausschließlich auf den Grundsatz von Treu und Glauben oder auf das Prinzip der Rechtssicherheit zurückführen läßt. Im Spiel sind beim Vertrauensschutz sowohl der Billigkeitsgedanke als auch der Gesichtspunkt, daß es im Interesse des Rechtsfriedens bei dem einmal getroffenen Rechtszustand bleiben soll. Richtigerweise geht man deshalb davon aus, daß der Vertrauensschutz sowohl auf Elementen der Rechtssicherheit als auch auf dem Gedanken von Treu und Glauben beruht[406].

Dieses Ergebnis ist um so verständlicher, wenn man die enge Verflochtenheit zwischen Treu und Glauben und Rechtssicherheit bedenkt, die Baumann[407] aufgezeigt hat, der die Rechtssicherheit als Ausfluß des Postulates von Treu und Glauben ansieht.

---

[405] a. a. O. S. 162.

[406] Das klingt schon an bei Hufnagl in DVBl. 1951, 623; auch Wolff, § 53 II c stellt die Rechtssicherheit und die „Schonung der Interessen des Betroffenen" als Gesichtspunkte, die der Rücknahme entgegenstehen, nebeneinander; auch im französischen Recht werden in der Widerrufslehre die Grundsätze der Rechtssicherheit und von Treu und Glauben gleichzeitig herangezogen, vgl. dazu Hangartner, S. 66.

[407] a. a. O. S. 82; vgl. insoweit auch Rümelin, Rechtssicherheit, S. 17.

f) Nachdem die rechtliche Grundlage für den Vertrauensschutz dargelegt worden ist, steht der Weg offen zur Prüfung der Frage, unter welchen Voraussetzungen Vertrauensschutz zu gewähren ist. Zuvor ist jedoch noch Stellung zu nehmen zu verfassungsrechtlichen Bedenken, die gegen die Gewährung von Vertrauensschutz erhoben werden.

aa) In seinem Vorwort zur 7. Auflage geißelt Forsthoff die neuere Rechtsprechung zum Rücknahmerecht und rügt „die Aufweichung des Rechtsstaates durch Übersteigerung des Rechtsschutzes aus sozialstaatlichen Erwägungen". Zwar sei nach Art. 20 Abs. 3 GG die vollziehende Gewalt an „Gesetz und Recht" gebunden. Sollte es jedoch dazu kommen, daß die Rechtmäßigkeit gegen die Gesetzmäßigkeit ausgespielt werde, so würde Art. 20 Abs. 3 GG zur Einbruchstelle von Tendenzen werden, welche den Rechtsstaat im Kern auflösen. In Wahrheit gebe der Rechtsstaat sich selbst auf, wenn er nicht daran festhalte, daß die Gesetzmäßigkeit und Rechtmäßigkeit seines Handelns den Vorrang vor allen sonstigen denkbaren rechtlichen Erwägungen haben müsse und er insbesondere zugebe, daß es einen Vertrauensschutz contra legem geben könne[408].

Dieser Vorwurf Forsthoffs vermag nicht zu überzeugen[409]. Wie bereits nachgewiesen, findet der Vertrauensschutz seine rechtliche Grundlage in dem Grundsatz von Treu und Glauben und dem Prinzip der Rechtssicherheit. Diese Prinzipien sind aber dem Grundsatz der Gesetzmäßigkeit gleichwertig[410]. Ihre Beachtung verlangt die Rechtsordnung deshalb gleichermaßen. Die Gewährung von Vertrauensschutz als Ausfluß der Grundsätze von Treu und Glauben und Rechtssicherheit ist deshalb selbst Gesetzesvollzug und kann sich niemals contra legem richten[411], ja vielmehr wäre die Versagung des Vertrauensschutzes contra legem[412], und – man kann hinzufügen – verfassungswidrig, denn durch seine Rückführung auf das Rechtsstaatsprinzip hat der Vertrauensschutz verfassungsmäßigen Rang[413]. Forsthoff betrachtet den Vertrauensschutz

---

[408] Lehrbuch, S. 240 f.

[409] Gegen Forsthoff wenden sich insbes. Maunz-Dürig, Art. 20, 73 und Menger in VerwArch. 1960, S. 156 ff.

[410] Wolff, § 53 III (S. 294); Eyermann-Fröhler, § 42 Anh. 38; Menger in VerwArch. 1960, 274; Jesch, S. 195; Wagner in MDR 1960, 547.

[411] BVerwG in NJW 1961, 475, (476) 1130; Wolff, § 53 III (S. 294); Menger in VerwArch. 1960, 274; Wagner MDR 1960, 547; insbes. auch Jesch, S. 195; gegen Forsthoffs Auffassung wendet sich auch Nipperdey in NJW 1962, 321 (322).

[412] Auf die insoweit widerspruchsvolle Stellungnahme Forsthoffs ist bereits oben S. 67 hingewiesen worden. Vgl. ferner Eyermann-Fröhler, § 42 Anh. 38: „Der Grundsatz der Gesetzmäßigkeit schließt die Forderung ein, daß die Verwaltung der Wahrung der Rechtssicherheit besonderes Augenmerk zu widmen hat; die Mißachtung der Rechtssicherheit erweist sich damit zugleich als Verstoß gegen den Grundsatz der Gesetzmäßigkeit der Verwaltung." (!)

[413] Bernhardt a. a. O. S. 553; Fischbach in RiA 1956, 290: „Norm des überpositiven Rechts".

als einen Fremdkörper, während er doch Teil unserer Rechtsordnung ist[414].

bb) Ebensowenig kann der Einwand, die Gewährung von Vertrauensschutz widerspreche dem Gleichheitssatz, durchgreifen. Dieser Einwand geht dahin, daß mit der Aufrechterhaltung des rechtswidrigen Verwaltungsaktes die vom Gesetz gebotene Gleichbehandlung vergleichbarer Personenkreise, bei Pensionsfestsetzungsbescheiden beispielsweise gleicher Besoldungsgruppen, verletzt werde[415]. Dabei wird jedoch außer acht gelassen, daß die Lage des Bürgers, dem Vertrauensschutz gewährt wird, von der anderer Bürger völlig verschieden ist, denn Vertrauensschutz wird nur gewährt, wenn der Begünstigte sich auf den Bestand des Verwaltungsaktes eingerichtet hat. Seine Lage wird durch die Neugestaltung seiner Lebensverhältnisse auf Grund der ihm vermeintlich zustehenden Begünstigung bestimmt. Alle anderen Bürger, die ebenso wie der rechtswidrig Begünstigte keinen Anspruch gegen den Staat haben, konnten sich darauf einrichten. Der rechtswidrig Begünstigte, dem Vertrauensschutz zu gewähren ist, ist dagegen durch den rechtswidrigen Akt zu Aufwendungen veranlaßt worden, die ihn in eine ungleiche Lage zu den übrigen Bürgern setzen[416].

2. Die Voraussetzungen des Vertrauensschutzes

a) Nachdem die rechtliche Grundlage für die Gewährung von Vertrauensschutz aufgezeigt worden ist, gilt es nunmehr, diesen Grundsatz auszufüllen, d. h. möglichst konkret zu bestimmen, welche Voraussetzungen vorliegen müssen, damit der Vertrauensschutz durchgreift.

Für die konkrete Ausgestaltung des Vertrauensschutzprinzips können die in der Rechtsprechung und Lehre gewonnenen Erkenntnisse weitgehend verwertet werden. Einige Gesichtspunkte, die die herrschende Meinung für relevant hält, werden jedoch – wie noch zu zeigen sein wird – eliminiert werden müssen. Soweit auf die herrschende Auffassung in der folgenden Darstellung Bezug genommen wird, kann darin keine Zustimmung gesehen werden. Vielmehr ist zu beachten, daß die verwertbaren Erkenntnisse dort Abwägungsgesichtspunkte bilden, während sie hier zu Tatbestandsmerkmalen ausgeformt werden. Das mag vom Ergebnis her unbedeutend erscheinen, methodisch-systematisch liegt darin jedoch ein wesentlicher Unterschied.

b) Vertrauen ist nicht denkbar ohne ein Bezugsobjekt, auf das es gerichtet ist, das ein Vertrauen erweckt. Erste Voraussetzung ist deshalb

---

414 vgl. BVerwG in DVBl. 1959, 630 (632 r.Sp.); MDR 1961, 170 (171); NJW 1961, 475 f; gegen die Bedenken Forsthoffs wendet sich neuerdings ausdrücklich auch das BVerwG in NJW 1962, 1076.

415 Wagner in MDR 1960, 546 (547) Anm. 12; vgl. auch Scheuner a. a. O., S. 254; Hess. VGH in ESVGH 8, 219 (223).

416 so BVerwG in NJW 1960, 692 (693 f.); ebenso Schaefer in DÖV 1960, 851 (855) Anm. 21.

ein Anknüpfungspunkt, ein Rechtsschein, an dem sich Vertrauen entwickeln kann (Vertrauensgrundlage). Es muß eine Sachlage (Erklärung oder sonstiges Verhalten) vorliegen, die – gemessen an der Lebenserfahrung – den Schluß auf eine bestimmte Rechtslage zuläßt[417]. Diese Vertrauensgrundlage bildet regelmäßig der erlassene rechtswidrige Verwaltungsakt, der als „Bekundung der Staatsautorität" die Vermutung der Rechtmäßigkeit für sich hat[418] und den Rechtsschein eines gültigen Staatsausspruchs erweckt. Auszuscheiden sind an dieser Stelle die nichtigen Verwaltungsakte, die den Makel der Rechtswidrigkeit „an der Stirn tragen" und deshalb keinen Rechtsschein hervorzurufen vermögen.

Zweifelhaft erscheint, ob und inwieweit bereits mündliche Zusagen geeignet sind, eine Vertrauensgrundlage zu bilden. Diese Frage hängt davon ab, ob der Betroffene auf solche Zusagen vertrauen durfte[419], und weist damit bereits hinüber in die zweite Voraussetzung: das Vertrauen des Betroffenen. Vertrauensgrundlage und Vertrauen sind so eng miteinander verknüpft, daß sie sich nicht scharf trennen lassen, daß das eine nicht erörtert werden kann, ohne das andere zu berühren.

c) Das Vertrauen des Betroffenen soll in mehreren Fallgruppen untersucht werden.

aa) Evident ist, daß sich kein Vertrauen bilden kann, wenn der Betroffene den Verwaltungsakt durch Täuschung, Arglist, Bestechung, Drohung oder andere unlautere Mittel erwirkt hat. Vertrauen ist ein Zustand der Arglosigkeit, der in all diesen Fällen niemals bestehen kann. Der unredlich erwirkte Verwaltungsakt unterliegt deshalb jedenfalls der Rücknahme.

Dieses selbstverständlich klingende Ergebnis hat in der Literatur zu Irrtümern geführt, die aufzuklären an dieser Stelle nötig ist. So haben einige Autoren[420] die unlautere Erwirkung von Verwaltungsakten als selbständigen Rücknahmegrund qualifiziert, so daß bei Gleichzeitigkeit von Erschleichung und Rechtswidrigkeit Rücknahmegrund die Erschleichung ist, die sich als Oberbegriff darstelle[421]. Der erschlichene Akt unterliegt nach dieser Auffassung auch dann der Rücknahme, wenn er mit der Rechtsordnung in Einklang steht[422]. Diese Ansicht ist abzu-

---

[417] vgl. zum Folgenden insbes. Stich, S. 38 ff., bes. S. 45.

[418] Forsthoff, Lehrbuch S. 206.

[419] vgl. dazu Haueisen „Die Bedeutung von Zusagen im Verwaltungsrecht" in NJW 1961, 1901.

[420] Keim, S. 46; von Stenglin, S. 70; Reißler, S. 31; wohl auch Köhler, S. 194 und Jellinek, Staatsakt, S. 159, der annimmt, daß der Akt bei arglistiger Beeinflussung der Verwaltungsbehörde jederzeit (!) zurückgenommen werden kann; ferner OVG Rheinland-Pfalz in JZ 1955, 175; eine gute Darstellung der älteren Literatur gibt Alexander-Katz a. a. O.

[421] so Keim, S. 46; vgl. auch die Darstellung der älteren Ansichten bei Disse, S. 43, mit Nachweisen. Dort heißt es sogar, daß die Täuschung nach herrschender Lehre (!) als selbständiger Zurücknahmegrund zu betrachten sei.

[422] so von Stenglin, S. 70.

lehnen. Rücknahmegrund ist nur die Rechtswidrigkeit des Aktes, nicht die Tatsache der unlauteren Erwirkung. Deshalb ist beispielsweise die arglistige Täuschung irrelevant, wenn sie für den Erlaß des Verwaltungsaktes nicht kausal war und der Akt mit der Rechtsordnung in Einklang steht.

Das soll an einigen Beispielen erläutert werden.

1. Fall: A hat gegenüber der Behörde vorsätzlich sein Alter falsch angegeben in dem irrigen Glauben, dies sei für den Erlaß des Verwaltungsaktes entscheidend. In Wirklichkeit kam es aber auf das Lebensalter nicht an.

2. Fall: Das Lastenausgleichsamt in X hat mehrere tausend Anträge auf Hausratsentschädigung zur Bearbeitung vorliegen. Die Beamten werden durch den Gemeindedirektor angewiesen, über die Anträge älterer Leute zuerst zu entscheiden, damit diese noch in den Genuß der Gelder kommen. Der in mittleren Jahren stehende A bedroht einen Beamten und erwirkt entgegen der internen Regelung die sofortige Bearbeitung seines Antrages und den vorzeitigen Erlaß des Verwaltungsaktes, auf den er nach den gesetzlichen Vorschriften einen Anspruch hat.

3. Fall: Im Falle 2 erwirkt der A den vorzeitigen Erlaß nicht durch Drohung, sondern durch Bestechung des für ihn zuständigen Sachbearbeiters.

In allen drei Fällen hat A nur das erhalten, was ihm gesetzlich zustand. Die erlassenen Akte waren rechtmäßig[423]. Wollte man der aufgezeigten Ansicht, die in der unlauteren Erwirkung einen selbständigen Rücknahmegrund erblickt, folgen, so unterlägen alle drei Akte der Rücknahme, mit anderen Worten der Betroffene hätte sich durch sein Verhalten ihm zustehende gesetzliche Ansprüche „verscherzt".

Dieses Ergebnis ist nicht nur praktisch, sondern auch dogmatisch außerordentlich bedenklich. Es würde dazu führen, daß der Rücknahmegrund letztlich allein aus dem Sühnegedanken folgt[424]. Der Sühnegedanke hat aber im Rücknahmerecht keinen Platz. Die Sühne für das unrechte Verhalten des A hat sich allein nach dem Strafgesetzbuch zu richten, nach dem der A im Falle 1 wegen versuchten Betruges (§§ 43, 263 StGB) in der Form eines untauglichen Versuchs, im Falle 2 wegen Beamtennötigung (§ 114 StGB) und im Falle 3 wegen aktiver Bestechung (§ 333 StGB) zu bestrafen wäre. Die weitergehende Aberkennung des gesetzlichen Anspruchs durch Rücknahme des Verwaltungsaktes würde

[423] Die §§ 360 I 1 LAG und 41 FG stehen nicht entgegen, da hier nur die Täuschung über „für die Entscheidung e r h e b l i c h e Tatsachen" erfaßt wird. Auch die Ziff. 2 und 3 des § 360 LAG greifen nicht ein, weil das geschützte Rechtsgut (Sicherung des Ausgleichsfonds) nicht angetastet wird, vgl. dazu Dresbach, S. 44.

[424] so deutlich von Stenglin; ferner Reißler, S. 31, der den Präventionsgedanken ins Feld führt, ebenso für den Fall der Täuschung: Disse, S. 43 f.

praktisch auf eine Doppelbestrafung hinauslaufen[425]. Für eine Berücksichtigung des Sühnegedankens besteht deshalb angesichts der strafrechtlichen Sanktionen kein Bedürfnis und kein Grund[426].

Daß für die Rücknahmefrage lediglich auf die Inkongruenz zwischen Verwaltungsakt und wirklicher Sachlage abzustellen ist, wird von Forsthoff[427] mit Recht ausdrücklich hervorgehoben. Andernfalls käme man zu dem Grundsatz: niemand soll in dem Genuß der Verwaltungsrechtslage bleiben, die er mit unlauteren Mitteln erwirkt hat. Ein solcher Grundsatz ist aber dem Verwaltungsrecht fremd. Die Rücknahme hat lediglich den Zweck, Verwaltungsfehler zu korrigieren[428]. Die Richtigkeit dieser Ansicht ergibt sich schließlich auch aus den §§ 42 I b PVG, 24 I b OBG, 96 I 2 AO, 143 Nr. 6 Thür. LVO. Danach kann eine Verfügung nur zurückgenommen werden, wenn die Erteilung auf Grund von Angaben des Antragstellers erfolgt ist, die für den Erlaß maßgebend oder die in wesentlicher Beziehung unrichtig waren. Die unlautere Erwirkung ist deshalb nur erheblich unter dem Gesichtspunkt ihrer Wirkung, d. h. insoweit, als sie eine Rechtswidrigkeit des begehrten Verwaltungsaktes herbeigeführt hat[429]. Rücknahmegrund ist alsdann nicht die unlautere Erwirkung, sondern die Fehlerhaftigkeit des Verwaltungsaktes.

Davon bilden auch die §§ 12 BBG und 12 GaststG keine Ausnahme, da hier die persönlichen Eigenschaften den Erlaß des Verwaltungsaktes mitbestimmen, also kausal sind.

bb) Ebensowenig wie der unlauter erwirkte Verwaltungsakt Vertrauensschutz auslöst, kann sich der Betroffene in einem Zustand des Vertrauens befinden, der die Fehlerhaftigkeit des Verwaltungsaktes zwar nicht herbeigeführt hat, aber positiv kennt[430]. Vertrauen heißt Arglosigkeit, die dem Wissenden abgeht.

cc) Dagegen ist es durchaus denkbar, daß der Betroffene sich im Zustand des Vertrauens befindet, wenn er nur fahrlässig unrichtige oder

---

[425] vgl. Forsthoff, Lehrbuch, S. 222. Die Frage, ob der Satz „ne bis in idem" hier hineinspielt, soll unerörtert bleiben.

[426] Gegen eine Überbetonung des Schuldgedankens wendet sich auch Haueisen in NJW 1958, 642, der die Schuld als Grundbegriff des Strafrechts, nicht aber des Verwaltungsrechts ansieht; vgl. auch Schäfer S. 45.

[427] Lehrbuch S. 222; ebenso Dresbach, S. 27 ff.; ferner Disse, S. 34 für den Fall der Drohung, anders dagegen S. 43 f. für die Täuschung; wie hier Alexander-Katz a. a. O. betr. den Fall der Bestechung.

[428] Forsthoff, Lehrbuch, S. 222; ebenso LVG Rheinland-Pfalz in DVBl. 1953, 78 (81): „Der Widerruf eines unter Täuschung zustandegekommenen Verwaltungsaktes ist keine strafrechtliche Sanktion eines begangenen Vertrauensbruchs"; zustimmend Schäfer S. 45.

[429] BVerwG in DÖV 1957, 911; ebenso Ipsen, Widerruf, S. 128; Andersen, S. 201, 203; Schäfer, S. 46; Dresbach, S. 27; von Müller in ZLA 1957, 242; vgl. auch Amtl. MittBl. BAA 1956, 492 („demzufolge"!); Hoke in DÖV 1962, 284.

[430] vgl. Weber in BKK 1960, 238.

unvollständige Angaben gemacht hat, die für den Erlaß des Verwaltungsaktes kausal waren. Dieses Vertrauen verdient jedoch keinen Schutz, da der Betroffene die Rechtswidrigkeit des Verwaltungsaktes und die damit gegebene Möglichkeit der Rücknahme sich selber zuzuschreiben hat[431]. Sein Vertrauen ist deshalb irrelevant.

dd) Schwieriger ist die Frage zu beurteilen, wie das Vertrauen des Betroffenen zu beurteilen ist, der zwar den Fehler nicht – auch nicht (nur) fahrlässig – verursacht, aber die Rechtswidrigkeit fahrlässig nicht erkannt hat.

Man wird allgemein sagen können, daß der Adressat den ihm in Form eines Bescheides zugestellten Verwaltungsakt aufmerksam durchlesen und ihm erkennbare Mängel bei der Behörde reklamieren muß. Wer so wenig Interesse an seinen eigenen Angelegenheiten zeigt, daß er lediglich den im Verwaltungsakt ausgesprochenen Rechtsfolgesatz zur Kenntnis nimmt, ohne den Bescheid im ganzen durchzulesen, handelt fahrlässig und verdient keinen Vertrauensschutz, falls ihm infolge seiner Unterlassung erkennbare Mängel verborgen bleiben[432]. Im übrigen wird zu unterscheiden sein zwischen tatsächlichen und rechtlichen Fehlern. Bei tatsächlichen Fehlern ist ein strenger Maßstab anzulegen. Bei ihnen spricht eine Vermutung dafür, daß sie für den Adressaten erkennbar waren, denn es ist in der Regel leicht herauszufinden, ob die Behörde den richtigen Sachverhalt zugrundegelegt hat.

Dagegen ist es dem Adressaten meist unmöglich, auch die rechtliche Seite des Verwaltungsaktes zu überprüfen, sei es weil ihm die geistigen Fähigkeiten, sei es weil ihm die notwendigen Erkenntnismittel fehlen. In der Literatur[433] wird zum Teil ausgeführt, da jeder Bürger das Recht kennen müsse, liege in der ausnahmslosen Rücknahme von rechtswidrigen Verwaltungsakten keine Unbilligkeit. Dieser Einwand kann jedoch nicht überzeugen[434]. Bei der Flut der Gesetze, deren Ausführung nur durch spezialisierte Beamte bewältigt werden kann, wäre es übertrieben, vom

---

431 BVerwG in DÖV 1957, 911; BSG in NJW 1958, 1700; Amtl. MittBl. BAA 1956, 492; Haueisen in NJW 1958, 642; Eyermann-Fröhler, 1. Aufl. 1960, § 42 Anh. 40, anders 3. Aufl. 1962; Weber in BKK 1960, 238; Schaefer in RLA 1955, 342; Reißler, S. 31; Schüle in VerwArch. 1934, 28; für den beamtenrechtlichen Bereich vgl. Burmeister in ZBR 1960, 106; a. A.: Eyermann-Fröhler, 3. Aufl., § 42 Anh. 40 und Dickmann in DÖV 1957, 283, der Vorsatz fordert unter Hinweis auf die „übergeordnete Rechtsstellung der Verwaltung“(!?).

432 Für den beamtenrechtlichen Bereich leitet Burmeister (in ZBR 1960, 107) eine solche Nachprüfungspflicht aus den gegenseitigen Treubindungen zwischen Dienstherr und dem Beamten ab, wobei er insbes. auf § 87 Abs. 2 BBG Bezug nimmt. M. E. gilt eine allgemeine Nachprüfungspflicht. Die Frage kann nur sein, ob sie im Beamtenrecht weitergeht. Das wäre freilich nur ein gradueller Unterschied.

433 vgl. Sommer in DÖV 1954, 716.

434 Nicht einmal der Durchschnittsjurist, geschweige denn der Durchschnittsbürger, wird sich ein Urteil über spezielle Rechtsfragen auf Spezialgebieten wie dem Lastenausgleichsrecht oder der RVO erlauben können.

Bürger Gesetzeskenntnis schlechthin zu verlangen[435]. Hinzu kommt, daß gerade in den begünstigenden Verwaltungsakten der „modernen“ Leistungsverwaltung die rechtliche Abgrenzung nach formalen Merkmalen (z. B. Stichtagsvoraussetzungen) vorgenommen wird, die einer Überprüfung durch das Rechtsgefühl nicht zugänglich sind[436].

Gleichwohl sind Fälle denkbar, in denen der Bürger den rechtlichen Mangel erkennen kann und muß. Wenn etwa dem in Köln wohnhaften A durch das Ausgleichsamt in München ein Leistungsbescheid zugestellt wird, muß er den Mangel örtlicher Zuständigkeit erkennen. Das gleiche gilt bei wesentlichen Formfehlern, so unter Umständen bei mangelnder Schriftlichkeit des Aktes.

Bei der Erkenntnis des Rechtsfehlers durch den Bürger kann es nicht so sehr darauf ankommen, daß er den Mangel als solchen klar erfaßt, sondern es muß genügen, wenn er den Verdacht eines Mangels schöpft, denn schon ein solcher Verdacht würde seine Arglosigkeit, also sein Vertrauen, ausräumen. Es ist natürlich nicht möglich, hier eine Liste von Rechtsfehlern aufzustellen, die grundsätzlich erkennbar sind. Für die Erkennbarkeit kommt es naturgemäß auf die im Einzelfall gegebenen Umstände an. Nur soviel sei vermerkt, daß der Betroffene keinen Vertrauensschutz verdient, wenn er einen Mangel fahrlässig nicht erkannt hat[437].

ee) Bisher ist der Fahrlässigkeitsbegriff verwandt worden, ohne zu erläutern, wie er im Rahmen des Rücknahmerechts aufgefaßt werden muß, ob er konkret-individuell oder abstrakt-generell auszulegen ist, d. h. ob auf die Kenntnisse und Einsichtsfähigkeit des Durchschnittsbürgers abzustellen ist[438] wie im Zivilrecht oder ob das Maß der Fahrlässigkeit für jeden Bürger gesondert untersucht werden muß.

Für eine abstrakt-generelle Lösung spricht der Umstand, daß die Praktikabilität eines Tatbestandes, wie er hier herauszuarbeiten versucht wird, mehr gewährleistet ist, wenn schematisch verfahren wird. Gegen sie ist einzuwenden, daß in vielen Fällen Vertrauensschutz gewährt werden müßte, in denen der Betroffene ihn nicht verdient hätte, weil er über größere Fähigkeiten als der Durchschnittsbürger verfügt und ihm der Mangel des Verwaltungsaktes offenbar geworden ist. Dieser Nachteil würde bei konkret-individueller Auffassung vermieden. Allerdings bestehen gegen diese praktische Bedenken, denn diese Lösung würde dazu führen, daß im Streitfalle Erhebungen über den Bildungsstand und die Einsichtsfähigkeit des betroffenen Bürgers angestellt werden müßten..

---

435 Schäfer, S. 36, bemerkt kritisch: „Wenn die Behörde, die auf ihrem Fachgebiet besonders sachkundige Bedienstete hat, schon das Recht nicht kennt, kann von dem Staatsbürger, der in aller Regel geringere verwaltungsrechtliche Fachkenntnisse hat, nicht verlangt werden, die Fehlerhaftigkeit des behördlichen Aktes zu erkennen.“

436 vgl. BVerwG in DVBl. 1960, 138 = NJW 1960, 692 (693).

437 vgl. Schaefer in RLA 1955, 342.

438 so BVerwG in NJW 1957, 1534.

Die Vorteile beider Lösungsmöglichkeiten lassen sich jedoch miteinander verbinden, indem man von einem konkret-individuellen Fahrlässigkeitsbegriff ausgeht und ihm eine Vermutungsregel in der Weise anfügt, daß eine widerlegbare Vermutung dafür spricht, daß der Betroffene die Einsichtsfähigkeit des Durchschnittsbürgers besitzt. Durch eine solche Vermutungsregel würde die Möglichkeit offengehalten, in besonders krassen Fällen die etwa vorhandene überdurchschnittliche Einsichtsfähigkeit des Bürgers zu berücksichtigen und sein mangelndes Vertrauen festzustellen. Diese Lösung erscheint ebenso praktikabel, weil sie die Erhebungen über die Einsichtsfähigkeiten des Bürgers durch die Vermutungsregel auf Ausnahmefälle reduziert[439].

Abzulehnen ist der Vorschlag Schäfers[440] bei der Frage der Fahrlässigkeit auf bestimmte Berufsgruppen abzustellen, so etwa bei einem Rechtsanwalt als Adressaten von den Kenntnissen eines durchschnittlichen Rechtsanwalts auszugehen. Mit dieser Lösung wird die Zahl unpraktikabler Wertungsmaßstäbe noch erhöht, indem nun offen ist, wie weit die Differenzierung nach Berufsgruppen gehen soll und wie die Einsichtsfähigkeit eines durchschnittlichen Angehörigen dieser Berufsgruppen beschaffen ist.

ff) Einzugehen ist schließlich noch auf Tendenzen, nach denen an die Sorgfaltspflicht des Adressaten in besonderen Rechtszweigen erhöhte Anforderungen gestellt werden sollen.

Nach Ansicht des Bundesverwaltungsgerichts[441] soll beispielsweise auf dem Gebiet des Besoldungs- und Versorgungsrechts der Gesichtspunkt der beamtenrechtlichen Treuepflicht ins Gewicht fallen. Diese könne unter Umständen den Beamten oder Versorgungsempfänger verpflichten, die Höhe seiner Bezüge nachzuprüfen und auf Überzahlungen zu achten. Daß den Beamten oder Versorgungsempfänger insoweit eine besondere Sorgfaltspflicht treffe, zeige auch der in anderem rechtlichen Zusammenhang beachtliche § 87 Abs. 2 Satz 2 BBG.

Die Auffassung besagt an sich nichts Neues. Daß der Adressat grundsätzlich zur Überprüfung des Aktes verpflichtet ist, gilt allgemein und nicht nur im Rahmen des Besoldungsrechtes. Für erhöhte Anforderungen an die Sorgfaltspflicht des Beamten gibt § 87 Abs. 2 Satz 2 BBG m. E. nichts her. Danach wird der Beamte, der einen offensichtlichen (!) Mangel nicht erkannt hat, so behandelt, als wenn er ihn kennen würde. Darin liegt kein Unterschied zu den dargestellten Anforderungen, die allgemein an die Sorgfaltspflicht aller Adressaten zu stellen sind.

---

[439] Daß auch der Gesetzgeber vom konkret-individuellen Fahrlässigkeitsbegriff ausgeht, beweist § 87 Abs. 2 Satz 2 BBG: „Der Kenntnis des Mangels des rechtlichen Grundes der Zahlung steht es gleich, wenn der Mangel so offensichtlich war, daß der Empfäger (!) ihn hätte erkennen können."

[440] S. 15.

[441] NJW 1960, 258 (260).

gg) Als Zwischenergebnis ist demnach festzuhalten, daß sich der Betroffene in einem rechtlich erheblichen Zustand des Vertrauens befindet, wenn er den fehlerhaften Akt weder durch unlautere Mittel erwirkt noch schuldhaft herbeigeführt hat und die Rechtswidrigkeit des Aktes weder positiv kennt noch fahrlässig nicht kennt.

d) Der Vertrauenszustand an sich kann jedoch zum Ausschluß der Rücknahme nicht ausreichen. Hinzutreten muß vielmehr eine noch näher zu konkretisierende Aktivität des Betroffenen, die dieser auf Grund seines Vertrauens entfaltet hat (rechtlich relevantes Vertrauensverhalten).

aa) Die Notwendigkeit des rechtlich relevanten Vertrauensverhaltens als zusätzliches Erfordernis für die Gewährung von Vertrauensschutz rechtfertigt sich aus der Überlegung, daß beim Vertrauensschutz die Interessenwahrung des Betroffenen im Vordergrund steht. Wenn der Betroffene sich aber noch nicht auf den Bestand des Verwaltungsaktes eingerichtet hat, kann eine Interessenverletzung nicht stattfinden. Mit dem Vertrauensschutz sollen nur Eingriffe abgewehrt werden. Durch die Rücknahme eines noch „unverbrauchten" Verwaltungsaktes wird aber kein Eingriff vorgenommen.

Das bisher allgemein anerkannte und geforderte[442] Merkmal eines irgendwie gearteten Vertrauensverhaltens hat das Bundesverwaltungsgericht in einer neueren Entscheidung[443] aufgegeben und ausgeführt, auch „ohne besondere Manifestierung des Vertrauens auf den Bestand des begünstigenden Verwaltungsaktes" könne ein so starkes schutzwürdiges Interesse an dessen Aufrechterhaltung bestehen, daß ihm das öffentliche Interesse an der nachträglichen Herstellung eines rechtmäßigen Zustandes weichen müsse. Verwunderlich ist, daß Haueisen[444] dieser Entscheidung bedenkenlos zugestimmt hat, obwohl er von jeher für objektive Maßstäbe eingetreten ist und sich um konkrete Abwägungsgesichtspunkte bemüht hat. Das Urteil des Bundesverwaltungsgerichts ist abzulehnen. Es bedeutet einen wesentlichen Rückschritt auf dem Gebiet des Vertrauensschutzes.

Der tragende Gedanke des Vertrauensschutzes liegt in der Interessenwahrung des Betroffenen, der keinen Nachteil erleiden soll, wenn er sich gutgläubig auf den Fortbestand des Verwaltungsaktes eingerichtet hat. Verzichtet man auf das Merkmal der „Manifestierung des Vertrauens", so wird dieses Rechtsinstitut seiner Substanz beraubt. Alsdann wären in der Tat die aus dem Gleichheitssatz gegen die Gewährung von Vertrauensschutz erhobenen Bedenken begründet, denn dem Argument, mit dem bisher dieser verfassungsrechtliche Einwand abgewehrt worden ist, daß der Betroffene, dem Vertrauensschutz gewährt werde, sich in un-

---

[442] BVerwG in NJW 1960, 1487; DVBl. 1958, 653 (654); NJW 1959, 1553, BGHZ 24, 100 (101 f.); OVG Berlin in DVBl. 1957, 503 (506); OVG Rheinland-Pfalz in MDR 1961, 355.

[443] in NJW 1962, 361.

[444] in NJW 1962, 335 (336).

gleicher Lage gegenüber anderen Bürgern befinde, weil er sich auf den Bestand des Verwaltungsaktes eingerichtet habe, wäre der Boden entzogen[445].

Schutzwürdig ist das Vertrauen nur dann, wenn es den Betroffenen zu irgendwelchen Maßnahmen veranlaßt hat[446]. Dieses essentielle Moment des Vertrauensschutzes kommt auch beispielsweise in den bürgerlichen Gesetzesvorschriften, die den Vertrauensschutz behandeln, klar zum Ausdruck[447].

Anstatt an dem Merkmal der Manifestierung des Vertrauens festzuhalten, stellt das Bundesverwaltungsgericht in der zitierten Entscheidung auf persönliche Verhältnisse der Betroffenen, hier das hohe Alter der Klägerin, ab. Es scheint, als ob sich das Gericht damit einer dogmatisch höchst gefährlichen „Mitleidsrechtsprechung" nähert, vor der Maunz-Dürig[448] schon früher gewarnt haben[449]. Mit der bisherigen Rechtsprechung ist daran festzuhalten, daß sich das Vertrauen in irgendeiner Weise manifestieren muß.

bb) Ein Vertrauensverhalten ist rechtlich relevant, wenn es „kausal mit dem Erlaß des Verwaltungsaktes zusammenhängt und rechtlich bedeutsam ist[450]". Von selbst versteht sich, daß ein ursächlicher Zusammenhang bestehen muß. Näherer Erörterung bedarf dagegen die Frage, wann ein Vertrauensverhalten als „rechtlich bedeutsam" anzusehen ist.

cc) Die Art des Vertrauensverhaltens ist nicht maßgeblich. Abzulehnen ist jedoch die Ansicht Hangartners[451], schon das Vertrauen auf die Möglichkeit der „Gebrauchmachung" sei eine Art „Gebrauchmachung". Das Erfordernis eines zum Vertrauen hinzutretenden Vertrauensverhaltens würde auch zu unerwünschter überstürzter Gebrauchmachung antreiben. Diese Auffassung verkennt die psychologische Situation, in der sich der vertrauende Bürger befindet. Dieser glaubt, der erlassene Verwaltungsakt sei rechtmäßig und die ihm verliehene Rechtsposition endgültig. Er hat deshalb keine Veranlassung, seine auf den Verwaltungsakt gegründeten Planungen zu überstürzen und feste Tatsachen zu schaffen. Grund zu überstürzter Gebrauchmachung hat der nicht Arglose; er aber verdient wie festgestellt schon mangels Vertrauens keinen Schutz.

Sicher ist zunächst, daß Vermögensaufwendungen hierher gehören. Jedoch beschränkt sich das Vertrauensverhalten nicht nur auf solche Aufwendungen, sondern kann auch andere Dispositionen umfassen. Auch

---

445 vgl. oben S. 80.

446 so richtig Bernhardt a. a. O. S. 561.

447 vgl. einerseits §§ 932, 891 BGB, andererseits §§ 816 Abs. 1 S. 2, 822 BGB, wo der gutgläubig unentgeltlich Erwerbende zur Herausgabe verpflichtet wird.

448 Art. 20, 147.

449 Haueisen bezeichnet die Entscheidung des BVerwG zurückhaltend als „sehr wohlwollend" (NJW 1962, 336).

450 Ipsen, Widerruf, S. 86.

451 S. 95.

Rechtsprechung und Schrifttum nehmen insoweit keine Begrenzung vor. Die Formulierungen „Beginn eines Unternehmens“ [452], „besondere Anstalten und Maßnahmen“ [453], „Aufwendungen“ [454], „Verfügungen“, „Aufgabe vorteilhafter Rechtsstellungen“ [455], „getroffene Dispositionen“ [456], „Erlangung einer schutzwürdigen Rechtslage“ [457], „Investierungen an Kapital oder Arbeit“ [458], verraten, daß jede Tätigkeit ausreicht, die eine rechtliche Veränderung bewirkt. Dem ist beizupflichten. Wer auf Grund einer fehlerhaften Wohnungszuweisung seinen Mietvertrag kündigt und Möbelkäufe tätigt, ist genauso schutzwürdig wie derjenige, der Geld, das ihm auf Grund eines rechtswidrigen Aktes gewährt worden ist, verwirtschaftet hat.

Bei Verwaltungsakten, die noch der Ausführung bzw. Vollziehung bedürfen, wird in der Regel entscheidend sein, ob die mit dem Erlaß des Aktes zuerkannte Leistung bereits erbracht worden ist. Bei einer erst in Zukunft zu erwartenden Leistung wird regelmäßig noch kein Vertrauensverhalten vorliegen[459]. Zwingend ist dieses Kriterium jedoch nicht. Der Begünstigte kann auch bereits vor Gewährung der ihm zuerkannten Leistung Aufwendungen gemacht haben, so wenn jemand z. B. n a c h Zuerkennung einer Hausratentschädigung oder eines öffentlichen Baudarlehns, aber noch v o r Auszahlung des Geldes Verpflichtungen eingeht[460]. Bei den öffentlichen Baugeldern, die in Raten gezahlt werden, wird das sogar die Regel sein.

Man wende demgegenüber nicht ein, daß dadurch derjenige, der überstürzt auf Grund eines Leistungsbescheides Aufwendungen macht, gegenüber dem ruhig und zurückhaltend Planenden begünstigt werde. Abzustellen ist lediglich auf die Tatsache der „Gebrauchmachung“. Der Sühnegedanke und der Gesichtspunkt der Prämiierung überlegten Handelns können angesichts der Erwägung, daß der Vertrauensschutz lediglich gewisse Eingriffe in bereits gestaltete Rechtsverhältnisse verhindern soll, nicht ins Gewicht fallen. Von einer Benachteiligung des ruhig Planenden kann schon deshalb keine Rede sein, weil er sich eben nicht in der gleichen Lage befindet wie derjenige, der bereits Aufwendungen gemacht hat. Auch das Gesetz selber stellt beispielsweise im § 818 Abs. 3

---

452 Peters, Lehrbuch, S. 159.

453 OVG Berlin in DVBl. 1957, 503 (506).

454 BGHZ 24, 100 (101 f.).

455 BVerwG in NJW 1959, 1553.

456 BVerwG in NJW 1960, 1487.

457 BVerwG in DVBl. 1958, 653 (654).

458 Haueisen in NJW 1962, 335 (336).

459 vgl. Haueisen in DVBl. 1959, 233; Tietgen in DVBl. 1958, 473; Schäfer. S. 39.

460 vgl. BVerwG in NJW 1960, 1486 (1488); OVG Rheinl.-Pfalz in MDR 1961, 354 f.; Haueisen in DVBl. 1959, 233; Amtl. MittBl. BAA 1956, 491 (492) Ziff. 3; vgl. zu dieser Frage auch BVerwG in DVBl. 1958, 652 und die Besprechung dieser Entscheidung von Menger in VerwArch. 1959, 86 (87).

BGB nicht auf die innere Einstellung des Betroffenen ab, auch hier kommt es lediglich auf die objektive Tatsache der Bereicherung an, so daß der Verschwender gegenüber dem ruhig Planenden in gewissen Fällen Vorteile hat.

dd) Zu fordern ist ferner, daß das Vertrauensverhalten erheblich ist, d. h. ein gewisses Gewicht hat. Das Bundesverwaltungsgericht spricht von „besonders belastenden Verfügungen"[461]. Wertangaben können naturgemäß schon angesichts der Tatsache, daß das Vertrauensverhalten nicht immer in Geld ausdrückbar ist, nicht gemacht werden. Die Grenze liegt in der Zumutbarkeit[462]. D. h. falls dem Betroffenen zugemutet werden kann, die mit der Rücknahme des fehlerhaften Verwaltungsaktes verbundenen Auswirkungen selber zu tragen, sind die Aufwendungen nicht als erheblich anzusehen, so daß der Vertrauensschutz einer Rücknahme nicht im Wege stünde. Dabei ist nicht so sehr auf die Höhe der eingegangenen Verpflichtung, sondern auf die effektive Belastung des Bürgers abzuheben. Eine solche Belastung liegt beispielsweise regelmäßig nicht vor, wenn von rechtswidrig gewährten Hausratsentschädigungsgeldern Möbelgegenstände gekauft werden, die der Betroffene sich demnächst ohnehin angeschafft hätte.

Ein besonders strenger Maßstab wird bei sogenannten Verwaltungsakten mit Dauerwirkung angelegt. Hier muß das Vertrauensverhalten zu einer „einschneidenden und dauernden Änderung" der Lebensführung des Betroffenen geführt haben, so daß die Rücknahme des Verwaltungsaktes mit einer „Erschütterung seiner Existenzgrundlage" verbunden wäre[463]. Diese Sondergruppe von Verwaltungsakten wird noch besonders zu behandeln sein[464].

ee) Die Aufwendungen müssen auch endgültig oder doch nur „schwer rückgängig zu machen" sein[465]. Ist der Begünstigte im Vertrauen auf den rechtsgültigen Bestand des Verwaltungsaktes Verpflichtungen gegenüber Dritten eingegangen und hat er die Möglichkeit, sich etwa auf Grund eines Rücktrittsvorbehalts von diesen Verpflichtungen zu lösen, so muß er das tun.

ff) Schließlich ist zu beachten, daß nur solche Aufwendungen in Betracht kommen, die sich als typische Auswertung des Verwaltungsaktes darstellen (Verwertungshandlungen). Das ist beispielsweise zu verneinen, wenn der rechtswidrig Begünstigte aus Freude über ein ihm gewährtes Baudarlehen ein kostspieliges Trinkgelage veranstaltet oder eine ausgedehnte Vergnügungsreise unternimmt, jedoch keine Verpflichtungen gegenüber Architekten oder Bauunternehmern eingeht.

gg) Als weiteres Zwischenergebnis ist demnach festzuhalten, daß der auf den rechtsgültigen Bestand eines fehlerhaften Verwaltungsaktes Ver-

---

461 NJW 1959, 1553.
462 vgl. VGH Kassel in DVBl. 1958, 763; Hangartner, S. 149.
463 BVerwG in NJW 1960, 692 und NJW 1961, 1130 (1131).
464 vgl. unten S. 178.
465 BVerwG in NJW 1959, 1553.

trauende nur dann Schutz verdient, wenn er auf Grund des Aktes erhebliche und nicht mehr rückgängig zu machende Dispositionen getroffen hat, die sich als typische Auswertung der mit dem Akt verliehenen Rechtsposition darstellen.[465a]

3. Gesamtergebnis und abschließende Stellungnahme

a) Die Voraussetzungen, unter denen Vertrauensschutz zu gewähren ist, lassen sich also wie folgt in einem Tatbestand zusammenfassen:

Die Rücknahme eines fehlerhaften begünstigenden Verwaltungsaktes ist ausgeschlossen, wenn der Betroffene den fehlerhaften Verwaltungsakt weder durch unlautere Mittel erwirkt noch schuldhaft herbeigeführt hat und die Fehlerhaftigkeit weder positiv kennt noch fahrlässig nicht kennt (subjektiver Vertrauenstatbestand) und im Vertrauen auf den rechtsgültigen Bestand des Aktes erhebliche und endgültige Dispositionen getroffen hat, die sich als typische Auswertung der mit dem Akt verliehenen Rechtsposition darstellen (objektiver Vertrauenstatbestand).

Man wende demgegenüber nicht ein, dieser Tatbestand stelle allzusehr auf subjektive Momente ab und sei deshalb wenig praktikabel. Das Gegenteil ist der Fall. Der objektive Vertrauenstatbestand steht insoweit außer Diskussion. Seine Merkmale sind durchweg objektiv bestimmbar. Aber auch die subjektive Seite wahrt weitgehend die Möglichkeit objektiver Feststellungen, indem – abgesehen von den ohnehin an äußeren Merkmalen feststellbaren Fällen der Täuschung, Bestechung usw. – von der Vermutung auszugehen ist, daß der Betroffene über den Sachverstand eines Durchschnittsbürgers verfügt. Auch dieser Sachverstand läßt sich objektiv ermitteln, ohne Einblick in die Seele und Absichten des Betroffenen tun zu müssen.

b) Rechtsprechung und Schrifttum haben im Rahmen des Rücknahmerechts noch weitere Gesichtspunkte für rechtserheblich erklärt, die in dem soeben umrissenen Tatbestand keine Berücksichtigung gefunden haben.

aa) Zum Teil wird angenommen, daß auch das Verschulden der Behörde für die Frage der Rücknahme eine Rolle spiele, wobei dieser Gedanke im Zusammenhang mit der Gewährung von Vertrauensschutz verwertet wird[466]. Diese Auffassung geht fehl. Zweck der Gewährung von Vertrauensschutz ist – wie der Name schon sagt –, den gutgläubigen Betroffenen in seinem Vertrauen nicht zu enttäuschen. Dieses Vertrauen wird aber durch ein Verschulden der Behörde bei Erlaß des fehlerhaften Aktes regelmäßig nicht berührt. Die Tatsache des Verschuldens entzieht sich in der Regel der Kenntnis des Antragstellers und ist deshalb für das

---

[465a] Interessant ist, daß das BVerwG neuerdings auch dann Vertrauensschutz gewährt, wenn nicht der Begünstigte, sondern ein Dritter die Vermögensdispositionen getroffen hat, diese Dispositionen aber die wirtschaftliche Lage des Aktadressaten unmittelbar betroffen haben.

[466] so BVerwG in DÖV 1957, 911 = NJW 1958, 154 = BVerwGE 6, 1 ff.; ebenso Haueisen in NJW 1954, 1428 und DVBl. 1957, 508; zweifelnd Spaeth, S. 164.

in ihm erweckte Vertrauen ohne Bedeutung[467]. Deshalb muß das Verschulden der Behörde im Rahmen des Vertrauensschutzes außer Ansatz bleiben.

bb) Vielfach wird als Abwägungsmaßstab im Rahmen der von der herrschenden Meinung geübten Interessenabwägung auch der Zeitraum seit Erlaß des fehlerhaften begünstigenden Verwaltungsaktes in die Waagschale geworfen[468]. Wie bereits nachgewiesen und auch anerkannt ist[469], kann bei auf Leistung gerichteten Verwaltungsakten Vertrauensschutz schon dann zu gewähren sein, wenn die Leistung zwar zuerkannt, aber noch nicht erbracht worden ist. Daraus erhellt, daß der Vertrauensschutz schon einige Tage nach Erlaß des Verwaltungsaktes durchgreifen kann. Andererseits ist anerkannt[470], daß die Rücknahme auch noch nach Jahren zulässig ist. Es wäre auch unbegreiflich, wenn der die Behörde täuschende Adressat Vertrauensschutz genießen sollte, wenn seine Machenschaften erst nach Jahren „auffallen". Aus diesen Möglichkeiten ergibt sich, daß der Zeitraum seit Erlaß des Verwaltungsaktes als den Vertrauensschutz begründendes Merkmal nicht anerkannt werden kann. Die Bedeutung des Zeitablaufs seit Erlaß des fehlerhaften Verwaltungsaktes kann allenfalls darin liegen, daß er im Streitfalle als beweismäßiges Indiz für das Vorliegen eines den Vertrauensschutz begründenden Merkmals Beachtung findet, etwa bei Prüfung der Frage, ob die getroffenen Dispositionen endgültig sind. Diese möglicherweise prozeßrechtliche Bedeutung kann aber nicht dazu führen, den Zeitraum seit Erlaß des fehlerhaften Verwaltungsaktes als konstituierendes Element des Vertrauensschutzes zu qualifizieren[471].

cc) Das gleiche gilt für die Auffassung, die den Vertrauensschutz u. U. davon abhängig macht, welche Behörde den fehlerhaften Akt gesetzt hat[472]. Danach sollen die Akte höherer Behörden „vertrauenerweckender" sein. Auch hier wird m. E. nicht die scharfe Trennungslinie gezogen zwischen den Merkmalen, die den Vertrauensschutz begründen, und solchen Umständen, die für die Überzeugungsbildung vom Vorliegen

---

[467] so richtig BVerwG in NJW 1960, 1486 (1488); vgl. auch BVerwG in DVBl. 1961, 337.

[468] so BVerwG in NJW 1959, 1553; OVG Münster in MDR 1960, 956; Haueisen in DVBl. 1957, 508; NJW 1958, 884, 1663; Schäfer, S. 15.

[469] vgl. oben S. 89 mit Nachweisen.

[470] VGH Baden-Württemberg in ESVGH 6, 152 (155); vgl. ferner Dickmann in DÖV 1957, 278 (280).

[471] Etwas anderes meint auch wohl Haueisen in NJW 1958, 884 nicht; in NJW 1962, 335 weißt er darauf hin, daß die Bedeutung des Zeitmomentes noch ungeklärt sei. Ebenso scheint die hier vorgetragene Ansicht mit der von Pöppinghaus übereinzustimmen, wenn er auf S. 65 ausführt: „Für die Frage des Vertrauensschutzes ist es ferner erheblich, welcher Zeitraum seit dem Eintritt der Mangelhaftigkeit verstrichen ist, da der Betroffene sich bei einem längeren Zeitraum auf den Fortbestand des Verwaltungsaktes einzurichten pflegt."

[472] vgl. BVerwG in DVBl. 1959, 630 (632); NJW 1958, 154; zweifelnd Haueisen in NJW 1958, 1663, zurückhaltend in DVBl. 1957, 506 (507).

eines dieser Merkmale erheblich sein können. Wenn eine höhere Behörde gehandelt hat, so ist das sicher mitbestimmend für die zu entscheidende Frage, ob der Betroffene vertraute oder nicht, aber dieses Mitbestimmen kann nur darin liegen, daß die Art der Behörde ein Indiz sein kann für die Meinungsbildung des Richters von dem Vorliegen des Vertrauenszustandes. So wird man bei höheren, mit qualifizierten Beamten besetzten Behörden eher davon ausgehen können, daß der erlassene Akt fehlerfrei ist[473].

dd) Nicht anders ist die Frage zu beurteilen, welche Bedeutung der förmlichen Ausgestaltung des Verfahrens, aus dem der Verwaltungsakt hervorgegangen ist, im Rücknahmerecht beigemessen werden muß.

Anerkannt ist, daß sogar mündliche Zusagen Vertrauensschutz auslösen können[474]. Daraus ist zwingend zu folgern, daß die Verfahrensausgestaltung für den Vertrauensschutz nicht die Bedeutung eines ihn begründenden Tatbestandselementes haben kann. Damit soll keineswegs gesagt sein, daß die Verfahrensausgestaltung im Rahmen des Vertrauensschutzes unbeachtlich ist. Sie kann vielmehr erheblich sein für die Frage des Vertrauenszustandes des Betroffenen. So wird bei Verwaltungsakten, die in einem „rechtsförmlich" ausgestalteten Verfahren zustandegekommen sind, die Nachprüfungspflicht des Betroffenen nicht so weit gezogen werden können wie bei Verwaltungsakten, die aus einem Verfahren hervorgegangen sind, das keine Sicherungen enthält, oder gar wie bei mündlichen Zusagen. Entscheidend kommt es aber immer nur darauf an, ob sich der Betroffene in einem Zustand des Vertrauens befand; nur dieses Merkmal ist ein den Vertrauensschutz begründendes Tatbestandsstück. Das Moment der Verfahrensausgestaltung ist beachtlich dafür, ob dieser Zustand des Vertrauens vorgelegen hat. Darin erschöpft sich seine Bedeutung. Die Verfahrensausgestaltung hat deshalb nur eine beweismäßige Funktion, kann aber nicht innerhalb des Vertrauensschutztatbestandes beachtlich sein.

ee) Schließlich ist auch unerheblich, ob die Behörde den Verwaltungsakt deswegen zurücknehmen will, weil sie ihn für rechtswidrig hält, nachdem sie ihre Rechtsansicht revidiert und verändert hat. Daß die Veränderung der Rechtsansicht auf die Rechtswidrigkeit des Verwaltungsaktes keinen Einfluß hat, ist bereits dargetan worden[475]. Ein Verwaltungsakt kann grundsätzlich auch dann zurückgenommen werden, wenn er sich nach „geläuterter Rechtsanschauung" als unrichtig erweist.

Ob nun der den Akt erlassende Beamte aus Nachlässigkeit eine Gesetzesvorschrift übersieht oder eine von ihm angewendete Rechtsnorm falsch auslegt und später nach tieferem Eindringen in den Rechtsstoff

---

473 ähnlich Haueisen in DVBl. 1957, 507 und NJW 1958, 1663. Die Ansicht Haueisens scheint der hier vorgetragenen zu entsprechen.

474 vgl. Haueisen in NJW 1961, 1901 unter Würdigung der Rechtsprechung.

475 so oben S. 8 f.

seinen Fehler erkennt und seine Rechtsansicht ändert, ist für die Rechtswidrigkeit gleichgültig und kann auch im Hinblick auf zu gewährenden Vertrauensschutz nicht unterschiedlich beurteilt werden. Ebensowenig wie durch das Verschulden der Behörde wird durch einen Rechtsirrtum ihrerseits das Vertrauen des Betroffenen berührt.

IV. *Die Verwirkung*

Ist das Recht zur Rücknahme eines rechtswidrigen Verwaltungsaktes durch den Vertrauensschutztatbestand, wie er oben entwickelt worden ist, nicht eingeschränkt, so muß die Behörde den rechtswidrigen Akt zwar nicht unverzüglich nach Erkenntnis der Mangelhaftigkeit beseitigen, darf aber andererseits mit der Rücknahme auch nicht beliebig lange warten, ohne Gefahr zu laufen, ihr Rücknahmerecht zu verwirken. Ob eine solche Verwirkung im Rahmen des Rücknahmerechts möglich ist und unter welchen Voraussetzungen sie gegebenenfalls eintritt, soll Gegenstand der folgenden Darstellung sein.

1. Geltung und Voraussetzungen im allgemeinen

a) Der Verwirkungsgedanke läßt sich zunächst grob umreißen als „illoyal verspätete Geltendmachung" eines Rechts. D. h. wenn der Berechtigte mit der Geltendmachung seines Rechts ungewöhnlich lange wartet und bei dem Verpflichteten den Eindruck erweckt, er werde sein Recht nicht mehr ausüben, so kann dieses Verhalten des Berechtigten unter Umständen dazu führen, daß dieser sich der Ausübung seines Rechts begibt.

b) Der Gedanke der „illoyalen Verspätung" tauchte in der Rechtsprechung früh auf[476].

aa) Er wurde bereits im Jahre 1877 vom Reichsoberhandelsgericht[477] beim Hinausschieben des Selbsthilfeverkaufs unter besonderen Umständen verwertet.

bb) Unter dem Ausdruck „Verwirkung" gewinnt die illoyale Verspätung insbesondere in der Aufwertungsrechtsprechung des Reichsgerichts Bedeutung. Die Erschütterung der wirtschaftlichen und finanziellen Verhältnisse nach dem ersten Weltkrieg, die durch die enorme Geldentwertung und die sich anschließende Aufwertung verursacht worden war, brachte eine beträchtliche ökonomische Unsicherheit mit sich. Die Frage, ob ein aus der Zeit des Geldverfalls stammender Anspruch aufzuwerten sei, bedurfte im Interesse der Stabilisierung der wirtschaftlichen Verhältnisse einer schnellen Erledigung. Dem Geldschuldner war nicht zuzumuten, lange auf die Geltendmachung der Aufwertungsansprüche zu warten, weil sonst seine wirtschaftliche Bewegungsfreiheit

---

[476] zur Entwicklung der Rechtsprechung vgl. Soergel-Siebert § 242, 175; G. Boehmer II, 2 S. 113.

[477] ROHG 23, 83.

zu sehr eingeengt gewesen wäre. Deshalb hat das Reichsgericht noch vor der Aufwertungsgesetzgebung den Rechtsgedanken entwickelt, daß das Recht auf Aufwertung verwirkt sei, wenn der Aufwertungsberechtigte den Schuldner längere Zeit durch „Verschweigen" in dem Glauben ließ, ein Aufwertungsanspruch werde nicht mehr geltend gemacht werden, so daß dieser sich entsprechend einrichtete[478].

cc) Gleichzeitig wurde die Idee der Verwirkung auch im Wettbewerbs- und Urheberrecht übernommen und dehnte sich von hier aus auf das Gebiet des Arbeitsrechtes aus[479].

Diese Ausbreitung des Verwirkungsgedankens fand nicht ungeteilten Beifall. Zunächst wurde die Verwirkung allgemein anerkannt und unter Berufung auf die vorangegangene Entscheidung des Reichsoberhandelsgerichts auch vom Reichsgericht in ständiger Rechtsprechung praktiziert[480]. Entsprechend erklärte der erste Zivilsenat im Urteil vom 30. 1. 1929[481], „es sei von jeher anerkannt, daß unter besonderen Umständen die verspätete Geltendmachung von Ansprüchen ein Verhalten darstellen kann, das gegen Treu und Glauben verstößt, und ihnen dann die rechtliche Wirkung versagt werden muß; ein derartiges Verhalten ist in Rechtsprechung und Rechtslehre als sogenannte illoyale Verspätung bekannt und neuerdings im Aufwertungsrecht unter dem Schlagwort Verwirkung vielfach erörtert worden". Einige Jahre später wandten sich jedoch verschiedene Senate des Reichsgerichts gegen die Ausdehnung der Verwirkungsidee[482] und trafen gegenläufige Entscheidungen. Die „abtrünnigen" Senate schwenkten allerdings in der Folgezeit bei, so daß der Gedanke der Verwirkung im gesamten Privatrecht seit etwa 1937 als gesichertes Rechtsinstitut anzusehen ist.

dd) Neuerdings hat sich das Rechtsinstitut der Verwirkung auch im öffentlichen Recht durchgesetzt.

In der Literatur erhoben sich bereits früh Stimmen, die eine Anwendung der Verwirkung auch auf dem Gebiet des öffentlichen Rechts befürworteten[483]. Auch das Reichsgericht hat, noch bevor der Kampf um die Anerkennung des Verwirkungsgedankens ausgetragen war, die Geltung der Verwirkungsidee als Ausfluß des Grundsatzes von Treu und Glauben im öffentlichen Recht anerkannt[484], nicht ohne zu größter Vorsicht in der Anwendung zu mahnen.

---

[478] so zuerst RGZ 110, 133; über Einzelheiten vgl. G. Boehmer, II 2 S. 105 f.

[479] vgl. G. Boehmer II 2 S. 106 ff.

[480] vgl. RGZ 60, 348; 91, 347; 107, 348; 117, 359.

[481] JW 1929, 2143.

[482] vgl. im einzelnen G. Boehmer II 2, S. 113 mit Nachweisen.

[483] Küchenhoff in RuPrVBl. 51 (1930), 275; Heinemann in RuPrVBl. 51 (1930), 670; W. Jellinek in RuPrVBl. 52 (1931), 805; Scholz in RuPrVBl. 55 (1934), 233 (237); Siebert, Verwirkung, S. 244; zurückhaltend Hamburger in JW 1932, 2706.

[484] JW 1931, 735 Nr. 7; RGZ 1958, 109.

Die Nachkriegsrechtsprechung der Verwaltungsgerichtsbarkeit zeigte eine gewisse Zurückhaltung. Noch 1954 vertrat das OVG Koblenz die Ansicht, daß im Rahmen des verwaltungsgerichtlichen Verfahrens für die Anwendung der dem Zivilrecht entstammenden Lehre von der Verwirkung grundsätzlich kein Raum sei[485]. In gleicher Weise äußerte sich das OVG Lüneburg[486].

In der Zeit nach 1954 tauchte der Gedanke der Verwirkung in der Rechtsprechung immer wieder auf und wurde allgemein bejaht. Insbesondere das Bundesverwaltungsgericht hat die Geltung der Verwirkungsidee auf den verschiedenen Gebieten des öffentlichen Rechts, einschließlich des Verfahrensrechts allgemein anerkannt[487]. Die Verwaltungsgerichte der Länder sind dieser Entwicklung bereits vorangegangen oder doch gefolgt[488]. Das Bundessozialgericht hat die Anwendung des Grundsatzes der Verwirkung auch für das Sozialversicherungsrecht anerkannt und die Ansicht vertreten: „Dieser Grundsatz beherrscht die ganze Rechtsordnung[489].“ In gleicher Weise hat sich der Bundesfinanzhof geäußert[490].

Auch die Rechtslehre, diese Entwicklung entweder vorbereitend oder ihr folgend, nimmt zur Geltung der Verwirkungsidee denselben Standpunkt ein[491]. So entspricht es dem heutigen Stand der Lehre und Rechtsprechung, wenn das Bundesverwaltungsgericht[492] feststellt: „Es kann als eine gesicherte Erkenntnis angesehen werden, daß der ursprünglich im Privatrecht entwickelte Rechtsgedanke der Verwirkung als allgemeines Rechtsprinzip auch im materiellen öffentlichen Recht und im Prozeßrecht gilt.“

---

485 ohne Fundstelle zitiert bei Stich in DVBl. 1959, 234.

486 in VerwRspr. 4, 850 (852): „Dem Prozeßrecht als einem formstrengen Recht ist der Gedanke der Verwirkung grundsätzlich fremd“; diese Entscheidung ablehnend: Nipperdey in NJW 1962, 321 (322).

487 vgl. BVerwG in DVBl. 1956, 520 = MDR 1956, 632 = NJW 1956, 1213 (Anfechtungsrecht); BVerwGE 5, 136 (139) = DÖV 1958, 218 (Erstattungsanspruch); BVerwG in NJW 1957, 1205 (Anliegerbeiträge); NJW 1958, 75 (Anfechtung von Personalratsbeschlüssen); NJW 1959, 740 (Anfechtungsrecht); NJW 1961, 2227; ebenso jetzt Bayr.VerfGH in NJW 1962, 339 (Verfassungsbeschwerde) und Nipperdey in NJW 1962, 321 (322).

488 vgl. OVG Münster in OVGE 6, 112; DVBl. 1957; 797; VerwRspr. 9, 437; OVG Berlin in NJW 1953, 1767; OVG Hamburg in DÖV 1958, 306 und DVBl. 1961, 892; OVG Koblenz in ZBR 1958, 249; Hess. VGH in ZBR 1956, 185.

489 NJW 1958, 1607.

490 NJW 1958, 688; zur Rechtsprechung des BFH ferner Friedrich in NJW 1960, 2316 Ziff. 10.

491 vgl. statt vieler Forsthoff, Lehrbuch, 157; Wolff, § 37 III e; Hamann in RiA 1957, 177 und insbes. Stich in DVBl. 1959, 234 ff.

492 in DVBl. 1958, 619.

c) Rechtsgrundlage

Die dogmatische Begründung für das Rechtsinstitut der Verwirkung ist nicht einheitlich.

aa) Zunächst konstruierte man die Verwirkung als einen stillschweigenden Verzichtsvertrag. Dem steht jedoch entgegen, daß der noch zu behandelnde Tatbestand der Verwirkung keine rechtsgeschäftlichen Erklärungen enthält[493] und außerdem auch nicht verzichtbare Ansprüche verwirkt werden können[494]. Eine andere Auffassung sieht die Grundlage der Verwirkung in dem deutschrechtlichen Verschweigungsgedanken[495].

bb) Die heute herrschende Lehre[496] und Rechtsprechung[497] leitet die Verwirkung aus dem Grundsatz von Treu und Glauben ab und bezeichnet sie als einen typischen Fall unzulässiger Rechtsausübung bzw. als einen Unterfall des widerspruchsvollen oder gegensätzlichen Verhaltens (venire contra factum proprium). Zum Teil wird als Begründung auch § 226 BGB herangezogen[498].

cc) Die Berufung auf Treu und Glauben ist sicher richtig, wenn man bedenkt, daß § 242 BGB Ausdruck des ius aequum ist, und berücksichtigt, daß in Fällen der Verwirkung das ius strictum und ius aequum einander feindlich gegenüberstehen und das ius aequum den Sieg davonträgt. Andererseits ruht der Gedanke der Verwirrung aber nicht nur auf dem Prinzip von Treu und Glauben, sondern er fußt auch auf dem Grundsatz der Rechtssicherheit[499]. „Denn man muß sich darüber klar sein, daß, während sonst in dem Widerstreit zwischen abstraktem Regelrecht (ius strictum) und konkretem Billigkeitsrecht (ius aequum) die beiden großen Grundprinzipien der Rechtsordnung, die Rechtssicherheit auf der einen, die Gerechtigkeit auf der anderen Seite, um den Vorrang kämpfen, hier auch das ius aequum nicht nur im Namen der Gerechtigkeit, sondern auch in dem der Rechtssicherheit aufzutreten legitimiert ist. Der allgemeinen „objektiven“ Sicherheit des abstrakten Gesetzesbuchstabens, die den Rechtsinhaber zu dem Vertrauen berechtigt, sein Recht nur dann zu verlieren, wenn es durch Ablauf der gesetzlichen Ausschlußfrist untergegangen oder durch Vollendung der Verjährung entkräftet ist, tritt die be-

---

[493] vgl. Siebert, Verwirkung, S. 185; Staudinger-Weber, § 242 D 581; Fischbach in RiA 1956, 289 Anm. 4.

[494] vgl. W. Böhmer in Bayr. VBl. 1956, 129 (130); a. A. Wolff, § 37 III e (S. 194); Hamann in RiA 1957, 177, der allerdings Verzicht und Verwirkung nicht klar auseinanderhält.

[495] vgl. Krause, Schweigen im Rechtsverkehr, 1930.

[496] vgl. Forsthoff, Lehrbuch, S. 157; Wolff, § 37 III e; Stich in DVBl. 1956, 325 (326) und DVBl. 1959, 234 (235); Soergel-Siebert, § 242, 173; Staudinger-Weber, § 242, D 598.

[497] vgl. Anm. 487—490.

[498] BVerwG in NJW 1959, 256.

[499] Auf beide Grundsätze führt auch Scholz in RuPrVBl. 55 (1934), 237 die Verwirkung zurück.

sondere „subjektive" Rechtssicherheit der konkreten Sachlage entgegen, die den Rechtsgegner zu dem Vertrauen berechtigt, einer Rechtsverfolgung überhoben zu sein, mit der er auf Grund des Verhaltens des anderen Teils nach Treu und Glauben nicht mehr zu rechnen brauchte[500]."

Letztlich kann jedoch nicht entscheidend sein, ob man als Grundlage für das Rechtsinstitut der Verwirkung den Satz von Treu und Glauben anführt oder § 226 BGB hinzuzieht oder sich auf den Gedanken der Rechtssicherheit beruft. Wesentlich ist die Erkenntnis, daß in dem Rechtsprinzip der Verwirkung verschiedene Grundgedanken unserer Rechtsordnung zusammenfließen und daß bald dieser bald jener stärker hervortritt, keiner aber für sich allein das Rechtsinstitut der Verwirkung trägt[501].

d) Voraussetzungen

Während in den „lebenswichtigen" Fragen der Verwirkung Einigkeit besteht, ist nach wie vor umstritten, unter welchen Voraussetzungen der Verwirkungsgedanke durchgreift.

aa) Die Verwirkung als Unterfall der unzulässigen Rechtsausübung setzt das Bestehen eines Rechts voraus, dessen Ausübung gestattet und möglich ist. Ist die Rechtsausübung durch Vereinbarung oder auf sonstige Weise gehindert, so kann eine Verwirkung nicht in Betracht kommen.

Unbestritten ist als Erfordernis des Verwirkungstatbestandes, daß der Rechtsinhaber die Ausübung seines Rechts während eines längeren[502], nicht unbedeutenden[503] Zeitraumes unterlassen hat. Wie lang die Zeitspanne sein muß, kann nicht generell festgelegt werden. Sie hängt weitgehend von der Eigenart des zugrundeliegenden Rechtsverhältnisses und den besonderen Umständen des Einzelfalles ab[504]. In außergewöhnlichen Zeiten, z. B. Kriegs- oder Nachkriegsverhältnissen, in denen durch äußere Umstände die Rechtsverfolgung erschwert ist, muß der Zeitablauf naturgemäß länger bemessen werden als in normalen Zeiten[505].

bb) Einigkeit besteht ferner darüber, daß der Zeitablauf allein nicht ausreicht, um eine Verwirkung herbeizuführen. In einem Falle hat das

---

500 G. Boehmer II 2 S. 118; diesen Gedanken hat schon Scholz in RuPrVBl. 55 (1934), 233 (237) betont; ebenso RGZ 118, 378;: „Namentlich ist es das Interesse der Rechtssicherheit, das verlangt, daß längst abgewickelte Geschäfte, auf die man sich allseitig eingestellt hatte, nicht ohne zwingende Gründe wieder ausgegraben werden"; auch der Bayr. VerfGH (NJW 1962, 339 [340]) gründet die Verwirkung auf den Gedanken der Rechtssicherheit und des Rechtsfriedens.

501 vgl. Siebert, Verwirkung, S. 247; Stich in DVBl. 1956, 326 und DVBl. 1959, 235.

502 vgl. Stich in DVBl. 1956, 325 (326).

503 so Esser, Schuldrecht, S. 122.

504 vgl. BVerwG in DVBl. 1958, 619.

505 vgl. Kleine in JZ 1951, 9.

Bundesverwaltungsgericht[506] allein auf Grund des Zeitablaufs Verwirkung angenommen. Diese Entscheidung ist von Stich mit Recht kritisiert und abgelehnt worden[507].

aaa) Würde man lediglich auf den Zeitablauf abstellen, so hätte die Verwirkung neben der Verjährung und den Ausschlußfristen keinen Raum. Ihre Zwecke müßten notwendig mit denen der Verjährung und Ausschlußfrist zusammenfallen. Die Verwirkung soll aber als elastisches Rechtsinstitut den Besonderheiten des Einzelfalles Rechnung tragen. Verwirkung ist nicht Verspätung, sondern illoyale Verspätung der Rechtsausübung. Es müssen also zu dem Zeitablauf noch „besondere Umstände" hinzutreten, die der Verwirkung als besonderes, selbständiges Rechtsinstitut ein eigenes Profil geben und dadurch von der rein zeitlichen Verjährung und Ausschlußfrist abgrenzen und unterscheiden[508].

bbb) In der Rechtsprechung hat sich deshalb teilweise die stereotype Formulierung eingebürgert, zu dem zeitlichen Ablauf müßten vielmehr noch „besondere Umstände" hinzutreten, die den Schluß rechtfertigen, daß die verspätete Geltendmachung gegen Treu und Glauben verstößt[509]. Diese an sich nicht zu beanstandende Ausdrucksweise ist jedoch wenig praktikabel und trägt die Gefahr einer zu großzügigen Anwendung des Verwirkungsgedankens in sich[510]. Im Interesse einer klaren und möglichst eindeutigen Rechtsanwendung muß diese Formel weiter konkretisiert werden. Eine solche Konkretisierung ist auch bereits in Lehre und Rechtsprechung vorgezeichnet. Die genannten „besonderen Umstände" lassen sich in vier Elemente zerlegen: Verwirkungsverhalten, Vertrauen des Betroffenen, Vertrauensverhalten des Betroffenen und Verschulden des Berechtigten. Dabei ist die Frage des Verschuldens besonders zu prüfen, da sie den größten Streitpunkt bildet. Der Rechtsinhaber muß über die bloße Untätigkeit und Nichtausübung des Rechtes hinausgegangen sein und ein bestimmtes Verhalten an den Tag gelegt haben, das den Eindruck erweckte, er werde von seinem Recht keinen Gebrauch mehr machen (Verwirkungsverhalten)[511].

Erforderlich ist also ein irgendwie geartetes positives Tun des Rechtsinhabers. Demgegenüber hält Tegtmeyer[512] auch ein Unterlassen für ausreichend, wenn sich aus dem jeweiligen Rechtsverhältnis eine konkrete Pflicht ableiten läßt, die dem Rechtsinhaber ein Handeln gebietet.

---

506 DVBl. 1957, 646; anders BVerwG in NJW 1958, 75.

507 DVBl. 1957, 646, Urteilsanmerkung.

508 vgl. dazu Siebert, Verwirkung, S. 180; Stich in DVBl. 1959, 237; aus der Rechtsprechung z. B. BVerwG in DVBl. 1958, 619; NJW 1959, 740.

509 vgl. BVerwG in DVBl. 1958, 619; OVG Münster in DVBl. 1957, 797; OVG Hamburg in DVBl. 1961, 892.

510 vgl. die Kritik bei Stich DVBl. 1959, 236, 237.

511 vgl. dazu W. Böhmer in Bayr. VBl. 1956, 131; Stich in DVBl. 1959, 237; Esser, Schuldrecht, S. 122.

512 AcP 142, 203 (223); vgl. auch Giese, S. 164 und Schüle in VerwArch. 1934, 21.

Kleine[513] bezeichnet diese Auffassung als zu weitgehend und lehnt sie wegen der Unsicherheit, die mit der Feststellung einer konkreten Pflicht hineingetragen wird, ab. Für die Ansicht von Tegtmeyer spricht jedenfalls, daß ein Unterlassen bei gegebener Rechtspflicht zum Handeln in unserer Rechtsordnung, im Strafrecht gleichermaßen wie im Zivilrecht, durchgängig einem positiven Tun gleichgesetzt wird, also rechtlich in gleicher Weise relevant ist und dieselben Rechtsfolgen zeitigt. Unter diesem Gesichtspunkt wird man hier keine Ausnahme machen können. Zu einer Ausnahme besteht an sich auch keine innere Berechtigung, wenn man, was in der Handlungslehre überzeugend nachgewiesen worden ist, bedenkt, daß ein Unterlassen bei konkreter Handlungspflicht ebenso gravierend ist wie ein positives Tun. Allerdings wird zu fordern sein, daß diese Rechtspflicht offenkundig ist und vom Durchschnittsbürger erfaßt werden kann. Bei dieser Einschränkung wird auch die von Kleine befürchtete Unsicherheit weitgehend ausgeschaltet.

ccc) Der Betroffene muß im Hinblick auf das Verhalten des Rechtsinhabers darauf vertraut haben, dieser werde sein Recht nicht mehr geltend machen (Vertrauen des Betroffenen).

ddd) Das Verwirkungsverhalten und das Vertrauen des Betroffenen allein reichen jedoch nicht aus, um die „besonderen Umstände" auszufüllen. Vielmehr muß der Betroffene darüber hinaus im Vertrauen auf die Nichtausübung Aufwendungen gemacht haben, wobei zwischen seinem Vertrauen und seinen getroffenen Dispositionen ein ursächlicher Zusammenhang bestehen muß[514], so daß letztlich die Dispositionen des Betroffenen durch das Verhalten des Rechtsinhabers veranlaßt worden sind[515]. Darin liegt der für die Verwirkung entscheidende und sie rechtfertigende Gesichtspunkt. Die Rechtfertigung dafür, daß die Geltendmachung eines von der Rechtsordnung gewährten Rechts als unzulässig erscheint, liegt darin, daß während der Nichtgeltendmachung eine Verschiebung der Interessenlage eingetreten ist, so daß dem Betroffenen ein unzumutbarer Nachteil entstehen würde, falls das Recht jetzt noch durchgesetzt werden könnte[516].

cc) Sehr streitig ist die Frage, ob ein Verschulden des Berechtigten zu fordern ist, d. h. ob der Rechtsinhaber den äußeren Eindruck, er werde sein Recht nicht mehr geltend machen, schuldhaft herbeigeführt haben muß oder ob es genügt, wenn er objektiv einen solchen Rechtsschein veranlaßt hat. Insbesondere im Zivilrecht wird die Auffassung vertreten, es komme allein auf die objektive Sachlage an und es sei unbedeutend, ob der Berechtigte den Willen gehabt habe, sein Recht nicht mehr auszuüben; ja, es sei nicht einmal notwendig, daß er sein Recht gekannt

---

[513] JZ 1951, 9; auf diese Bedenken weist auch Schüle in VerwArch. 1934, 22 hin.

[514] vgl. Staudinger-Weber § 242, D 619.

[515] vgl. Tegtmeyer in AcP 142, 219.

[516] vgl. Tegtmeyer in AcP 142, 211; W. Böhmer in Bayr. VBl. 1956, 131; Siebert, Verwirkung, S. 251.

habe[517]. Esser[518] betont, daß die Schuldfrage hinter die Vertrauensfrage zurücktreten müsse.

Im öffentlichen Recht wird diese Ansicht von W. Böhmer[519] vertreten. Er meint, die Verwirkung erfordere nicht, daß dem Berechtigten sein Recht bekannt sei. Selbst bei völlig unverschuldeter verspäteter Geltendmachung könne Verwirkung eintreten.

Dieser Auffassung kann nicht beigetreten werden. Sie überschätzt einseitig die Interessen des Betroffenen und übergeht den Schutz des Rechtsinhabers, der diesem in gewissen Grenzen gewährt werden muß. Die Verwirkung entspringt dem Billigkeitsrecht. Bei der Ausgestaltung des Verwirkungsgedankens haben daher auch weitgehend Billigkeitserwägungen im Vordergrund zu stehen. Eine Entscheidung entspricht um so mehr der Billigkeit, je mehr sie den Interessen aller Beteiligten gerecht wird. Es würde aber der Billigkeit widerstreiten, wenn ein Rechtsinhaber sein Recht auch dann verlieren könnte, wenn er dessen Existenz nicht einmal kannte. Diese Auffassung wird auch von der neueren Rechtsprechung des Reichsgerichts vertreten[520]: „Bei alledem wird bereits vorausgesetzt, daß die Untätigkeit des Berechtigten ihren Grund nicht in seiner Unkenntnis von dem Bestehen des Anspruchs hatte, sondern daß er ihn nicht geltend machte, obwohl er äußerlich oder innerlich dazu in der Lage war." In gleicher Weise erklärt der Hess. VGH[521]: „Ein Verstoß gegen Treu und Glauben ist nur möglich, wenn der Berechtigte mit seinem Anspruch nicht hervortritt, obwohl er innerlich oder äußerlich dazu in der Lage war[522]." Das Bundesverwaltungsgericht steht auf demselben Standpunkt[523]. Im Schrifttum wird das Erfordernis des Verschuldens von Forsthoff[524], Hamann[525], Bochalli[526] und Stich[527] als notwendiges Merkmal der Verwirkung angesehen[528].

e) Wirkung

Die Verwirkung ist früher teilweise als Rechtsvernichtungsgrund qualifiziert worden[529]. Richtigerweise führt die Verwirkung nicht zum

---

517 Siebert, Verwirkung, S. 173; Esser, Schuldrecht, S. 121; G. Boehmer, II 2, S. 117; RGZ 134, 38 (41); BGH in NJW 1957, 1358.

518 Schuldrecht, S. 121.

519 Bayr. Vbl. 1956, 131.

520 RGZ 158, 235.

521 DVBl. 1955, 331.

522 ebenso Hess. VGH in ZBR 1956, 186.

523 DVBl. 58, 468.

524 Lehrbuch, S. 158: „doloses Verhalten".

525 RiA 1957, 177.

526 Bundesbeamtengesetz, Kommentar, 2. Aufl., 1958, § 47, 2.

527 DVBl. 1956, 326 und DVBl. 1959, 237.

528 vgl. auch Dresbach, S. 67, Kleine in JZ 1951, 10; Spaeth, S. 164 für den Fall der Kenntnis des Widerrufsgrundes.

529 so z. B. Heinemann in RuPrVBl. 51 (1930), 670; Giese, S. 164.

Untergang des Rechts, sondern macht nur die von Anfang an vorhandene inhaltliche Beschränkung des Rechts sichtbar[530]. Das Recht bleibt also existent, es kann nur nicht mehr geltend gemacht werden[531].

f) Abgrenzung zu ähnlichen Rechtsinstituten

Auch der Gesetzgeber verwendet in neueren Gesetzesvorschriften den Begriff der Verwirkung. Er taucht hier sowohl in Rechtsnormen des Privatrechts als auch des öffentlichen Rechts auf.

aa) Nach § 1676 BGB verwirkt ein Elternteil die elterliche Gewalt, wenn er wegen eines an dem Kinde verübten Verbrechens oder vorsätzlichen Vergehens zu Zuchthausstrafe oder zu einer Gefängnisstrafe von mindestens sechs Monaten verurteilt wird. Die Verwirkung tritt mit der Rechtskraft des Urteils ein.

Gemäß § 66 EheG verwirkt der Berechtigte den Unterhaltsanspruch, wenn er sich nach der Scheidung einer schweren Verfehlung gegen den Verpflichteten schuldig macht oder gegen dessen Willen einen ehrlosen und unsittlichen Lebenswandel führt.

Eine vereinbarte Vertragsstrafe ist verwirkt, wenn der Schuldner in Verzug kommt (§ 339 BGB). Von Verwirkung spricht man ferner, ohne daß das Gesetz diesen Ausdruck verwendet, in den Fällen der §§ 545 II, 971 II, 532, 2005 I, 2006 III BGB.

bb) Im öffentlichen Recht ist an erster Stelle Art. 18 GG zu nennen, nach dem gewisse Grundrechte verwirkt werden, wenn sie zum Kampf gegen die freiheitliche demokratische Grundordnung mißbraucht werden. Als Fälle der Verwirkung werden ferner die der §§ 53 GewO, 12 GaststG, 4, 15 StVG bezeichnet[532].

cc) Überblickt man diese Beispiele, so ergibt sich als gemeinsames Kriterium, daß der Verlust eines Rechts oder einer Rechtsstellung als Folge eines gesetz- oder pflichtwidrigen Verhaltens eintritt. Der Unterschied zu dem oben entwickelten allgemeinen Rechtsinstitut liegt in dem Fehlen des Zeitmomentes[533]. Die aufgezählten gesetzlichen Verwirkungsfälle kennen ein ähnliches zeitliches Merkmal nicht, sondern knüpfen lediglich an die Pflichtverletzung an. Hinzu kommt, daß – abgesehen von den privatrechtlichen Beispielen – die Verwirkung erst durch Verwaltungsakt, nämlich den Widerruf eintritt. Stich bezeichnet deshalb die Verwirkung infolge Pflichtverletzung als „Verwirkung kraft Widerrufs" [534].

Die gesetzlichen Verwirkungsfälle heben sich also deutlich von dem aus dem Gesichtspunkt der illoyalen Verspätung entwickelten allgemeinen außergesetzlichen Rechtsinstitut der Verwirkung ab.

---

530 vgl. Siebert, Verwirkung, S. 175; BVerwG in NJW 1959, 256.
531 Fischbach in RiA 1956, 289.
532 vgl. z. B. Forsthoff, Lehrbuch, S. 157.
533 vgl. zur Unterscheidung auch Schüle in VerwArch. 1934, 33.
534 DVBl. 1956, 327.

2. Anwendbarkeit des Verwirkungsgedankens im Rücknahmerecht

a) Der Verwirkungsgedanke hat bisher auch im Rahmen der Aufhebung von Verwaltungsakten Anwendung gefunden. Dabei ist die Möglichkeit der Verwirkung sowohl auf seiten des Bürgers als auch der Verwaltung angenommen worden.

aa) So ist z. B. der Widerruf eines rechtmäßigen Verwaltungsaktes für zulässig erklärt worden, wenn der Betroffene die ihm rechtmäßig auferlegten Auflagen nicht erfüllt. Es wird davon gesprochen, daß der Bürger in diesem Falle sein Recht verwirkt habe[535].

Die Verwirkung durch Nichterfüllung einer Auflage tritt infolge einer Pflichtverletzung ein. Sie ist deshalb von der Verwirkung infolge illoyaler Verspätung zu unterscheiden[536]. Der Fall der Nichterfüllung von Auflagen kann deshalb nicht als Anwendungsfall des allgemeinen Rechtsinstituts der Verwirkung, wie er oben entwickelt worden ist, betrachtet werden.

bb) Starke Bedeutung hat die Verwirkungsidee von Anfang an im Beamtenrecht gewonnen[537]. In mehreren Entscheidungen ist hier die Verwirkung gewisser Rechte sowohl durch den Beamten als auch durch die Anstellungskörperschaft bejaht worden. Da lediglich die Anwendbarkeit des Verwirkungsgedankens im Rücknahmerecht untersucht werden soll, interessieren hier die Fälle der Rechtsverwirkung durch den Beamten nicht. Besonderes Augenmerk ist jedoch auf die Entscheidungen zu richten, in denen die Behörde ihre Rechte verwirkt hat. Aus ihnen können unter Umständen wertvolle Schlüsse für die allgemeine Anwendbarkeit der Verwirkung im Rücknahmerecht gezogen werden.

Das thüringische Oberverwaltungsgericht[538] hat es als einen groben Verstoß gegen Treu und Glauben bezeichnet, als eine Stadt den Wegfall eines Amtes wider Erwarten erst volle sechs Jahre später zum Anlaß nahm, um den Beamten in den Wartestand zu versetzen. Bei so langer Verzögerung sei die Versetzung in den Wartestand verwirkt. Der VGH Baden-Württemberg[539] hat die Ausübung des Vorbehaltes einer Gehaltsrückstufung als verwirkt angesehen, nachdem fünf Jahre verflossen waren. Sehr modern klingt der Satz des PrOVG in den Entscheidungsgründen[540]: „Wenn eine Anstellungsbehörde in Kenntnis wirksamer Anfechtungsgründe (gemeint sind Rücknahmegründe) solange

---

535 vgl. Peters, Lehrbuch, S. 169; Forsthoff, Lehrbuch, S. 243.

536 vgl. dazu oben S. 102.

537 vgl. dazu W. Böhmer in Bayr. VBl. 1956, 176; Stich in DVBl. 1959, 238; zur neueren Rechtsprechung betr. den Widerruf des Beamtenverhältnisses: Becker in ZBR 1957, 36.

538 in RuPrPBl. 54 (1933), 396, 397.

539 VerwRspr. 3, 558.

540 PrOVG 92, 240 (245); gleichlautend: OVG Münster in DVBl. 1952, 605 (607); für den umgekehrten Fall der Anfechtung einer Rücktrittserklärung vom Beamtenverhältnis vgl. noch Hess. VGH in DVBl. 1951, 738 (740); heute gilt § 13 Abs. 2 BBG (Rücknahmefrist: 6 Monate).

hiervon keinen Gebrauch gemacht hat, daß billigerweise auf den Willen einer Fortsetzung des Dienstverhältnisses geschlossen werden kann, so hat sie ihr Anfechtungsrecht (sprich: Rücknahmerecht) verwirkt." Wie die Entscheidung des Bundesverwaltungsgerichts[541] zeigt, ist einer Behörde ebenso mit Erfolg der Einwand der Verwirkung entgegengehalten worden, die dem Beamten zunächst mitgeteilt hatte, er sei 131er, und die Mitteilung später zurücknehmen wollte.

cc) Diese Rechtsprechung macht deutlich, daß die Praxis immer wieder auf das Rechtsinstitut der Verwirkung zurückgreift, um Unbilligkeiten, die durch eine lange hinausgeschobene Rücknahme verursacht werden, zu vermeiden.

Es besteht auch in der Tat ein Bedürfnis, das Rücknahmerecht zeitlich zu begrenzen. Dies um so mehr, als insoweit – abweichend vom Zivilrecht – regelmäßig weder Verjährungs- noch Ausschlußfristen eingreifen[542].

Ein solcher Versuch, die Rücknahme zeitlich zu beschränken, ist im Art. 88 Abs. 3 des Entwurfs einer Verwaltungsrechtsordnung für Württemberg von 1931 unternommen worden. Danach soll in bestimmten Fällen die Frist für die Rücknahme sechs Monate betragen. Dieser Vorschlag hat jedoch wegen seines schematischen Charakters weder in der Rechtsprechung noch in der Lehre Gefolgschaft gefunden. Er ist auch nicht elastisch genug, um den verschiedenen praktischen Bedürfnissen gerecht zu werden. Schon die Tatsache, daß der Fristablauf von sechs Monaten mit dem Erlaß des Verwaltungsaktes beginnen soll, ist bedenklich. Denn oft wird die Behörde den Fehler erst nach Ablauf dieser Frist entdecken, hätte aber dann nicht mehr die Möglichkeit, den fehlerhaften Akt zu kassieren. Diskutabel wäre die Frist allenfalls, wenn man als Beginn des Fristablaufs den Zeitpunkt bestimmen würde, in dem die Behörde von der Existenz des Fehlers Kenntnis erlangt[543].

Das Bedürfnis, das Rücknahmerecht zeitlich zu begrenzen, wird auch in der Lehre anerkannt und berücksichtigt. So führt Peters[544] aus: „Da aber auch im öffentlichen Recht Treu und Glauben gilt, ist damit ein auf eine bestimmte Zeit hinausgeschobener, schikanös geltend gemachter Widerruf ausgeschlossen. Wenn eine Behörde von einem Widerrufsgrund Kenntnis erhält, wird sie innerhalb der dafür üblichen Zeitspanne nähere Aufklärung der Sach- und Rechtslage schaffen und sich dann in angemessener Frist entscheiden."

Festzuhalten ist also, daß im Rahmen des Rücknahmerechts allgemein das Bedürfnis besteht, das Rücknahmerecht zeitlich einzuschränken. Eine zeitliche Grenze ist besonders deshalb erforderlich, weil weder Verjäh-

---

541 MDR 1958, 710.

542 Ausnahmen: §§ 24 Abs. 2 OBG. NW, 13 Abs. 2 BBG.

543 vgl. die entsprechende Regelung der §§ 24 Abs. 2 OBG. NW, 13 Abs. 2 BBG.

544 Lehrbuch S. 170; zum Widerruf des Beamtenverhältnisses vgl. Becker in ZBR 1957, 36 (39).

rungs- noch Ausschlußfristen eingreifen. Abzulehnen ist die Bestimmung einer starren Ausschlußfrist, da die Vielfalt der im Verwaltungsrecht vorkommenden Sachverhalte eine elastische, die Besonderheiten des Einzelfalles berücksichtigende zeitliche Regelung erheischt.

Eine solche Beschränkung der Rücknahme wird gefordert durch den Satz von Treu und Glauben und den Gedanken der Rechtssicherheit, der Kontinuierlichkeit der Rechtsentwicklung gebietet. Der Umstand, daß sich die gegenüberstehenden Rechtsträger im Rücknahmerecht im Verhältnis der Über- und Unterordnung befinden, steht einer solchen Beschränkung nicht im Wege, sondern kann allenfalls bei der konkreten Ausgestaltung der Einschränkung, die im Folgenden erörtert wird, bedeutsam sein[545].

b) Nachdem aufgezeigt worden ist, daß der Verwirkungsgedanke grundsätzlich auch im Rücknahmerecht Geltung beanspruchen kann, ist zu erörtern, welche rechtliche Gestalt er hier annehmen muß, d. h. unter welchen Voraussetzungen der Verwirkungseinwand durchgreift. Die rechtliche Ausgestaltung kann sich weitgehend an das bereits entwickelte allgemeine Rechtsinstitut der Verwirkung anlehnen. Gleichwohl wird zu überlegen sein, ob die einzelnen Merkmale hier einer besonderen Ausformung bedürfen.

aa) Unzweifelhaft wird als erstes Erfordernis auch der Ablauf eines längeren Zeitraumes zu fordern sein.

Fraglich erscheint aber schon, ob der Zeitablauf für sich allein genügt oder noch „besondere Umstände“ hinzutreten müssen. Diese Frage ist insofern berechtigt, als die „besonderen Umstände“ zur Ausbildung des Verwirkungstatbestandes im Zivilrecht als besonderes Merkmal hinzutreten mußten, um die Verwirkung von der Verjährung und den Ausschlußfristen abzugrenzen und ihr ein eigenes Profil zu geben[546]. Da das Rücknahmerecht zeitlich unbegrenzt ist[547], also weder der Verjährung noch einer Ausschlußfrist unterliegt, kann es zu einer Kollision mit derartigen Rechtsinstituten nicht kommen. In der Literatur ist denn auch zum Teil die Ansicht zu finden, daß das Rücknahmerecht verwirkt sei, wenn die Rücknahme nicht innerhalb einer angemessenen Frist erfolgt, ohne daß es noch „besonderer Umstände“ bedürfte[548]. Ob diese Ansicht

---

545 vgl. BVerwG in DVBl. 1958, 468.

546 vgl. oben S. 99.

547 vgl. Peters, Lehrbuch, S. 170; Jellinek, Lehrbuch, S. 288; Eyermann-Fröhler, § 42 Anh. 47.

548 vgl. Nebinger, S. 90; Düll. S. 68; Nitschke, a. a. O.; Reck a. a. O. S. 915 (er nennt 10 Jahre); Eyermann-Fröhler, § 42 Anh. 47; Hangartner, S. 189; Scholz in RuPrVBl. 55 (1934), 239; ebenso Jellinek, Lehrbuch, S. 288, er will solche Fälle mit Hilfe des stillschweigenden Verwaltungsaktes lösen; ähnlich Dresbach, S. 67. Dieser Vorschlag ist jedoch nicht zu billigen, weil er die Grenze zum Verzicht verwischt, vgl. insoweit auch Heinemann, a. a. O.; Giese, S. 163 Anm. 107; Disse, S. 64; Hangartner, S. 187 mit weiteren Nachweisen; aus der Rechtsprechung: Hess. VGH in DVBl. 1951, 738 (740); OVG Münster in DVBl. 1952, 605 (607).

zu billigen ist, läßt sich nur aus dem Wesen der Verwirkung und den ihr zugrundeliegenden Rechtsgedanken entnehmen. Das Bundesverwaltungsgericht hat in einer neuesten Entscheidung[549] die Frage, ob eine reine Untätigkeit der Behörde auch dort, wo eine Verjährung nicht eingreift, zu einem Verwirken führen kann, aufgeworfen, ohne sie jedoch zu entscheiden.

Das Rechtsinstitut der Verwirkung fußt auf dem Prinzip der Rechtssicherheit und dem Grundsatz von Treu und Glauben[550]. Als wesentlicher und die Verwirkung rechtfertigender Gesichtspunkt ist die Interessenverschiebung erkannt worden, die darin besteht, daß der Betroffene während des Zeitablaufs im Vertrauen darauf, der Rechtsinhaber werde sein Recht nicht mehr ausüben, Aufwendungen gemacht hat und ihm ein unzumutbarer Nachteil zugefügt würde, wenn jetzt noch – nach langer Zeit – das Recht realisiert werden könnte. Dieser Gedanke der Interessenverschiebung hat bei der Entwicklung des Rechtsinstituts der Verwirkung Pate gestanden, und ohne ihn wäre es nicht lebensfähig geworden. Deshalb gehört das Merkmal der Interessenverschiebung zum Wesen der Verwirkung. Wollte man auf dieses Kriterium verzichten, so müßte man das Rechtsinstitut der Verwirkung ganz aufgeben.

Dazu besteht aber auch im Rücknahmerecht kein Anlaß. Die Verwirkung könnte auch hier ihren Schutzcharakter zugunsten des Betroffenen nicht entfalten, wenn lediglich auf den Zeitablauf abgestellt würde. Denn der Bürger, der sich auf den Bestand eines fehlerhaften Aktes nicht eingerichtet hat, kann keinen Schaden erleiden, wenn dieser Akt – auch erst nach längerer Zeit – zurückgenommen wird[551].

Demnach ergibt sich, daß auch im Rahmen des Rücknahmerechts der Zeitablauf allein nicht zur Annahme einer Verwirkung ausreicht, sondern noch weitere Voraussetzungen vorliegen müssen[552]. Dafür spricht auch, daß aus dem Schweigen der Behörde schon deswegen keine Folgerungen gezogen werden dürfen, weil der Verwaltung im Gegensatz zum Privaten grundsätzlich keine Erklärungspflicht obliegt[553].

bb) Die Behörde muß durch schuldhaftes Verhalten den äußeren Anschein erwecken, daß sie die Rücknahme nicht mehr aussprechen werde. Dazu ist erste Voraussetzung, daß sie ihr Recht zur Rücknahme kennt.

---

549 NJW 1961, 2227.

550 dazu und zum Folgenden vgl. oben S. 97 f.

551 Mit Recht bemerkt deshalb Dickmann (in DÖV 1957, 280), daß der Erlaß eines Beseitigungsbescheides nicht dadurch unzulässig wird, daß seit der Vollziehung des Begünstigungsaktes schon „erhebliche Zeit verstrichen ist" (so aber Haueisen in NJW 1954, 1428).

552 vgl. VGH Kassel DÖV 1956, 123.

553 Forsthoff, Lehrbuch, S. 201; Spaeth, S. 165; vgl. insbes. auch Peters, Lehrbuch, S. 150: „Grundsätzlich ist zu betonen, daß in der Regel aus bloßem Schweigen Rechte weder erwachsen noch untergehen"; vgl. ferner die unter diesem Gesichtspunkt gegen das Institut der Verwirkung erhobenen Bedenken bei Schüle in VerwArch. 1934, 37.

Welche Umstände den Rechtsschein des Nicht-mehr-ausüben-Wollens hervorrufen, kann nur im Einzelfall festgestellt werden. Bei Verwaltungsakten, die auf Ratenleistungen gerichtet sind (z. B. Unterhaltsrente), wird in der ununterbrochenen Zahlung ohne Vorbehalt ein solches Verhalten zu erblicken sein. Ebenso darin, daß die Behörde jahrelang in Kenntnis der Fehlerhaftigkeit der Gewerbekonzession Gewerbesteuern erhebt. Bei der Beurteilung des Verwirkungsverhaltens ist jedoch darauf zu achten, ob in ihm nicht bereits ein schlüssiger Verzicht auf die Rücknahme enthalten ist. In diesem Falle würde die Verwirkung als subsidiäres Rechtsinstitut nicht zur Geltung kommen.

cc) Schließlich muß der Betroffene im Vertrauen darauf, die Behörde habe endgültig von der Rücknahme Abstand genommen, Aufwendungen gemacht haben, so daß er durch eine jetzt noch ausgesprochene Rücknahme unzumutbare Nachteile erleiden würde. Zu Einzelheiten kann insoweit auf frühere Ausführungen verwiesen werden[554].

c) Die Verwandtschaft zwischen den Tatbeständen der Verwirkung und des Vertrauensschutzes macht eine Abgrenzung zwischen beiden Rechtsinstituten erforderlich.

aa) Es wurde bereits hervorgehoben, daß der Gedanke des Vertrauensschutzes auch der Verwirkung zugrundeliegt, so daß man die Verwirkung als einen Sonderfall des Vertrauensschutzes bezeichnen kann. Gleichwohl ist die Verwirkung mit dem oben entwickelten Vertrauensschutztatbestand nicht identisch.

bb) Beide Tatbestände unterscheiden sich vielmehr in wesentlichen Punkten voneinander. Der erste Unterschied besteht in dem Erfordernis des Zeitablaufs, das der Verwirkung eigentümlich ist, dagegen nicht als konstituierendes Element des Vertrauensschutztatbestandes angesehen werden kann[555].

Ferner sind Vertrauensgrundlage und Rechtsschein bei beiden Tatbeständen verschieden. Beim Vertrauensschutztatbestand bildet die Vertrauensgrundlage der fehlerhafte Akt, der für den Betroffenen den Anschein erweckt, daß er einer Begünstigung teilhaftig sei, während bei der Verwirkung der Rechtsschein durch den Zeitablauf und das Verwirkungsverhalten der Behörde gesetzt wird und den Eindruck erweckt, ein bestehendes Recht werde nicht mehr ausgeübt[556]. Verwirkung kann mit anderen Worten auch dann eintreten, wenn der Bürger die Rechtswidrigkeit des Verwaltungsaktes kennt.

Schließlich muß das Verwirkungsverhalten schuldhaft begangen worden sein, während das Verschuldensmerkmal dem Vertrauensschutztatbestand fremd ist.

---

554 vgl. oben S. 87.

555 vgl. oben S. 92.

556 vgl. zu dieser Unterscheidung auch Gowa, S. 67.

d) Rechtsfolgen

Die Verwirkung hat zur Folge, daß das Rücknahmerecht grundsätzlich nicht mehr ausgeübt werden kann. Bei den Verwaltungsakten mit Dauerwirkung tritt unter Umständen jedoch nur eine Modifizierung des Rücknahmerechts ein. Hier kann die Verwirkung regelmäßig nur dazu führen, daß eine Rücknahme ex tunc ausgeschlossen ist, während die Beseitigung des fehlerhaften Aktes ex nunc grundsätzlich möglich bleibt. Nur in Ausnahmefällen wird man eine völlige Beschränkung des Rücknahmerechts annehmen können, nämlich dann, wenn der Betroffene schwerwiegende und nicht mehr rückgängig zu machende, dauernde Verfügungen getroffen hat. Im einzelnen sei dazu auf spätere Ausführungen verwiesen[557].

3. Gesamtergebnis

Das Recht zur Rücknahme eines fehlerhaften begünstigenden Verwaltungsaktes kann durch die Behörde verwirkt werden, so daß eine Rücknahme nicht mehr in Frage kommt. Dieser Sachverhalt läßt sich tatbestandsmäßig wie folgt fassen:

Die Rücknahme eines rechtswidrigen begünstigenden Verwaltungsaktes ist verwirkt, wenn die Behörde während eines längeren, nicht unbedeutenden Zeitraumes durch ihr Verhalten schuldhaft den Anschein erweckt, als wolle sie ihr Recht zur Rücknahme nicht mehr ausüben, und dem Betroffenen wegen seiner im Vertrauen auf diesen Rechtsschein getroffenen Dispositionen ein unzumutbarer Nachteil zugefügt würde, wenn die Rücknahme noch erfolgen könnte.

V. *Ungerechtfertigte Unbilligkeiten*

1. Problemstellung

Überblickt man das bisher entwickelte System des Rücknahmerechts, so ergibt sich, daß Fälle auftauchen, die nicht in den Rahmen der dargestellten Rücknahmeausschließungstatbestände passen, in denen aber gleichwohl eine Rücknahme des an sich fehlerhaften Verwaltungsaktes dem Lebenssachverhalt gegenüber unangemessen erscheint und das Rechtsgefühl in keiner Weise befriedigen kann.

Zur Verdeutlichung seien an den Anfang der Erörterungen drei Fälle gestellt.

1. Fall: Der Heimatvertriebene A, der vor seiner Flucht ein Gewerbe betrieben hat, erhält infolge fahrlässig falscher Angaben vom Lastenausgleichsamt ein Wiederaufbaudarlehen in Höhe von 30 000 DM, mit dessen Hilfe er erneut einen mittleren Handwerksbetrieb aufgebaut hat, der sich noch in den Anfängen befindet. Ein Jahr nach Zahlung des Geldes entdeckt die Behörde den Fehler. Würde sie den Verwaltungsakt

---

[557] vgl. unten S. 121ff., die dortigen Ausführungen gelten hier entsprechend.

jetzt zurücknehmen und die Rückzahlung des Geldes fordern, so bedeutete das für den Betrieb des A den wirtschaftlichen Zusammenbruch und für die Existenz des A den völligen Ruin.

2. Fall: Der in Münster wohnende Rechtsstudent A, der das letzte Semester an der Universität Köln studiert hat, meldet sich beim Justizprüfungsamt Köln zur Ablegung des ersten Staatsexamens. Er wird zugelassen, fertigt die ihm aufgegebene Sechswochenarbeit an und nimmt die Klausurtermine wahr. Am Morgen des Tages der mündlichen Prüfung entdeckt der Vorsitzende beim Durchblättern der Prüfungsakten, daß A nur e i n Semester in Köln studiert hat und nach § 7 Ziff. b des Gesetzes über die juristischen Staatsprüfungen und den juristischen Vorbereitungsdienst (GVBl. NW 1962, 443) gar nicht hätte zugelassen werden dürfen. Eine Rücknahme der Zulassung würde für A bedeuten, daß er die Sechswochenarbeit erneut anfertigen, die Klausuren nochmals schreiben müßte und allenfalls ein halbes Jahr später in den Vorbereitungsdienst eintreten könnte.

3. Fall: Der Rechtsstudent A hat den Grad eines Doktors der Rechte erworben und tritt, ohne sein Staatsexamen abzulegen, eine Stellung in der Industrie an. Nach einem Jahr wird festgestellt, daß A statt der für die Promotion geforderten sechs nur fünf Semester studiert hat. Kann ihm der Doktorgrad wieder entzogen werden?

In allen drei Fällen helfen die bisher entwickelten Rücknahmeausschlußtatbestände nicht weiter. Insbesondere kann der Vertrauensschutzgedanke nicht durchgreifen, weil es bereits an dem Merkmal des Vertrauens fehlt. Im ersten Fall hat A falsche Angaben gemacht, in den beiden folgenden Sachverhalten fällt den Betroffenen ebenfalls Fahrlässigkeit zur Last, denn von einem Rechtskandidaten bzw. Doktoranden kann verlangt werden, daß er die Zulassungsbedingungen des von ihm abzulegenden Examens kennt.

Gleichwohl drängt sich auf, in allen drei Fällen die Rücknahme der entsprechenden fehlerhaften Verwaltungsakte zu verneinen. Der unnachsichtige Vollzug des Gesetzes erscheint grob unbillig, weil er zum wirtschaftlichen Ruin des Betroffenen führen bzw. von ihm gemachte erhebliche Anstrengungen mißachten würde, ohne daß dadurch für die Öffentlichkeit ein anderer „Vorteil“ erreicht würde als eben der des ausnahmslosen Gesetzesvollzugs. Jeder Gesetzesvollzug bringt infolge der Schematisierung der Lebenstatbestände Unbilligkeiten mit sich. Diese Unbilligkeiten sind regelmäßig vom Gesetzgeber erkannt und müssen normalerweise in Kauf genommen werden. Sie sind der Tribut, der für die Rechtssicherheit gezahlt werden muß. Jedoch kann die Unbilligkeit ein so unerträgliches Maß annehmen, daß die durch das Gesetzesschema im Interesse der Rechtssicherheit zurückgedrängte Gerechtigkeit des Einzelfalles wieder durchbricht.

Die Frage ist deshalb, ob und unter welchen Voraussetzungen ein solcher Durchbruch des materiellen Gerechtigkeitsprinzips anerkannt werden muß. Ferner, ob sich das Rechtsgefühl bei der Betrachtung der oben dargestellten Sachverhalte täuschen läßt oder ob die Rücknahme durch andere Grundprinzipien des Verwaltungsrechts noch weiter eingeengt wird.

2. Verwertbare Rechtsprinzipien

Bei der weiteren Prüfung soll so verfahren werden, daß zunächst allgemeine Rechtsprinzipien aufgesucht werden, um sie nach Geltung und Inhalt auf ihre Brauchbarkeit für die Lösung der aufgezeigten Probleme zu durchleuchten und möglicherweise aus ihnen konkrete und praktikable Rechtssätze zu formen.

Zu beachten ist ganz besonders in diesem Zusammenhang, daß die Entscheidung über die Rücknahme eines fehlerhaften begünstigenden Verwaltungsaktes im Ermessen der Behörde steht. Wenn man, worauf Peters[558] mit Recht hinweist, bedenkt, daß bei Behörden stets ein vernünftiges Verhalten vorausgesetzt werden kann und sie eine Rücknahme nicht aussprechen wird, wenn diese ungerechtfertigte Unbilligkeiten zur Folge hat, so wird sich die praktische Bedeutung dieses Kapitels als äußerst gering erweisen. Jedoch ist nicht ausgeschlossen, daß die Behörde ohne Rücksicht auf die Interessen des Betroffenen von ihrem Recht zur Rücknahme Gebrauch macht, sei es weil sie aus Befangenheit einen nicht zu billigenden Standpunkt einnimmt, sei es weil sie trotz Kenntnis der unbilligen Folgen sich aus anderen Motivationen zur Rücknahme entschließt. Ein lückenloses Rücknahmesystem muß auch diese Möglichkeit aufnehmen, rechtlich würdigen und einer Lösung zuführen. Die Erwägungen in diesem Zusammenhang haben sich deshalb wie auch bisher damit zu befassen, ob dem Ermessen der Behörde weitere Schranken auferlegt sind.

a) Bei der Betrachtung des oben erwähnten Darlehnsfalles bietet sich als ein solches das Ermessen begrenzendes Rechtsprinzip die Sozialstaatsklausel des Art. 20 GG an.

Daß das Sozialstaatsprinzip kein unverbindlicher Programmsatz ist, sondern für die gesamte Staatsgewalt eine Verpflichtung begründet, bedarf an dieser Stelle keines Nachweises[559]. Erinnert sei in diesem Zusammenhang insbesondere an die zahlreichen Entscheidungen des Bundesarbeitsgerichts, in denen dem Sozialstaatsprinzip prozeßentscheidende Bedeutung zugekommen ist. Rechtsprechung[560] und Lehre[561] stehen auf dem Standpunkt, daß die Sozialstaatsklausel auch nicht nur eine Auslegungsregel darstellt, sondern daß sie einen zugunsten des Staatsbürgers

---

[558] Lehrbuch, S. 170.

[559] vgl. dazu v. Mangoldt-Klein, Art. 20 VII 26; Maunz, S. 61; Hamann, S. 31.

[560] BVerfGE 1, 105; BVerwGE 1, 161; BGHZ 9, 89; BAG in NJW 1955, 78 (79).

[561] Forsthoff in VVDStRL 12 (1954), 21 (23, 27); v. Mangoldt-Klein Art. 20 VII 2 b; Hamann S. 31; Nipperdey in VVDStRL 12 (1954), S. 93.

unmittelbar verbindlichen aktuellen Rechtssatz bildet. Sie verpflichtet die Bundes- und Landesorgane sowohl der gesetzgebenden als auch der vollziehenden und rechtsprechenden Gewalt, bei allen ihren Beschlüssen, Maßnahmen und Entscheidungen den Maßstab der sozialen Gerechtigkeit zu beachten, und liefert der Verwaltungsgerichtsbarkeit im besonderen einen zusätzlichen Prüfungsmaßstab bei der Wertung von Ermessensüberschreitung und -mißbrauch[562]. Der Ausdruck „sozial" enthält eine Richtlinie, die zur Aufdeckung der Gesamtlage eines konkreten Tatbestandes in einer bestimmten Richtung drängt und das Ermessen der entscheidenden Stelle bindet[563]. Daraus erhellt, daß auch die Rücknahme als Ermessensentscheidung an der Sozialstaatsklausel ihre Grenze finden kann.

Ruhen somit Charakter und Geltung des Sozialstaatsprinzips auf festem Fundament, so betritt man andererseits mit der Frage nach dem Inhalt dieser Klausel schwankenden Boden. Die Schwierigkeit, die Sozialstaatsklausel in konkrete praktische Richtlinien umzugießen, ist bereits an früherer Stelle angedeutet worden[564]. Um für die zu Anfang dieses Abschnitts aufgeworfenen Probleme zu Ergebnissen zu kommen, bedarf es indes nicht einer grundlegenden Durchleuchtung der vielschichtigen Fragen, die die Ausfüllung der Sozialstaatsklausel mit sich bringt. Fest steht jedenfalls die eine Ausprägung des Sozialstaatsprinzips, daß die öffentliche Gewalt mit ihren Maßnahmen den Bürger nicht seiner Existenz berauben und ihn vor den Ruin stellen darf. Daß hiervon beispielsweise bei der Vermögenseinziehung aus strafrechtlichen Gesichtspunkten Ausnahmen bestehen können, beeinträchtigt das Ergebnis nicht.

Die Rücknahme muß also in bestimmten, noch näher zu umreißenden Fällen auch dann ausgeschlossen sein, wenn sie die Existenzgrundlage des Betroffenen vernichten würde. Daß auch das Bundesverwaltungsgericht dieser Auffassung huldigt, beweist die Entscheidung vom 7. 12. 1960[565], in der zum Ausdruck gebracht wird, daß ein fehlerhafter Rentenbescheid auch für die Zukunft dann nicht zurückgenommen werden kann, wenn durch die Rücknahme die Existenzgrundlage des Betroffenen erschüttert würde. Das gilt selbst dann, wenn der Bescheid durch fahrlässig falsche Angaben erwirkt worden ist, nicht jedoch bei unlauterer Erwirkung. Ist demnach das Sozialstaatsprinzip aus dem Gesichtspunkt der Existenzerhaltung geeignet, den dargestellten Darlehnsfall in angemessener Weise zu lösen, so sind damit noch keine Anhaltspunkte gewonnen, um auch die mit einer Rücknahme verbundenen Unbilligkeiten in den beiden anderen Fällen auszuräumen.

Der Fall der Doktorpromotion stammt von Jellinek[566]. Er äußert dazu die Ansicht, daß bei Fähigkeitsprüfungen vernünftigerweise andere

---

562 so v. Mangeoldt-Klein a. a. O.

563 so Maunz, S. 61; ferner Forsthoff in VVDStRL 12 (1954), 36 XIV.

564 vgl. oben S. 73.

565 NJW 1961, 1131.

566 Lehrbuch, S. 284.

Maßstäbe gelten als bei sonstigen Verwaltungsakten. Durch das Bestehen der Prüfung habe der Promovierte bewiesen, daß er genügend studiert habe, so daß es ein Schildbürgerstreich wäre, ihm wegen des fehlenden Semesters die Doktorwürde zu entziehen. Daß Jellinek im Ergebnis zuzustimmen ist, steht außer Zweifel. Seine Begründung kann jedoch nicht recht überzeugen. Es ist eine nicht nur in Kreisen von Examenskandidaten verbreitete Ansicht, daß das Bestehen einer Prüfung teilweise (!) „Glücksache" ist. Jeder weiß, von welchen Zufälligkeiten äußerlicher und psychologischer Art die Bewertung abhängen kann. Deshalb ist es denkbar, daß auch jemand, „der nicht genügend studiert hat", das Examen besteht. Daß sich diese Ansicht mit der Auffassung derjenigen deckt, die für die Universitätsausbildung verantwortlich zeichnen, beweist die Einrichtung sogenannter Pflichtsemester. Deshalb, meine ich, ist der Vermerk Jellineks, die Rücknahme sei im gegebenen Falle ein Schildbürgerstreich, zwar eine treffliche Allegorie, aber eben doch keine rechtliche Begründung.

Ein Versuch, diesen und den Fall des Rechtskandidaten durch Konkretisierung eines allgemeinen Rechtsprinzips zu lösen, soll im Folgenden unternommen werden. Dabei wird sich zeigen, daß sich alle drei Fälle unter einen übergeordneten Rechtssatz bringen lassen.

b) Erwähnt wurde bereits, daß jeder Gesetzesvollzug infolge der Schematisierung der Lebenstatbestände gewisse Unbilligkeiten mit sich bringt. Daran knüpfte sich die Frage, ob auch eine Unbilligkeit hingenommen werden muß, die ein unerträgliches Maß annimmt. Es liegt nahe, danach zu forschen, ob nicht über dem Gesetzesvollzug ein ungeschriebener Rechtsgrundsatz steht, der ein solches Mißverhältnis verbietet. In der Tat zeigt sich, daß ein solcher Grundsatz der Verhältnismäßigkeit unsere gesamte Rechtsordnung durchwaltet.

Eine überragende Rolle spielt der Gedanke des Maßhaltens im Strafrecht. Der gesamte Bereich der Strafzumessung beruht auf der Forderung, daß die Strafe in einem angemessenen Verhältnis zur Schuld und Tat des Delinquenten stehen muß. Weitergehend zeigt die Notwehrbestimmung des § 53 StGB, daß in Ausnahmefällen sogar das Recht dem Unrecht weichen muß, nämlich da, wo ein unerträgliches Mißverhältnis zwischen dem Wert des zu schützenden und dem Wert des durch die Abwehr zu verletzenden Rechtsgutes besteht[567]. Dementsprechend hat beispielsweise das Reichsgericht[568] einem Gastwirt die Befugnis abgesprochen, einen Angriff auf seine Krüge und Gläser durch Schüsse abzuwehren, weil diese Art der Abwehr „in einem so beträchtlichen Mißverhältnis mit dem ihm drohenden Verlust stand".

567 vgl. dazu Schönke-Schröder § 53 IV 2 b; aus der neueren Rechtspr. insbes. BGH in NJW 1962, 308 und die Stellungnahme von Gutmann in NJW 1962, 286.

568 RGSt 23, 117; Lerche, S. 22 bezeichnet den Grundsatz der Verhältnismäßigkeit als einen Anwendungsfall des Prinzips der Güterabwägung. Diese Bemerkung verdeutlicht den Zusammenhang.

Daß der Grundsatz der Verhältnismäßigkeit auch im Zivilrecht gilt, zeigen z. B. die §§ 228, 859, 904 BGB.

Im Bereich des öffentlichen Rechts war dieser Grundsatz zunächst auf das Polizeirecht beschränkt[569] und ist später, insbesondere durch die Nachkriegsrechtsprechung auf dem Gebiet des Reichsleistungsrechts und der Wohnungszwangswirtschaft, auf andere Bezirke ausgedehnt worden[570]. Nach heute allgemeiner Auffassung[571] hat der Grundsatz der Verhältnismäßigkeit im gesamten Verwaltungsrecht Gültigkeit. Die weitergehenden Ansichten, nach denen auch der Gesetzgeber an diesen Grundsatz gebunden sein soll[572] und nach denen sogar ein vom Grundgesetzgeber als selbstverständlich vorausgesetztes Grundrecht auf Verhältnismäßigkeit bestehen soll[573], seien nur am Rande vermerkt. Übereinstimmung besteht jedenfalls darüber, daß der Grundsatz der Verhältnismäßigkeit als ungeschriebenes Rechtsprinzip die Verwaltung in ihren Entscheidungen bindet. Insbesondere wird hervorgehoben, daß die Behörde bei der Ausübung pflichtmäßigen Ermessens den Grundsatz der Verhältnismäßigkeit zu beachten hat[574]. Da die Rücknahme sich als Ermessensentscheidung darstellt, kann der Grundsatz der Verhältnismäßigkeit auch hier Bedeutung gewinnen.

Das Gebot des Maßhaltens besagt grob ausgedrückt, daß nicht mit Kanonen nach Spatzen geschossen werden soll[575]. Zwischen der zu treffenden Maßnahme der Verwaltung und dem erstrebten Erfolg muß ein vernünftiges Verhältnis bestehen. Danach ist jede Maßnahme unangemessen, die mehr verlangt, als zur Herbeiführung des Erfolges erforderlich ist. Nimmt man als Maßstab allein die Erforderlichkeit an, so kann ein ganz minderwertiges öffentliches Interesse unter Umständen zu einem schweren Eingriff führen, ohne daß die Maßnahme insoweit unangemessen wäre, weil keine andere Möglichkeit besteht, um dem öffentlichen

---

[569] vgl. dazu und grundlegend zum Grundsatz der Verhältnismäßigkeit im Verwaltungsrecht überhaupt v. Krauss a. a. O. S. 18 und neuerdings Lerche unter verfassungsrechtlichen Aspekten.

[570] vgl. Hess. VGH in NJW 1949, 637; Bayr. VGH in VerwRspr. 1, 51 (57); VGH Baden-Württemberg in VerwRspr. 2, 121 (123); 5, 460; Hess. VGH in VerwRspr. 2, 40 (43).

[571] v. Krauss a. a. O. S. 25, 26; Forsthoff, Lehrbuch S. 298: „ungeschriebener Rechtsgrundsatz"; Nebinger, S. 225; Dürig in JZ 1953, 199; Rietorf, § 15 Anm. 1; Bender in NJW 1955, 938; Jerusalem in SJZ 1950, 2 (5); Pabst in NJW 1949, 319; Hangartner, S. 67; Lerche, S. 24 mit weiteren Nachweisen; BGH in DÖV 1957, 667; Bayr. VerfGH in DÖV 1957, 185 (188); BVerfG in DÖV 1958, 542.

[572] Bayr. VerfGH in DÖV 1957, 185 (188); v. Krauss S. 42 ff. mit weiteren Nachweisen.

[573] v. Krauss, S. 41, 52.

[574] Peters, Lehrbuch, S. 13; Klinger § 42 G III; Eyermann-Fröhler § 42 Anh. 37; Bachof in VVDStRL 12 (1954), 69; Mallmann in VVDStRL 19 (1961), 173.

[575] so Jerusalem in SJZ 1950, Sp. 5.

Interesse Geltung zu verschaffen. Würde man bei diesem Ergebnis stehenbleiben, so wäre für die hier zu lösenden Probleme nichts gewonnen, denn die Rücknahme eines fehlerhaften Verwaltungsaktes ist die einzige Maßnahme, die die verletzte Rechtsordnung wieder sanieren kann.

Der Grundsatz der Verhältnismäßigkeit geht jedoch weiter. Er verlangt nicht nur ein Inbeziehungsetzen von Erfolg und Maßnahme, sondern auch von öffentlichem Interesse und Maßnahme. Das öffentliche Interesse kann zwar stark genug sein, um einen hoheitlichen Akt zu tragen, sich aber im Hinblick auf die angeordnete Maßnahme als ungenügend erweisen[576]. M. a. W.: Ein gegebenes öffentliches Interesse kann nicht um jeden Preis durchgesetzt werden[577]. So hat das VG Wiesbaden[578] entschieden: Wenn ein Eingriff die Existenz des Betroffenen bedroht, so muß er unterbleiben, selbst wenn noch so dringende Gründe für die Beschaffung von Wohnraum sprechen. Eine zur Erreichung eines öffentlichen Zwecks notwendige Maßnahme muß also unterbleiben, wenn zwischen beiden ein unerträgliches Mißverhältnis besteht. Daß dieses Mißverhältnis naturgemäß nicht scharf abgegrenzt und definiert werden kann, liegt auf der Hand. Hier spielen Fragen der Billigkeit und der Härte die entscheidende Rolle. Sie gehören, wie überhaupt die Entscheidung über die Rücknahme, dem Bereich des Ermessens an. Der Ermessensspielraum wird jedoch überschritten, wenn „der Verwaltungsakt in seiner Auswirkung so unbillig ist, daß er dem Gerechtigkeitsgefühl aller billig und gerecht denkenden Staatsbürger ins Gesicht schlägt“ [579], m. a.W. wenn Allgemeininteresse und Opfer des einzelnen im krassen Mißverhältnis zueinander stehen. Ein solches Mißverhältnis wird insbesondere dann vorliegen, wenn das öffentliche Interesse zu gering ist. Minima non curat praetor[580].

Der Grundsatz der Verhältnismäßigkeit ist bisher nur auf dem Gebiet der Eingriffsverwaltung praktisch angewandt worden. Das entspricht seiner Eigenart und ist verständlich.

Damit erhebt sich die Frage, ob er auch im Rahmen des Rücknahmerechts angewandt und fruchtbar gemacht werden kann. Um diese Frage zu bejahen, bedarf es nicht des Kunstgriffes der Analogie, obwohl die Rücknahme eines begünstigenden Aktes und der Eingriff ganz eng verwandt sind, so daß beide als rechtsähnlich bezeichnet werden können, sondern es genügt allein der Hinweis, daß der Grundsatz der Verhältnismäßigkeit einen allgemeinen das ganze Verwaltungsrecht beherr-

---

[576] vgl. dazu v. Krauss, S. 94, 16; Hangartner, S. 69; vgl. auch Bender in NJW 1955, 938.

[577] Dürig in JZ 1953, 193 (199): „Was unverhältnismäßig ist, ist rechtslogisch fehlendes öffentliches Interesse am angewendeten Mittel.“

[578] DÖV 1949, 419.

[579] OVG Hamburg in MDR 1949, 315 (316); vgl. auch Eyermann-Fröhler, § 42 Anh. 37, die die Frage der Verhältnismäßigkeit in die Ermessensentscheidung einbeziehen; s. ferner Klinger, § 42 E IV 1.

[580] vgl. zum Vorstehenden v. Krauss, S. 16.

schenden Rechtsgedanken beinhaltet und damit auch im Rücknahmerecht unmittelbar Gültigkeit hat[581].

Auch hier gilt also der Satz „minima non curat praetor", auch hier muß das öffentliche Interesse am gleichmäßigen Gesetzesvollzug zurückstehen, wenn es gering ist und die Rücknahme den Bürger in unerträglichem Maße belasten würde.

3. Zusammenfassung und Ergebnis

Der eingangs erwähnte Darlehnsfall läßt sich folglich sowohl mit Hilfe des Sozialstaatsprinzips als auch mit dem Grundsatz der Verhältnismäßigkeit lösen. Alle drei Fälle können mit dem Gedanken der Verhältnismäßigkeit zu einem befriedigenden Ergebnis gebracht werden. Sie haben das Augenmerk auf ein grundlegendes Rechtsprinzip gelenkt, aus dem für das Rücknahmerecht eine Ermessensschranke abgeleitet werden kann.

Der Grundsatz der Verhältnismäßigkeit bedarf jedoch noch der Modifizierung, um ihn dem Rücknahmerecht und dem bisher entwickelten System anzupassen. Würde man ihn ohne Einschränkung übernehmen, so wäre beispielsweise auch der Bürger gegen eine Rücknahme gesichert, der in dem zitierten Darlehnsfall den begünstigenden Verwaltungsakt mit unlauteren Mitteln erwirkt hätte. Der Betrüger verdient jedoch keinen Schutz[582]. Der Grundsatz der Verhältnismäßigkeit kann für ihn keine Geltung haben, weil es nicht als eine ungerechtfertigte Unbilligkeit angesehen werden kann, wenn ihm die auf unlautere Weise erwirkte Rechtsposition wieder entzogen wird.

Die vorstehenden Erwägungen lassen sich demnach tatbestandsmäßig wie folgt erfassen:

Die Rücknahme ist ausgeschlossen, wenn das öffentliche Interesse fehlt oder so gering ist, daß die Rücknahme in einem unerträglichen Mißverhältnis zum Nachteil des Betroffenen steht, den dieser infolge der Rücknahme erleidet. Das gilt nicht, wenn der Verwaltungsakt mit unlauteren Mitteln erwirkt worden ist.

D. Wirkung der Rücknahme

Die Rücknahme eines Verwaltungsaktes ist die Rechtsfolge seiner Gesetzwidrigkeit. Mit der Feststellung, daß ein fehlerhafter Akt zurückgenommen werden kann, ist jedoch diese Rechtsfolge noch nicht genügend bestimmt. Vielmehr bedarf noch der Klärung, von welchem Zeitpunkt an die Rücknahme wirkt; ob sie lediglich in die Zukunft wirkt oder auch Wirkungen erzeugt, die in die Vergangenheit zurückreichen. Die Wir-

---

[581] im Ergebnis auch Schütz in DÖD 1956, 103; Hammerschmidt, S. 106; Eyermann-Fröhler, § 42 Anh. 37.

[582] Dresbach, S. 66.

kung der Rücknahme stellt sich damit als ein Teil des Rechtsfolgeproblems bei rechtswidrigen Verwaltungsakten dar.

Die folgenden Erörterungen befassen sich mit der Wirkung der Rücknahme im allgemeinen entsprechend dem Plan der vorliegenden Arbeit. Jedoch werden die Besonderheiten für Verwaltungsakte mit Dauerwirkung ebenfalls hier behandelt. Dagegen bleiben die Verwaltungsakte mit Doppelwirkung und die gestaltenden Verwaltungsakte einem späteren Kapitel vorbehalten.

Bei der Betrachtung der nachfolgenden Ausführungen ist stets im Auge zu behalten, daß hier lediglich die Beseitigung rechtswidriger Akte erörtert wird. Das ist deshalb zu beachten, weil in Lehre und Rechtsprechung die Wirkung der Beseitigung von Verwaltungsakten meist ohne Trennung von rechtmäßigen und rechtswidrigen Akten beurteilt wird. Unterschiede zu Schrifttumsmeinungen entpuppen sich deshalb oft nicht als sachliche Differenzen, sondern liegen in der Verschiedenheit der zu beurteilenden Objekte begründet.

I. *Die Regelung in bisherigen Kodifikationen*

Der Zeitpunkt der Wirksamkeit der Rücknahme ist in den bisher vorliegenden gesetzlichen Regelungen zum allgemeinen Verwaltungsrecht verschieden angesetzt worden.

1. Nach Art. 91 des Entwurfs einer Verwaltungsrechtsordnung für Württemberg gelten zurückgenommene Verwaltungsakte als rechtlich von Anfang nicht vorhanden, wenn sie gegen gebietende Rechtsnormen verstoßen oder durch unlautere Mittel erwirkt worden sind. Hier wird also der Rücknahme Wirkung ex tunc beigelegt, wobei diese Wirkung gesetzestechnisch als Fiktion („gelten") ausgeformt ist. Daraus wird ersichtlich, daß die rückwirkende Kraft rechtlich möglich ist.

2. Die Vorschriften der §§ 144 I ThürLVO und 96 II AO sehen Rückwirkung nur vor, wenn der Akt durch unlautere Mittel veranlaßt worden ist. Darüber hinaus ist die Rückwirkung dadurch abgeschwächt, daß die genannten Vorschriften als sog. Kann-Bestimmungen geformt sind. Daraus folgt, daß die rücknehmende Behörde über die Frage des Zeitpunktes der Wirksamkeit der Rücknahme nach ihrem Ermessen selber entscheiden kann.

3. § 43 BadVO schließlich kennt die Unterscheidung zwischen der Wirkung ex tunc oder ex nunc nicht. Welche Schlüsse aus dem Schweigen des Gesetzes zu ziehen sind, mag dahinstehen. Der VGH Baden-Württemberg[583] leitet hieraus die Freiheit der Behörde ab, nach pflichtmäßigem Ermessen den Zeitpunkt der Wirksamkeit der Rücknahme selber zu bestimmen.

---

[583] VerwRspr. 3, 306.

II. *Die Stellungnahme des Schrifttums*

Das Schrifttum nimmt zur Frage der Wirkung der Rücknahme verschiedene Standpunkte ein.

1. Fleiner[584] ist der Ansicht, daß aufgehobene Verwaltungsakte ihre Wirkungen grundsätzlich von Anfang an verlieren. Absolute Nichtigkeit und Anfechtbarkeit unterscheiden sich danach nicht in ihren Wirkungen, sondern nur in der Art, wie die Beseitigung des Aktes herbeigeführt wird. Während ein mit Mängeln schwerster Art behafteter und daher nichtiger Verwaltungakt nach Fleiner von jedermann und jederzeit als unwirksam behandelt werden darf, will er einen nur leichtere Mängel aufweisenden, also fehlerhaften Verwaltungsakt erst nach förmlicher Aufhebung ebenso wie einen nichtigen Verwaltungsakt behandelt wissen, so daß er rechtlich so anzusehen ist, als ob er nie wirksam gewesen wäre. Ebenso mißt Jerusalem[585] der Rücknahme, die er „Außerkraftsetzung" nennt, Wirkung ex tunc bei. Für rückwirkende Kraft haben sich auch Wolff[586] und Naumann[587] entschieden.

2. Die herrschende Meinung der Lehre[588] nimmt dagegen grundsätzlich nur Wirkung ex nunc an. Diese Auffassung wird teils aus dem „Wesen des Widerrufs" [589], teils aus der „natürlichen Anschauung" [590] gefolgert oder mit dem Gedanken des Vertrauensschutzes, der für die rückliegende Zeit zu gewähren sei, begründet[591].

3. Während die ex nunc-Wirkung von vielen Autoren starr und ohne Einschränkung vertreten wird, machen Jellinek[592] und Nebinger[593] für den Fall, daß der Verwaltungsakt mit unlauteren Mitteln erwirkt worden ist, eine Ausnahme und lassen Rückwirkung zu. Diese Auffassung stützt sich auf den Gedanken der exceptio doli und gründet sich auf die Ansicht, daß der Betrüger keine Nachsicht und keinen Schutz verdient. Weitergehend will Otto[594] auch die Frage der Rücknahmewirkung von einer Interessenabwägung abhängig machen.

---

584 Institutionen, S. 206.

585 Grundriß, S. 52; Jerusalem verwendet eine andere Terminologie. Er bezeichnet die Beseitigung rechtswidriger Akte als „Außerkraftsetzung" und die Aufhebung rechtmäßiger Verwaltungsakte als „Rücknahme".

586 Lehrbuch, § 53 IV, allerdings unter Einschränkungen.

587 in DVBl. 1952, 633.

588 vgl. Peters, Lehrbuch, S. 170; Forsthoff, Lehrbuch, S. 248; Nebinger, S. 219; Jellinek, Lehrbuch, S. 287; Schütz in DÖD 1956, 104 und DÖV 1958, 451; Sommer in DÖV 1954, 656; Bürckner, S. 51.

589 so Peters, Lehrbuch, S. 170.

590 so Jellinek, Lehrbuch, S. 287.

591 so Forsthoff, Lehrbuch, S. 248.

592 Lehrbuch, S. 287; ebenso Schütz in DÖD 1956, 104.

593 a. a. O. S. 219 Anm. 46.

594 in DDB 1957, 158.

4. Eine Sondermeinung vertritt von Hippel[595]. Entsprechend seiner bereits dargestellten Abneigung gegen eine systematische Erfassung des Rücknahmerechts[596] wendet er sich gegen die Aufstellung genereller Rechtsfolgen schlechthin und will es dem konkreten Einzelfall überlassen, welche rechtlichen Folgen er zeitigt. Er nennt diese Verfahrensweise „teleologische Individualisierung der Rechtsfolgen“. Dieser Auffassung kann jedenfalls nicht gefolgt werden. Welche Gründe ihr entgegenstehen, ist bereits an früherer Stelle aufgezeigt worden[597].

III. *Die Ansicht der Rechtsprechung*

1. Auch die Rechtsprechung bietet zur Frage der Rücknahmewirkung kein einheitliches Bild. Was auffällt, ist allenthalben die Ablehnung eines starren Grundsatzes, wie er von der herrschenden Meinung des Schrifttums vertreten wird.

2. In der Rechtsprechung macht sich deshalb ein starker Hang zur Differenzierung der Rechtsfolgen bemerkbar, der zu einer weitgehenden Individualisierung tendiert. Diese individualisierende Tendenz unterscheidet sich aber wesentlich von der von v. Hippel vertretenen Ansicht, weil sich in der Rechtsprechung die Individualisierung auf die Auswahl vorgegebener Rechtsfolgen im Einzelfall richtet, während von Hippel vorgegebene Rechtsfolgen schlechthin ablehnt.

Das Bundesverwaltungsgericht bringt in einer Entscheidung von 1957[598] zum Ausdruck, ob ein rechtswidriger Verwaltungsakt mit rückwirkender Kraft oder nur mit Wirkung für die Zukunft beseitigt werden könne, sei nicht für alle Fälle der Widerruflichkeit von Verwaltungsakten in gleicher Weise zu entscheiden. Bei verständiger Würdigung könne vielmehr nur nach Lage des Einzelfalles, unter billiger Berücksichtigung der Interessen des Betroffenen, im übrigen insbesondere nach dem rechtlichen Inhalt des fehlerhaften Verwaltungsaktes, dem Grund der Widerruflichkeit und dem mit dem beabsichtigten Widerruf verfolgten Zweck entschieden werden.

IV. *Eigene Stellungnahme*

1. Wirkung der Rücknahme als Rechtsfolgeproblem

a) Eine kritische Würdigung und Stellungnahme der aufgezeigten Problematik führt nur dann weiter, wenn der rechtssystematische Standort der Rücknahmewirkung erkannt worden ist. Wie bereits angedeutet, stellt sich die Frage, von welchem Zeitpunkt an die Rücknahme wirkt, als Teilproblem der Rechtsfolge dar. Sie betrifft den Umfang und die Grenzen der festgestellten Rücknahmebefugnis der Behörde. Daraus

---

[595] a. a. O. S. 70.

[596] vgl. oben S. 34.

[597] vgl. oben S. 35 und Ule, Generalklausel, S. 276.

[598] NJW 1958, 155.

folgt, daß entgegen der Ansicht von Forsthoff[599] der Vertrauensschutz hier keine Rolle mehr spielen kann, insbesondere einer eventuellen Rückwirkung nicht im Wege zu stehen braucht, denn der Gesichtspunkt des Vertrauensschutzes ist bereits bei der logisch früheren Frage, ob eine Rücknahmebefugnis überhaupt besteht, berücksichtigt worden. Greift der Vertrauensschutzgedanke durch, so entfällt die Rücknahmebefugnis, so daß für die Frage der Wirkung der Rücknahme kein Raum mehr ist.

Ferner ist zu beachten, daß eine Rücknahme nicht schlechthin ausgeschlossen ist. Zwar ist eine Rückwirkung im buchstäblichen Sinne nicht möglich. „Facta infecta fieri non possunt." Jedoch schließt das nicht aus, daß an bestimmte Tatbestände der Vergangenheit Rechtsfolgen geknüpft werden, die zwar in der Vergangenheit Geschehenes nicht aus der Welt schaffen können, aber heute bestimmte Rechte und Pflichten schaffen, die für die Gegenwart und Zukunft gelten und bestimmte Zustände der Vergangenheit wieder rückgängig machen oder ausgleichen[600].

Schließlich ist für die Frage der Rücknahmewirkung in Betracht zu ziehen, daß sich die Vielfalt des Lebens nicht in einem starren Grundsatz einfangen läßt, ohne willkürliche Ergebnisse zu erzielen. Allein die verschiedenen Typen von Verwaltungsakten lassen vermuten, daß sie nicht alle denselben Rechtsfolgen unterstellt werden können.

Eine Patentlösung kann es deshalb nicht geben. Vielmehr drängen Verschiedenheit der Lebensverhältnisse und rechtliche Unterschiede der einzelnen Verwaltungsakte zu Differenzierungen[601]. Differenzierung bedeutet aber nicht heilloses Durcheinander und Rechtsunsicherheit, die eine nicht mehr erfaßbare Individualisierung der Rechtsfolgen mit sich bringt, sondern sie bedeutet eine angemessene und von der Sache her notwendige Berücksichtigung der Verschiedenheit typischer Lebenstatbestände. Damit ist angedeutet, daß sich allgemeine Gesichtspunkte für die Wirkung der Rücknahme aufweisen lassen.

b) Welche rechtliche Bedeutung diesen allgemeinen Gesichtspunkten zukommt, hängt davon ab, ob die Wirkung der Rücknahme ein für allemal festliegt oder ob sie von der Behörde selber als Ermessensentscheidung bestimmt werden kann.

Diese Frage ist deshalb vorab zu klären. Wie bereits nachgewiesen, liegt es im Ermessen der Behörde, ob sie von ihrer Rücknahmebefugnis Gebrauch machen will oder nicht. Sie kann sich der Ausübung des Rechtes enthalten oder gar ganz auf das Recht verzichten. Wenn die Behörde aber auf das ganze Recht verzichten kann, so dürfte einem Verzicht auf einen Teil dieses Rechtes nichts entgegenstehen. Die Beschränkung des Zeitpunktes der Wirksamkeit einer Rücknahme zugunsten des Betroffenen stellt aber rechtlich nichts anderes als einen solchen Teil-

---

599 Lehrbuch, S. 248.

600 vgl. Meyer-Cording in JZ 1952, 162.

601 vgl. Andersen, S. 58: „Die Ungültigkeitsfälle des Rechtslebens lassen sich in der Tat nicht in zwei oder drei Rubriken unterbringen."

verzicht auf das Rücknahmerecht dar. Daraus ist zu entnehmen, daß die Behörde grundsätzlich nach pflichtmäßigem Ermessen den Zeitpunkt, von dem an die Rücknahme wirken soll, selber bestimmen kann[602].

Steht die Bestimmung der Rücknahmewirkung im Ermessen der Behörde, so kann die weitere Aufgabe nur darin bestehen, den Bereich der Ermessensfreiheit abzustecken. Die folgende Darstellung zeigt deshalb auf, wie weit die Behörde bei der Datierung der Rücknahmewirkung gehen kann.

c) Welche Ermessensschranken in Betracht kommen, hängt von der Eigenart des der Rücknahme unterliegenden Verwaltungsaktes und dem durch ihn geregelten Lebenstatbestand ab. Die Wirkung kann ex tunc möglich sein, so daß das Ermessen unbegrenzt ist, sie kann aber auch nur für die Zukunft (ex nunc) oder nur von einem in der Zukunft liegenden Zeitpunkt an (ex tempore futuro) in Kraft treten[603]. In den beiden letzten Fällen wäre das Ermessen durch bestimmte Termine begrenzt.

2. Wirkung bei Verwaltungsakten mit einmaliger Begünstigung

Bei Verwaltungsakten, die auf eine einmalige Leistung gerichtet (z. B. Gewährung einer Hausratsentschädigung) und deren Rechtsfolgen in der Vergangenheit abgeschlossen sind, kann die Rücknahme sinnvollerweise nur rückwirkende Kraft haben. Eine Rücknahme ex nunc würde für die Vergangenheit alles beim alten lassen und nur einen zweifelhaften Wert haben; er würde praktisch einem völligen Verzicht auf die Beseitigung des rechtswidrigen Verwaltungsaktes gleichkommen[604].

Die Befugnis zur Rücknahme mit Wirkung ex tunc kann auch nicht dadurch eingeschränkt werden, daß der Begünstigte seine Rechtsposition zwischenzeitlich auf einen anderen übertragen hat. Andernfalls wäre es dem mit unlauteren Mitteln arbeitenden Antragsteller jederzeit möglich, noch nicht fällige und von der Rücknahme bedrohte Ansprüche durch deren entgeltliche Veräußerung zu verwerten, ohne daß die Behörde dann in der Lage wäre, die Erfüllung der Ansprüche zu verweigern[605]. Dem Argument, daß im letzteren Fall der durch die Rücknahme Verletzte der Dritte sei, ist entgegenzuhalten, daß, wie § 404 BGB zeigt, im Zivilrecht der Abtretungsgläubiger das Risiko der einredebehafteten Forderung trägt. Er mag sich an seinen Vertragspartner halten.

---

602 vgl. Peters, Lehrbuch, S. 170, Forsthoff, Lehrbuch, S. 249; Eyermann-Fröhler, § 42 Anh. 49; Rauball in ZLA 1955, 230; Stoldt, S. 58; Otto in DDB 1959, 157; VGH Baden-Württemberg in VerwRspr. 3, 305.

603 vgl. Pöppinghaus, S. 41, der für den in der Zukunft liegenden Zeitpunkt den Ausdruck „pro futuro" wählt.

604 vgl. den Fall BVerwG in NJW 1958, 155; ferner BGH in VerwRspr. 9, 795; VGH Baden-Württemberg in Praktische Sozialhilfe, IV A 23 S. 145; OVG Münster in MDR 1960, 957; OVG Rheinland-Pfalz in MDR 1961, 354; Schütz in DÖV 1958, 452; Naumann in DVBl. 1952, 633; Rauball in ZLA 1955, 229.

605 vgl. den vom BGH in VerwRspr. 9, 795 entschiedenen Fall.

Allgemein läßt sich festhalten, daß die Behörde einen rechtswidrigen Verwaltungsakt dann mit rückwirkender Kraft beseitigen kann, wenn die Rücknahme nach ihrem Zweck sinnvollerweise nur mit einer Wirkung ex tunc erreicht werden kann[606].

3. Wirkung bei Verwaltungsakten mit Dauerwirkung

a) Komplizierter liegen die Verhältnisse bei den Verwaltungsakten mit Dauerwirkung. Darunter sind Verwaltungsakte zu verstehen, deren Rechtswirkungen sich nicht in einem einmaligen Gebot oder Verbot oder in einer einmaligen Gestaltung der Rechtslage erschöpfen, vielmehr ein auf Dauer berechnetes Rechtsverhältnis zum Entstehen bringen, und zwar ein Rechtsverhältnis, das der Herrschaft des öffentlichen Rechts unterstellt bleibt[607]. Verwaltungsakte mit Dauerwirkung sind beispielsweise die Beamtenernennung oder die Zuerkennung einer Rente (Versorgung, Sozialrente, Kriegsschadensrente). Zu ihnen zählen nicht solche Akte, die eine bestimmte teilbare Begünstigung zuerkennen, die alsdann in Raten gewährt wird, z. B. Zuerkennung einer Hausratentschädigung. Gleichwohl sind die zuletzt genannten Verwaltungsakte den Akten mit Dauerwirkung so verwandt, daß die folgenden Erörterungen auf diese in gleicher Weise übertragen werden können[608].

b) Fehlerhafte Verwaltungsakte mit Dauerwirkung können nach allgemeiner Ansicht grundsätzlich jedenfalls mit Wirkung ex nunc zurückgenommen werden[609].

c) Diese Formulierung läßt bereits erkennen, daß bestimmte Ausnahmen gemacht werden.

aa) So läßt eine weit verbreitete Meinung die Rückwirkung zu, falls der Verwaltungsakt mit unlauteren Mitteln erwirkt worden ist[610]. Dieser Auffassung muß zugestimmt werden. Dagegen läßt sich nicht einwenden, daß die Verwaltungsakte auf die Rechtsverhältnisse anderer Bürger einwirken, so daß letztlich diese die von der Rücknahme Betroffenen sind, denn diese Eigenschaft haben Verwaltungsakte in der Regel nicht. Der Hauptanwendungsfall der möglichen Einwirkung in den Rechtskreis Dritter, nämlich die fehlerhafte Beamtenernennung, ist heute in § 14 BBG und in den entsprechenden Beamtengesetzen der Länder positiv geregelt. Aus diesen Vorschriften ist gerade die rückwirkende Kraft zu

606 Hess. VGH in ESVGH 8, 219 (222).

607 Bachof in JZ 1954, 419 unter V.

608 vgl. BVerwG in NJW 1960, 1487.

609 vgl. BVerwG in NJW 1958, 154, 885; 60, 1487; 61, 1131; BSG in NJW 1961, 1944; Schütz in DÖV 1958, 451; Haueisen in NJW 1954, 1428 und NJW 1962, 335; Dickmann in DÖV 1957, 283; Eyermann-Fröhler, § 42 Anh. 39; Klinger § 42 E IV 4.

610 vgl. BGH in VerwRspr. 9, 795; Jellinek, Lehrbuch, S. 287; Sommer in DÖV 1954, 656; Schütz in DÖV 1958, 451; Weber in BKK 1960, 238; Dresbach, S. 66.

folgern, denn wäre der Gesetzgeber nicht von der Rückwirkung ausgegangen, hätte er § 14 BBG nicht zu schaffen brauchen.

Es fragt sich darüber hinaus, ob die Wirkung ex tunc auf Fälle unlauterer Erwirkung beschränkt bleiben soll, denn es ist nicht einzusehen, warum derjenige, der keinen Vertrauensschutz verdient, im Genuß bereits empfangener Begünstigungen bleiben soll. Besser erscheint es deshalb, der Behörde auch bei Verwaltungsakten mit Dauerwirkung in ihrem Ermessen grundsätzlich keine Schranken aufzuerlegen und ihr die Möglichkeit[611] einer Rücknahme mit ex tunc-Wirkung einzuräumen.

bb) Verwaltungsakte mit Dauerwirkung sind auch dann rücknehmbar, wenn der Betroffene Vertrauensschutz genießt. Der Vertrauensschutz hat dann lediglich die Wirkung, daß der Betroffene empfangene Leistungen nicht mehr zu erstatten braucht, so daß der fehlerhafte Akt nur für die Zukunft zurückgenommen werden kann. Das ist auch ohne weiteres einzusehen, denn durch die Rücknahme des Aktes wird das Vertrauen des Betroffenen sozusagen unterbrochen, weil er jetzt von der gesetzwidrig erlangten Rechtsposition Kenntnis erhält. Darüber hinaus hält das Bundesverwaltungsgericht in mehreren Entscheidungen[612] unter dem Gesichtspunkt des Vertrauensschutzes die Rücknahme auch mit Wirkung für die Zukunft für ausgeschlossen, wenn die Begünstigung ursächlich war für eine einschneidende und dauernde Änderung der Lebensverhältnisse.

Diese Entscheidungen sind nicht unbedenklich[613]. Es mag vorkommen, daß der Betroffene im Vertrauen auf den Fortbestand des Verwaltungsaktes so weitreichende und schwerwiegende Verfügungen getroffen hat, die ihn bis an sein Lebensende binden, so daß die Rücknahme für ihn unzumutbare Nachteile bringen würde. Jedoch wird das der Ausnahmefall sein. Die Rechtsprechung wäre möglicherweise zu anderen Ergebnissen gekommen, wenn sie die Möglichkeit einer Wirkung ex tempore futuro in Erwägung gezogen hätte. Die meisten Verfügungen sind nicht so schwerwiegend, daß sie nicht innerhalb einer gewissen Frist in ihren Auswirkungen beseitigt werden können. Wenn der Betroffene auf Grund eines fehlerhaften Versorgungsbescheides vom Lande in die Stadt zieht und eine teuere Wohnung mietet oder sonstwie die Grundlagen seiner Existenz ändert, so kann er diesen Aufwand innerhalb einer bestimmten Zeit nach Erkenntnis der Fehlerhaftigkeit des Bescheides wieder abbauen.

---

611 vgl. auch BVerwG in NJW 1960, 260 r. Sp.; Otto in DDB 1959, 158; von Müller in ZLA 1957, 243; Klinger E IV, Anm. 63; sachlich übereinstimmend auch Schaefer in RLA 1955, 342; Rösener a. a. O. S. 512; ebenso Amtl. MittBl. BAA 1956, 492 (Rücknahme ex tunc bei Verschulden des Antragstellers).

612 NJW 1959, 1553; 1960, 693; 1961, 1131; vgl. aus dem Schrifttum: Weber in BKK 1960, 238 Anm. 16 (zu pauschal!).

613 vgl. auch die Kritik von Ule in DVBl. 1960, 614; ferner Scheuner in BB 1960, 1253 (1255) Anm. 18; abzulehnen ist jedenfalls die Entscheidung des BVerwG in NJW 1962, 361, vgl. dazu oben S. 87.

Deshalb erscheint es glücklicher, wenn die Behörde hier dem Betroffenen gewisse, im Einzelfall zu bestimmende Übergangsfristen gewährt, also den fehlerhaften Akt ex tempore futuro zurücknimmt, anstatt ihr die Rücknahmebefugnis ganz abzusprechen[614].

V. *Ergebnis*

Es steht im Ermessen der Behörde, welche Wirkung sie einer Rücknahme beilegen will. Dieses Ermessen unterliegt grundsätzlich keiner Beschränkung, so daß die Rücknahme mit ex tunc-Wirkung ausgesprochen werden kann. Bei Verwaltungsakten mit Dauerwirkung kann der Vertrauensschutz jedoch dazu führen, daß eine Rücknahme nur mit Wirkung ex nunc oder ex tempore futuro möglich ist.

[614] vgl. BVerwG in NJW 1960, 1487: „Das Ergebnis dieser Interessenabwägung kann sowohl sein, daß der Widerruf überhaupt ausgeschlossen ist, wie auch, daß er nur zeitlich oder umfangsgemäß begrenzte Wirkungen erzielen kann"; Scheuner a. a. O. S. 253; Schäfer in DÖV 1960, 855; von Müller in ZLA 1957, 243; vgl. auch insoweit die allerdings zurückhaltende Kritik Haueisens in NJW 1962, 335 an der verfehlten Entscheidung des BVerwG in NJW 1962, 360 (361).

Dritter Teil

SONDERGRUPPEN VON VERWALTUNGSAKTEN

Erstes Kapitel: **Verwaltungsakte mit Doppelwirkung**

A. Begriff

Zahlreiche Verwaltungsakte richten sich nicht nur an einen Adressaten, sondern wenden sich an mehrere Bürger, indem sie den einen belasten und den anderen entsprechend begünstigen. Solche Akte, bei der die Begünstigung des einzelnen nicht auf Kosten der Allgemeinheit, sondern eines anderen Bürgers geht, werden als Verwaltungsakte mit Doppelwirkung bezeichnet. Belastung und Begünstigung sind voneinander abhängig und sozusagen akzessorisch miteinander verknüpft. Zinser[615] spricht hier von januskopfigen Verwaltungsakten. Zu den Verwaltungsakten mit Doppelwirkung zählen beispielsweise die Entscheidungen über die Auswahl unter mehreren Ärzten, die sich um einen Kassenarztsitz beworben haben[616], die Mietpreisfestsetzung und die Inanspruchnahme auf dem Gebiet des Leistungsrechts. Insbesondere die Inanspruchnahme nach dem RLG ist häufig Gegenstand der Rechtsprechung gewesen. Sie macht den mit den Verwaltungsakten mit Doppelwirkung verbundenen Interessenwiderstreit am besten deutlich. Bei der Inanspruchnahme eines Kraftwagens verliert der bisherige Eigentümer seine Rechtsstellung, während der Begünstigte ursprüngliches Eigentum erwirbt. Belastung und Begünstigung ergänzen sich also und stehen in einem untrennbaren Zusammenhang.

B. Besonderheit der Interessenlage

I. *Allgemeines*

Während das Rücknahmeproblem bisher nur den Konflikt des Allgemein- und Individualinteresses zum Gegenstand hatte, tritt infolge der Doppelwirkung hier ein neues Interesse hervor, das Beachtung fordert. Diese verschiedene Gestaltung der Interessenlage läßt vermuten, daß die bisher erarbeiteten allgemeinen Rücknahmeregeln nicht ausreichen. Die Frage, inwieweit das bisherige Rücknahmesystem für diese Sondergruppe

---

[615] DÖV 1953, 151.

[616] vgl. BSG in NJW 1957, 1693.

von Verwaltungsakten abgewandelt werden muß oder ob darüber hinaus weitere zusätzliche Regeln erforderlich sind, läßt sich erst nach einer Analyse der Interessenlage beantworten.

II. *Vor Ablauf der Rechtsmittelfrist*

Die Interessenlage gestaltet sich verschieden, je nachdem ob der Verwaltungsakt bereits formell rechtskräftig geworden ist oder nicht. Solange die Rechtsmittelfrist läuft, kann einer Rücknahme nichts im Wege stehen. Der Begünstigte muß innerhalb dieser Zeit mit einer Anfechtung rechnen und kann deshalb nicht auf den Fortbestand des Verwaltungsaktes vertrauen[617]. Der VGH Baden-Württemberg[618] stützt dieses Ergebnis auf Art. 19 Abs. 4 GG. Nach dieser Vorschrift könne der Rechtsweg nicht ausgeschlossen werden, wenn jemand durch die öffentliche Gewalt in seinen Rechten verletzt werde. Verletze nun eine begünstigende Maßnahme zugleich einen anderen in seinen Rechten und würden sich bei diesen Maßnahmen die Beschränkungen der Widerrufsmöglichkeit wie bei nur begünstigenden Verfügungen schon an das „Inswerksetzen" knüpfen, so könnte niemals ein Urteil zugunsten des in seinen Rechten Verletzten ergehen. Im Ergebnis wäre ihm somit der Rechtsweg verschlossen, was mit Art. 19 Abs. 4 GG nicht in Einklang stehe.

Von dem Begünstigten muß also jedenfalls verlangt werden, daß er den Eintritt der formellen Rechtskraft abwartet, bevor er seine Dispositionen trifft.

III. *Nach Ablauf der Rechtsmittelfrist*

Nach Ablauf der Rechtsmittelfrist verliert der Belastete sein Anfechtungsrecht. Gleichwohl bleibt der erlassene Verwaltungsakt fehlerhaft und die Behörde ist berechtigt, den rechtswidrigen Akt zu kassieren[619]; nur hat der Bürger hierauf keinen im Klagewege verfolgbaren Rechtsanspruch mehr.

Andererseits darf aber der Begünstigte nunmehr damit rechnen, daß der erlassene Akt Bestand hat. Er wird sich deshalb regelmäßig auf die ihm erteilte Begünstigung einrichten. Deshalb kann es für ihn unter Umständen eine Härte und Unbilligkeit bedeuten, wenn ihm die gewährten Vorteile jetzt noch entzogen werden.

Welche Folgerungen aus diesen grundsätzlichen Erwägungen nun konkret zu ziehen sind, soll im Folgenden dargestellt werden.

---

617 VGH Baden-Württemberg in VerwRspr. 9, 554 (556), Schäfer, S. 61; Zolles, S. 121.

618 VerwRspr. 9, 554 (555).

619 vgl. Forsthoff, Lehrbuch, S. 241; Naumann in DVBl. 1952, 633, 634; BGH in JZ 1951, 239; OVG Lüneburg in MDR 1957, 397; Hess. VGH in DVBl. 1950, 681; LVG Rheinland-Pfalz in DVBl. 1952, 638; VG Stuttgart in DVBl. 1950, 792.

C. Grundsatz der freien Rücknahme

Fehlerhafte Verwaltungsakte, die lediglich begünstigenden Charakter haben, können grundsätzlich frei zurückgenommen werden[620]. Dieser Grundsatz muß erst recht gelten bei fehlerhaften Verwaltungsakten mit Doppelwirkung, die neben der Begünstigung auch eine Belastung enthalten[621].

Zum Teil[622] wird die Ansicht vertreten, daß durch das den Verwaltungsakten mit Doppelwirkung eigene belastende Moment dieser Grundsatz hier noch insoweit verstärkt werde, als die Rücknahme nicht nur – wie bei lediglich begünstigenden Akten – im Ermessen der Behörde stehe, sondern ihr zur Pflicht gemacht werde. Diese Rücknahmepflicht folge aus dem Prinzip der Gesetzmäßigkeit der Verwaltung, das rechtswidrige Eingriffe in die Rechtssphäre des Bürgers nicht dulde. Diese Auffassung steht jedoch m. E. mit den für die Rechtsmitteleinlegung geschaffenen Ausschlußfristen nicht in Einklang. Der Betroffene hat während des Laufs der Rechtsmittelfrist Gelegenheit, sich über die Rechtmäßigkeit des gegen ihn gerichteten Eingriffs Gedanken zu machen und den erlassenen Verwaltungsakt anzufechten. Unterläßt er die Anfechtung, so muß es nach Ablauf der Rechtsmittelfrist aus Gründen der Rechtssicherheit dabei bleiben. Es wäre auch konstruktiv bedenklich, eine Rücknahmepflicht der Behörde zu statuieren, ohne Möglichkeiten für die Durchsetzbarkeit zu schaffen. Deshalb wird wie bei belastenden Verwaltungsakten[623] auch bei Verwaltungsakten mit Doppelwirkung lediglich ein Recht der Behörde zur Rücknahme anzunehmen sein.

D. Einschränkungen

Die Rücknahme unterliegt jedoch gewissen Einschränkungen.

I. *Vertrauensschutz des Begünstigten*

Die Frage, ob bei der Rücknahme eines fehlerhaften Verwaltungsaktes mit Doppelwirkung dem Begünstigten unter Umständen Vertrauensschutz zu gewähren ist, war bisher kaum Gegenstand der Rechtsprechung. Im Schrifttum ist die Ansicht vertreten worden, daß in Sonderfällen der Grundsatz von Treu und Glauben und der Gedanke der Verwirkung eine andere Entscheidung gebieten können[624]. Auch das Bundesverwaltungsgericht[625] hat sich aus dem Gedanken des Vertrauens-

---

[620] vgl. oben S. 48.

[621] vgl. auch Witten in DV 1948, 5 (6), anders wohl Hess. VGH in DV 1948, 46.

[622] Forsthoff, Lehrbuch, S. 241; VGH Baden-Württemberg in VerwRspr. 2, 30 (32); VG Stuttgart in DVBl. 1950, 792.

[623] BVerwG in DÖV 1961, 109; Haueisen in DVBl. 1960, 914.

[624] vgl. Stückrath in DVBl. 1950, 683.

[625] in NJW 1955, 315 (316) = DÖV 1955, 638 (639).

schutzes im Falle einer fehlerhaften Mietfestsetzung nur in beschränktem Maße für eine rückwirkende Rücknahme ausgesprochen. Da der Begünstigte bis zur formellen Rechtskraft des Verwaltungsaktes nicht mit dessen Fortbestand rechnen darf, kann Vertrauensschutz nur für die Zeit nach Ablauf der Rechtsmittelfrist zum Zuge kommen.

Vom Zeitpunkt der formellen Rechtskraft an greifen aber die den Vertrauensschutz tragenden Rechtsgedanken von Treu und Glauben und der Rechtssicherheit auch bei Verwaltungsakten mit Doppelwirkung ein. Ist beispielsweise eine Wohnungszuweisung unanfechtbar geworden, so würde es zu einer unerträglichen Rechtsunsicherheit führen, wenn dann noch ein Anspruch auf Rücknahme der Zuweisung gegeben sein sollte[626]. Auch würden die gesetzlichen Anfechtungsfristen wirkungslos, wenn der Betroffene noch nach Ablauf der Rechtsmittelfrist einen Aufhebungsanspruch hätte.

Im übrigen stellt die Gewährung von Vertrauensschutz für den Belasteten auch keine unbillige Härte dar. Von ihm kann und muß erwartet werden, daß er sich während des Laufs der Rechtsmittelfristen über die Rechtmäßigkeit des gegen ihn vollzogenen Eingriffs Gedanken macht[627]. Durch die Gewährung von Rechtsmitteln ist dem Betroffenen die Chance eingeräumt, an der Verwirklichung der Gerechtigkeit mitzuarbeiten. Die Eröffnung des Rechtsweges bedeutet für ihn gleichzeitig die Bürde der Mitverantwortung für einen fehlerhaften Verwaltungsakt, wenn er diesen rechtskräftig werden läßt[628].

Das Interesse des Belasteten steht also der Gewährung von Vertrauensschutz nicht entgegen. Dieser Vertrauensschutz führt bei fortdauernden Verwaltungsakten mit Dauerwirkung allerdings unter Umständen nur dazu, daß eine Rücknahme ex nunc oder ex tempore futuro ausgesprochen werden kann. Einzelheiten ergeben sich aus früheren Ausführungen[629].

II. *Bedeutung des Verzichts*

Fraglich kann sein, ob auch ein Verzicht der Rücknahme im Wege stehen kann.

1. Falls der Belastete wirksam auf Rechtsmittel verzichten kann und verzichtet, so würde ein solcher Verzicht allenfalls den Zeitpunkt vorverlegen, von dem ab sich der Begünstigte auf den Fortbestand des Verwaltungsaktes einstellen darf und Vertrauensschutz genießt. Ein Verzicht des Belasteten auf die Rücknahme des fehlerhaften Aktes nach Ablauf der Rechtsmittelfrist kommt schon deshalb nicht in Betracht, weil die Entscheidung über die Rücknahme in diesem Stadium der Verfügungsbefugnis des Belasteten entzogen ist. Allerdings ist denkbar, daß ein

---

[626] OVG Münster in VerwRspr. 3, 671 (672) = DVBl. 1951, 476 (477).
[627] Haueisen in NJW 1954, 1425 (1426).
[628] Schäfer, S. 62; vgl. auch Haueisen in NJW 1954, 1426.
[629] vgl. oben S. 121 f.

solcher dem Begünstigten gegenüber erklärter Verzicht privatrechtlich verpflichtende Wirkungen erzeugen kann. Die Beurteilung dieser Frage fällt jedoch aus dem Rahmen dieser Arbeit.

2. Dagegen ist die Möglichkeit eines Verzichtes auf die Rücknahme durch die Behörde anzunehmen, weil die Rücknahme ihrem Ermessen anheimgestellt ist. Ein solcher Verzicht käme jedoch nur nach Eintritt der formellen Rechtskraft in Betracht.

III. *Verwirkung*

Die Verwirkung kommt bei den Verwaltungsakten mit Doppelwirkung als Rücknahmeschranke nur mit Einschränkungen in Betracht.

1. Zwar kann der Belastete z. B. bei fehlender Rechtsmittelbelehrung sein Anfechtungsrecht verwirken, jedoch hätte eine solche Verwirkung auf die Rücknahmebefugnis der Behörde, auf die es allein ankommt, keinen Einfluß.

Nach Ablauf der Rechtsmittelfrist ist eine Verwirkung durch den Belasteten nicht denkbar, da sich die Verwirkung als ein Fall unzulässiger Rechtsausübung darstellt, der Belastete aber ein entsprechendes Recht nicht mehr ausüben kann.

2. Andererseits muß die Möglichkeit einer Verwirkung des Rücknahmerechts durch die Behörde bejaht werden, weil der Begünstigte nicht ständig im ungewissen darüber bleiben darf, ob die Behörde ihre Rücknahmebefugnis noch ausübt oder nicht. Einzelheiten zur Verwirkung ergeben sich aus früheren Darlegungen[630].

E. Gesamtergebnis

Auch Verwaltungsakte mit Doppelwirkung können grundsätzlich frei zurückgenommen werden, wenn sie fehlerhaft sind. Die Rücknahme kann ganz ausgeschlossen oder in ihren Wirkungen beschränkt sein (bei Dauerakten), wenn der Begünstigte im Vertrauen auf den Fortbestand des Verwaltungsaktes Aufwendungen gemacht hat, wenn die Behörde auf ihr Rücknahmerecht verzichtet oder es verwirkt hat.

Zweites Kapitel: **Rechtsgestaltende Verwaltungsakte**

A. Privatrechtsgestaltende Verwaltungsakte

I. *Begriff*

Als rechtsgestaltend bezeichnet man die Verwaltungsakte, die eine rechtssatzmäßig vorgeschriebene Stellungnahme zu Rechtsgestaltungen des privaten und öffentlichen Rechts zum Inhalt haben[631]. Für das Ge-

---

[630] vgl. oben S. 94 ff.

[631] Forsthoff, Lehrbuch, S. 247; zur Begriffsbildung vgl. ferner Bürckner, S. 3.

biet des Privatrechts hat sich der Begriff des privatrechtsgestaltenden Verwaltungsaktes eingebürgert. Zu dieser Sondergruppe von Verwaltungsakten zählen beispielsweise die Zustimmung der Hauptfürsorgestelle zur Kündigung eines Schwerbeschädigten und die Genehmigung eines Grundstückskaufvertrages durch die Wohnsiedlungsbehörde.

II. *Grundsatz der Unantastbarkeit*

Nach allgemeiner Ansicht[632] können die privatrechtsgestaltenden Verwaltungsakte – ohne Rücksicht auf ihre Rechtmäßigkeit – grundsätzlich nicht frei zurückgenommen werden. Dieser Auffassung ist zuzustimmen. Sie findet ihre Berechtigung in den besonderen Wirkungen, die mit dem privatrechtsgestaltenden Verwaltungsakt verbunden sind. Während ein Verwaltungsakt im allgemeinen nicht die Eigenschaft hat, in den Rechtskreis Dritter auszustrahlen, wirkt der privatrechtsgestaltende Verwaltungsakt bestimmend auf das Privatrecht ein und muß deshalb auch am allgemeinen Verkehrs- und Vertrauensschutz teilnehmen.

Hinzuweisen ist in diesem Zusammenhang auf § 55 FGG, der die Rücknahme einer einmal erteilten vormundschaftsgerichtlichen Genehmigung ausschließt und den Zweck verfolgt, dafür zu sorgen, daß die Rechtslage Dritter auch für die Zukunft nicht mehr beseitigt werden kann[633].

Es würde in der Tat zu einer unerträglichen Rechtsunsicherheit führen, wenn solche das Privatrecht bestimmenden Verwaltungsakte zurückgenommen werden könnten. Im Grunde wären hier unter Umständen nicht die Aktadressaten betroffen, sondern unbeteiligte Dritte.

III. *Ausnahmen*

Dieser Grundsatz der Unantastbarkeit privatrechtsgestaltender Verwaltungsakte unterliegt jedoch gewissen Einschränkungen.

1. Zum Teil wird angenommen[634], daß eine Rücknahme dann zulässig sei, wenn der Verwaltungsakt erschlichen worden ist und alle[635] Beteiligten dies gewußt haben. Ein Vertrauensschutz der Beteiligten scheidet bei solcher Lage aus. Dritte Personen sind dagegen durch die Gutglaubensvorschriften des Privatrechts (§§ 932, 892 BGB) in ausreichendem Maße geschützt[636]. Unter diesen Umständen wird man dieser Einschränkung zustimmen können.

---

632 Forsthoff, Lehrbuch, S. 247; Haueisen in NJW 1955, 1459, NJW 1957, 385 und DVBl. 1957, 507; Bürckner, S. 76; O. Lange in DVBl. 1957, 251; Lange in NJW 1950, 731; Bullinger in DÖV 1957, 761; v. Turegg in JR 1952, 19; Schäfer S. 48; RGZ 103, 107; Eyermann-Fröhler, § 42 Anh. 41.

633 vgl. Schlegelberger, § 55, 24; Baur, § 24 B III 1.

634 vgl. Bullinger in DÖV 1957, 763; OVG Münster in VerwRspr. 2, 452.

635 nicht schon, wenn ein Bürger die Behörde mit unlauteren Mitteln beeinflußt hat (Vertrauensschutz Dritter!), vgl. Bürckner, S. 96.

636 Bullinger in DÖV 1957, 764.

2. Eine Sonderbehandlung verdienen auch privatrechtsgestaltende Dauerakte. Schon nach den allgemeinen Rücknahmeregeln, die oben entwickelt worden sind, führt der Vertrauensschutz bei Dauerakten nur ausnahmsweise dazu, daß an ihrem Bestand nichts mehr geändert werden kann. In der Regel hat der Vertrauensschutz nur die Wirkung, daß die Rücknahme ex tunc ausgeschlossen ist und nur mit Wirkung ex nunc oder ex tempore futuro ausgesprochen werden kann. Nichts anderes kann für die privatrechtsgestaltenden Verwaltungsakte gelten[637]. Durch eine solche Beschränkung wird dem Vertrauensschutz hinreichend Rechnung getragen. Zu Einzelheiten sei auf frühere Ausführungen verwiesen[638].

3. Der privatrechtsgestaltende Verwaltungsakt wird wirksam, wenn er den Beteiligten zugegangen ist[639]. War das zu genehmigende Privatrechtsgeschäft im Zeitpunkt des Zugangs bereits abgeschlossen, so wird es damit wirksam und der Verwaltungsakt unantastbar.

In der Praxis wird jedoch aus Gründen der Kostenersparnis oft versucht, die behördliche Genehmigung vor Abschluß des Privatrechtsgeschäfts einzuholen. In solchen Fällen kann der Verwaltungsakt seine gestaltende Wirkung naturgemäß erst dann entfalten, wenn das Rechtsgeschäft abgeschlossen wird. Die Gründe, die zur Unantastbarkeit privatrechtsgestaltender Verwaltungsakte geführt haben, greifen jedoch erst mit dem Geschäftsabschluß ein. Bis zu diesem Zeitpunkt unterscheidet sich die Lage der Beteiligten nicht von der anderer Adressaten begünstigender Verwaltungsakte. Deshalb gelten insoweit die oben entwickelten allgemeinen Rücknahmeregeln[640].

B. Rechtsgestaltende Verwaltungsakte im öffentlichen Recht

Auch im öffentlichen Recht kommen rechtsgestaltende Verwaltungsakte häufig vor. Zu ihnen zählen die Genehmigung bzw. Bestätigung von Satzungen, Tarifen, Haushaltsplänen, Stellenplänen, Wahlen, Ernennungen, öffentlich-rechtlichen Verträgen und ähnliches mehr[641].

Ebenso wie bei privatrechtsgestaltenden Akten gilt auch hier der Grundsatz der Unantastbarkeit[642]. Ein Teil des Schrifttums[643] will diesen Grundsatz jedoch auf solche Akte der Staatsaufsicht beschränken, in denen neben den Interessen einer öffentlich-rechtlichen Körperschaft die Rechte Privater auf dem Spiele stehen und diese dem Privaten bereits mitgeteilt waren. Der Gedanke des Vertrauensschutzes erfordere lediglich, die Belange Privater zu berücksichtigen, während sich die öffentliche

637 Haueisen in NJW 1957, 385; Bullinger in DÖV 1957, 763.
638 vgl. oben S. 121.
639 Haueisen in NJW 1954, 1426; a. A. Lange in NJW 1950, 732.
640 vgl. Haueisen in NJW 1957, 385; Schäfer, S. 50.
641 Forsthoff, Lehrbuch, S. 247.
642 Haueisen in NJW 1955, 1459.
643 Forsthoff, Lehrbuch, S. 248; Scholz, S. 21; Schäfer, S. 52.

Hand den dem Widerruf zugrundeliegenden Verwaltungsinteressen unterzuordnen habe. Allerdings soll eine Rücknahme nur ex nunc möglich sein[644].

Diese Argumentation kann nicht überzeugen. Einmal ist der Vertrauensschutz, der auf dem Grundsatz von Treu und Glauben und dem Prinzip der Rechtssicherheit beruht, kein Institut, das nur zwischen Staat und Bürger Gültigkeit hat, sondern kraft der allgemeinen Rechtsprinzipien, auf denen es beruht, auch im Verhältnis der öffentlichen Rechtsträger untereinander verbindlich ist. Zum anderen ist die zitierte Ansicht insoweit widersprüchlich, als sie einerseits Vertrauensschutz ablehnt und andererseits eine Rücknahme nur ex nunc zuläßt[645]. Eine Rücknahme ex nunc kann nur bei Dauerakten sinnvoll sein[646]. Hier ist aber die Rücknahme ex nunc eine Folge des Vertrauensschutzes[647].

Deshalb scheint es mir glücklicher zu sein, auch für die rechtsgestaltenden Akte im öffentlichen Recht den Grundsatz der Unantastbarkeit beizubehalten und die für privatrechtsgestaltende Verwaltungsakte aufgezeigten Ausnahmen auch hier zu übernehmen.

GESAMTERGEBNIS DER ARBEIT

Das Gesamtergebnis der vorliegenden Darstellung läßt sich in folgende Thesen zusammenfassen:

1. Die herrschende Lehre und Rechtsprechung versucht, das Rücknahmeproblem fehlerhafter begünstigender Verwaltungsakte im Bereich rechtlich nicht geregelter Tatbestände auf kasuistische Weise zu lösen. Dieses Verfahren ist nicht zu billigen, weil es in höchstem Maße die Rechtssicherheit gefährdet und das Gleichheitsprinzip nicht gewährleisten kann.
2. Eine angemessene Lösung des Rücknahmeproblems ist nur durch die Anwendung der legislatorischen Methode möglich. Unter Beachtung dieses Verfahrens läßt sich die Rücknahmefrage wie folgt systematisch lösen.
3. Es gilt der Grundsatz, daß fehlerhafte begünstigende Verwaltungsakte jederzeit zurückgenommen werden können. Dieser Grundsatz ist gewohnheitsrechtlich erhärtet und außerdem Ausfluß des Prinzips der Gesetzmäßigkeit der Verwaltung gem. Art. 20 III GG. Die Entscheidung über die Rücknahme ist dem Ermessen der Verwaltung anheimgestellt.

---

644 Schäfer, S. 52.

645 vgl. zu diesem Widerspruch oben S. 67.

646 vgl. oben S. 121.

647 vgl. oben S. 121.

4. Die Rücknahme ist eingeschränkt,
   a) wenn nur ein Verstoß gegen nachgiebiges Recht vorliegt,
   b) wenn die Behörde auf die Rücknahme verzichtet hat,
   c) wenn der Betroffene den fehlerhaften Verwaltungsakt weder durch unlautere Mittel erwirkt noch schuldhaft herbeigeführt hat und die Fehlerhaftigkeit weder positiv kennt noch fahrlässig nicht kennt und im Vertrauen auf den rechtsgültigen Bestand des Aktes erhebliche und endgültige Dispositionen getroffen hat, die sich als typische Auswertung der mit dem Akt verliehenen Rechtsposition darstellen (Vertrauensschutz),
   d) wenn die Behörde während eines längeren, nicht unbedeutenden Zeitraumes durch ihr Verhalten schuldhaft den Anschein erweckt, als wolle sie ihr Recht zur Rücknahme nicht mehr ausüben und dem Betroffenen wegen seiner im Vertrauen auf diesen Rechtsschein getroffenen Dispositionen ein unzumutbarer Nachteil zugefügt würde, wenn die Rücknahme noch erfolgen könnte (Verwirkung),
   e) wenn das öffentliche Interesse fehlt oder so gering ist, daß die Rücknahme in einem unerträglichen Mißverhältnis zum Nachteil des Betroffenen steht, den dieser infolge der Rücknahme erleidet, und der Verwaltungsakt nicht mit unlauteren Mitteln erwirkt worden ist.
5. Die Entscheidung über die zeitliche Wirkung der Rücknahme steht im Ermessen der Behörde. Das Ermessen ist grundsätzlich unbeschränkt. Bei Verwaltungsakten mit Dauerwirkung ist jedoch infolge des Vertrauensschutzes eine Rücknahme nur mit Wirkung ex nunc und in besonderen Fällen ex tempore futuro möglich; die Rücknahme kann auch ganz ausgeschlossen sein.
6. Auch fehlerhafte Verwaltungsakte mit Doppelwirkung unterliegen grundsätzlich der Rücknahme. Der Vertrauensschutz kann jedoch entgegenstehen. Ebenso sind Verzicht und Verwirkung durch die Behörde möglich.
7. Rechtsgestaltende Akte sind dagegen nicht rücknehmbar. Ausnahmen gelten, soweit die Gestaltungswirkung noch nicht eingetreten ist, falls allen Beteiligten Arglist zur Last fällt und bei Dauerakten, die ex nunc zurückgenommen werden können.

NACHTRAG

I. *Überblick über den Fortgang der Diskussion seit dem Frühjahr 1962*

Das Problem der Rücknahme fehlerhafter begünstigender Verwaltungsakte hat in den letzten Jahren an Aktualität nichts eingebüßt. Im Gegenteil sind durch bedeutende Tagungen und zahlreiche Veröffentlichungen weitere wichtige und wegweisende Beiträge zur Problemlösung geliefert worden[1].

---

[1] Übersicht über die seit Frühjahr 1962 erschienene einschlägige Literatur:

Bachof, Otto, Verfassungsrecht, Verwaltungsrecht, Verfahrensrecht in der Rechtsprechung des Bundesverwaltungsgerichts, 2. Auflage (1964) Teil 2, C 19; Baur, Fritz, Neue Verbindungslinien zwischen Privatrecht und öffentlichem Recht, JZ 1963, 41 (46); Becker, Hans-Joachim, Die Rücknahme fehlerhafter Verwaltungsakte in der Rechtsprechung des Bundesverwaltungsgerichts, DÖV 1963 S. 459; Becker, Franz/Luhmann, Niklas, Verwaltungsfehler und Vertrauensschutz-Möglichkeiten der gesetzlichen Regelung der Rücknehmbarkeit von Verwaltungsakten (1963), Schriftenreihe der Hochschule Speyer Band 16; Beinhardt, Karl, Widerruf und Rücknahme unanfechtbar gewordener Verwaltungsakte, Bayr. VBl. 1960, 240; Bogs, Werner, Zur Bindung der Versicherungsträger an fehlerhafte Verwaltungsakte, Die Sozialgerichtsbarkeit 1963, 33 = Festschrift für Erich Roehrbein; Bull, Hans Peter, Verwaltung durch Maschinen, 2. Aufl. 1964 S. 144 ff.; Dott, Klaus, Täuschung und objektive Unrichtigkeit von Angaben eines Beteiligten als Widerrufsgrund eines begünstigenden Verwaltungsaktes, zugleich ein Beitrag zum Widerruf fehlerhafter begünstigender Verwaltungsakte, Kölner Dissertation 1964; Flatten, Karl-Josef, Rückforderung zuviel gezahlter Bezüge im Beamtenrecht. Zugleich über die Befugnis der Behörden zur Rücknahme fehlerhafter begünstigender Verwaltungsakte, DÖV 1962 S. 938; Franz, Die materielle Rechtskraft des Feststellungsbescheides und des Leistungsbescheides (Ein Beitrag zur Widerrufslehre) RLA 1964, 113; derselbe, Kassation des förmlichen Feststellungsbescheides und Leistungsbescheides durch formlose Wiedereröffnung des Verfahrens? RLA 1964, 193, 209; Goßmann, Uwe, Der Widerruf begünstigender Verwaltungsakte im Recht der Europäischen Gemeinschaften, Kölner Dissertation, 1964; Gützkow, Horst, Rücknahme fehlerhafter Verwaltungsakte der Sozialleistungsträger? NJW 1964, 1449; Hartz, Werner, Empfiehlt es sich, die bestehenden Grundsätze über Auskünfte und Zusagen in der öffentlichen Verwaltung beizubehalten? (Referat) in: Verhandlungen des 44. Deutschen Juristentages (1964) Band II Teil D; Haueisen, Fritz, Das allgemeine Verwaltungsrecht in der Rechtsprechung des Bundessozialgerichts, in: Staatsbürger und Staatsgewalt, Jubiläumsschrift zum hundertjährigen Bestehen der deutschen Verwaltungsgerichtsbarkeit (1963) S. 255 (265 ff.); derselbe, Die Rücknahme von Verwaltungsakten als Kodifikationsproblem, DVBl. 1964, 11; derselbe, Zum Problem des Vertrauensschutzes im Verwaltungsrecht, DVBl. 1964, 710; derselbe, Die Bestandskraft rechtswidriger Rentenbescheide, Deutsche Rentenversicherung 1962, 81 (83); derselbe, Entscheidungsrezension, DVBl. 1963, 813; Kamp, Die Zurücknahme von Bewilligungsbescheiden im Sozialhilferecht, ZBl. f. SozVers. 1964 S. 407; Kellner, Hugo, Empfiehlt es sich, die bestehenden Grundsätze über Auskünfte und Zusagen in der öffentlichen Verwaltung beizubehalten? (Referat) in: Verhandlungen des 44. Deutschen Juristentages (1964) Band II Teil D; Kimminich, Otto, Die Verbindlichkeit mündlicher Zusagen im Verwaltungsrecht, JuS 1963, 268; Klinger, Hans, Kommentar zur Verwaltungsgerichtsordnung (1964) 2. Aufl; Koehler, Alexander, Musterentwurf eines Verwaltungsverfahrensgesetzes, MDR 1964, 274; Kratzer, Jakob, Zum Musterentwurf eines Verwaltungsverfahrensgesetzes, Bayr. VBl. 1964, 273; derselbe, Nochmals zum Musterentwurf eines Verwaltungsverfahrensgesetzes, BayVBl. 1965, 15; Lehmann-Grube, Hinrich, Der Rückforderungsanspruch im Sozialrecht (1962); Mainka, Johannes, Vertrauensschutz im öffentlichen Recht (1963), Bonner rechtswissenschaftliche Abhandlungen, Band 58; derselbe, Vertrauensschutz im öffentlichen Recht, „Deutsche Rentenversicherung" 1963, 289 ff; Menger, Christian-Friedrich, Höchstrichterliche Rechtsprechung zum Verwaltungsrecht, VerwArch Bd. 54 (1963), S. 94; Bd. 56 (1965) S. 83 ff.; Neumann, Siegfried, Grenzen des Vertrauensschutzes im öffentlichen Recht, NJW 1962 S. 1085; Ossenbühl, Fritz, Zum Problem der Rücknahme fehlerhafter begünstigender Verwaltungsakte, Betrachtungen zu EVwVerfG 1963. DÖV 1964, 511; Petzold, Kurt, Zum Widerruf rechtswidriger begünstigender Verwaltungsakte vor Unanfechtbarkeit, BayVBl. 1965, 17; Richter, Ernst-Günther, Vom Widerrufsrecht im sozialen Rechtsstaat, DÖV 1962, S. 454; Rohwer-Kahlmann, Harry, Gesetzmäßigkeit der Verwaltung und Rücknahme begünstigender Verwaltungsakte, in: Wandlungen der rechtsstaatlichen Verwaltung, Schriftenreihe der Hochschule Speyer, Band 13, S. 37 ff.; derselbe, Vertrauensschutz im öffentlichen Recht, in: Die Sozialversicherung, 1963, S. 1 ff.; derselbe, Behördliche Zusagen und Vertrauensschutz, DVBl. 1962, 622; derselbe, Nochmals: Rücknahme fehlerhafter Verwaltungsakte der Sozialleistungsträger, NJW 1964, 1775; Schlichter, Auflösung der rechtsstaatlichen Ordnung durch Ausweitung des Richterrechts? Stellungnahme zu den Aufsätzen von Franz in: RLA 1964, 353 und 369; Schwankhart, Franz, Die Rechtsgrundlage des Vertrauensschutzes in der Leistungsverwaltung, BayVBl. 1963, 197; derselbe, Unterscheidet sich die Leistungsverwaltung noch von der Eingriffsverwaltung, in: Die Sozialversicherung 1962, 33; derselbe, Vertrauensschutz im Sozialrecht, in: Die Sozialversicherung 1963, 289; Spanner, Hans, Ein Entwurf eines Verwaltungsverfahrensgesetzes, DVBl. 1964, 845 (846); Spielmeyer, Das Sozialrecht auf dem Karlsruher Juristentag, DÖV 1964, 846; derselbe, Betriebskrankenkasse, Dezemberheft 1964; Storz, Werner, Die Rücknahme begünstigender Verwaltungsakte wegen ursprünglicher Fehlerhaftigkeit, Tübinger Dissertation, 1963; Thieme, Werner, Empfiehlt es sich, die Rücknahme fehlerhafter Verwaltungsakte der Sozialleistungsträger gesetzlich neu zu regeln? (Referat), gehalten auf dem 45. Deutschen Juristentag, erscheint demnächst im Druck beim Verlag C. H. Beck, München; Tipke, Klaus, Die Bestandskraft von Steuerverwaltungsakten, NJW 1962, 1040; Uffhausen, Horst, Aus der Rechtsprechung der Lastenausgleichssenate des Bundesverwaltungsgerichts, DÖV 1963, 429 (434); Ule, Carl-Hermann / Becker, Franz, Verwaltungsverfahren im Rechtsstaat (1964) S. 54 ff.; Zeidler, Karl, Empfiehlt es sich, die be-

1. Fortentwicklung der Rechtsprechung

Auch die Rechtsprechung ist in der Zwischenzeit wieder häufig mit dem Problem der Rücknahme fehlerhafter begünstigender Verwaltungsakte befaßt worden. Dabei wurden gegen den Abwägungsgrundsatz vereinzelt prinzipielle Bedenken erhoben[2]; ebenso besteht über die rechtliche Fundierung und substantielle Ausgestaltung des Vertrauensschutzes keine volle Übereinstimmung; jedoch läßt sich insgesamt feststellen, daß die bisherige Entwicklung kontinuierlich fortgesetzt worden ist, ohne daß grundlegende Wandlungen im Ansatz zu erkennen sind.

a) Das Bundesverwaltungsgericht hält an dem Prinzip der Güter- und Interessenabwägung fest und hat seine bisherige Rechtsprechung mehrfach bestätigt[3]. Wie Bundesrichter Becker mitteilt[4], hatte der 4. Senat dem Großen Senat des Bundesverwaltungsgerichts eine Reihe von Fragen zum Rücknahmeproblem zur Entscheidung vorgelegt. Mit Beschluß vom 23.August 1961 – Gr. Sen. 3, 59 (Buchholz, BVerwG, 310 § 11 VwGO Nr. 1) hat der Große Senat aber entschieden, daß die Vorlage unzulässig sei, weil sich die Frage der Rücknahme fehlerhafter Verwaltungsakte nicht losgelöst vom Einzelfall beantworten lasse. Damit hat der Große Senat incidenter die dem Abwägungsprinzip innewohnende Tendenz zur Fallrechtsprechung gebilligt. – Als Grundlage des Vertrauensschutzes wird das Prinzip der Rechtssicherheit herangezogen[5]; nur noch vereinzelt wird auf den Grundsatz von Treu und

---

stehenden Grundsätze über Auskünfte und Zusagen in der öffentlichen Verwaltung beizubehalten? Gutachten für den 44. Deutschen Juristentag, in: Verhandlungen des 44. Deutschen Juristentages, Bd. I, 2. Teil S. 1 (69ff.); derselbe, Einige Bemerkungen zum Verwaltungsrecht und zur Verwaltung in der Bundesrepublik seit dem Grundgesetz, Der Staat, 1962, 321 (336ff.); Zierlein, Gesetzliche Vorschriften über Rücknahme von Verwaltungsakten der Sozialleistungsträger, Die Sozialgerichtsbarkeit 1964, 259; Zschacke, Rudolf, Die Rücknahme unanfechtbarer rechtswidriger belastender Verwaltungsakte der Leistungsverwaltung, DVBl. 1962, 322.

[2] so durch das BSG (3. Senat) NJW 1962, 1126 (1127); siehe dazu unten unter c.

[3] BVerwG 2. Senat: Urteil vom 12. 9. 1963 = DVBl. 1964, 277; 3. Senat: Urteil vom 6. 7. 1961 zitiert in NJW 1964, 1288; Urteil vom 29. 8. 1963 = NJW 1964, 563; Urteil vom 19. 12. 1963 = NJW 1964, 1288; 4. Senat: Urteil vom 20. 12. 1961 = NJW 1962, 1075; Urteil vom 25. 1. 1963 = DVBl. 1963. 521; Urteil vom 8. 11. 1963 = DVBl. 1964, 751 = NJW 1964, 1289; 5. Senat: DVBl. 1962, 791; Urteil vom 30. 10. 1963 = MDR 1964, 176; Urteil vom 24. 8. 1964 = DÖD 1965, 17; vgl. ferner Becker, Die Rücknahme fehler hafter Verwaltungsakte in der Rechtsprechung des Bundesverwaltungsgerichts, DÖV 1963, 459; Uffhausen, Aus der Rechtsprechung der Lastenausgleichssenate des Bundesverwaltungsgerichts, DÖV 1963, 429 (434).

[4] DÖV 1963, 459 Anm. 9.

[5] BVerwG NJW 1964, 1289, wo der 4. Senat sogar ausführt, daß der

Glauben rekurriert[6]. Zum Teil geht das Gericht, ohne nach dem rechtlichen Fundament zu fragen, vom Abwägungsprinzip und Vertrauensschutz als selbstverständlichen Rechtsinstituten aus[7]. Meinungsverschiedenheiten bestehen auch noch über die Voraussetzungen des Vertrauensschutzes, insbesondere darüber, ob eine besondere „Manifestierung des Vertrauens" zu fordern ist. Während der 4. Senat in einem umstrittenen Urteil von dem Erfordernis einer besonderen Manifestierung des Vertrauens abgesehen hat, steht die übrige ständige höchstrichterliche Rechtsprechung auf dem Standpunkt, daß ohne besondere Manifestierung des Vertrauens kein Vertrauensschutz gewährt werden kann[8].

b) Die Rechtsprechung des Bundesverwaltungsgerichts hatte naturgemäß auch auf die Spruchpraxis des Bundessozialgerichts starken Einfluß[9]. Grundsätzliche Bedenken – und zwar methodischer Art, wie sie auch von mir an früherer Stelle erhoben wurden[10] – gegen das Abwägungsprinzip meldet allerdings der 3. Senat des Bundessozialgerichts in seiner Entscheidung vom 21. 11. 1961 an[11], die in folgenden Worten gipfeln: „Vor allem aber haftet den Begriffen des ‚öffentlichen Interesses' und des ‚privaten Interesses' eine solche Unbestimmtheit an, daß die Abwägung mit der Fragestellung, was nun überwiege, in eine Fallrechtsprechung mündet, die sich jeder Voraussicht entzieht. Es erscheint bedenklich, in dem öffentlichen – im wesentlichen ideellen – Interesse der Verwaltung an der Aufrechterhaltung der materiellen Rechtsordnung und dem meist wirtschaftlichen Interesse des begünstigten Staatsbürgers an der Aufrechterhaltung des fehlerhaften Verwaltungsaktes vergleichbare Größen zu sehen, die ein ‚Abwägen – auf gleicher Ebene – gestatten'." –

Rechtssicherheit und dem Rechtsfrieden gegenüber der Gesetzmäßigkeit der Verwaltung „in der Regel das Übergewicht zukomme".

6 so BVerwG DVBl. 1962, 791.

7 so z. B. BVerwG NJW 1964, 1288; MDR 1964, 176; vgl. hierzu kritisch Kellner in: Verhandlungen des 45. DJT 1964 Band II (Referat) D 67.

8 Zu dieser Streitfrage in Rechtsprechung und Schrifttum vgl. unten S. 157 mit Nachweisen.

9 Zur Rechtsprechung des BSG zum Rücknahmeproblem vgl. insbes. Rohwer-Kahlmann, Gesetzmäßigkeit der Verwaltung und Rücknahme begünstigender Verwaltungsakte a. a. O. S. 65 ff., der darauf hinweist, daß die Vertrauensschutzrechtsprechung nicht ein Problem sei, das sich erst nach 1949 gestellt, sondern vor dem um die Jahrhundertwende schon das Reichsversicherungsamt gestanden habe, welches die Grenzen des Vertrauensschutzes angedeutet habe (a. a. O. S. 45 ff.); Haueisen, Das allgemeine Verwaltungsrecht in der Rechtsprechung des Bundessozialgerichts a. a. O. S. 264 ff.; derselbe, Zum Problem des Vertrauensschutzes DVBl. 1964, 710 (714 ff. passim); Becker-Luhmann a. a. O. S. 34 ff.

10 vgl. oben S. 30 ff.

11 NJW 1962, 1126 (1127); ebenso Bogs, Festgabe für Roehrbein (1962) S. 17 (28) und DVBl. 1965, 215 (Rezension).

Von diesen Einwänden des 3. Senats abgesehen sind die übrigen Senate des Bundessozialgerichts weitgehend auf die Linie des Bundesverwaltungsgerichts eingeschwenkt, wobei allerdings die Rechtsprechung der verschiedenen Senate kein einheitliches Bild aufweist. Die bestehenden Differenzen resultieren aus einer unterschiedlichen Auslegung des § 77 Sozialgerichtsgesetz (SGG) und § 1744 RVO[12] und betreffen die grundsätzliche Frage, ob die Grundsätze des allgemeinen Verwaltungsrechts, insbesondere die Rücknahmegrundsätze, im Sozialrecht anwendbar sind. Die Kriegsopfersenate, voran der 11. Senat unter Haueisen, haben unter „Gesetz" im Sinne des § 77 SGG[13] auch die Grundsätze des allgemeinen Verwaltungsrechts verstanden und deshalb die Rücknahmegrundsätze angewandt[14]. Diese weitgehende Auslegung des § 77 SGG hatte die Konsequenz, daß die die Bestandskraft der Verwaltungsakte auflockernden Rücknahmegrundsätze des allgemeinen Verwaltungsrechts in den gesamten Spruchbereich der Sozialgerichtsbarkeit verpflanzt und neben § 1744 RVO, der eine Rücknahme nur unter gravierenden, enumerativ aufgeführten Gründen vorsieht, für anwendbar erklärt wurden. Hiergegen wandten sich die Senate für Sozialversicherung, in erster Linie der 3. Senat, der in § 1744 RVO eine erschöpfende gesetzliche Regelung erblickt, neben der für die Anwendung der Grundsätze des allgemeinen Verwaltungsrechts kein Raum ist[15]. Abgesehen von diesem in der Sozialgerichtsbarkeit herrschenden „Hausstreit" besteht mit der Rechtsprechung des Bundesverwaltungsgerichts Übereinstimmung. Auch das Bundessozial-

[12] Zu den gegensätzlichen Auffassungen der Senate des BSG zu dieser Auslegungsfrage vgl. B o g s , Zur Bindung der Versicherungsträger an fehlerhafte Verwaltungsakte, Festgabe für Erich Roehrbein (1962), 17 ff. = Die Sozialgerichtsbarkeit 1963, 33 und H a u e i s e n , Die Bestandskraft rechtswidriger Rentenbescheide, Deutsche Rentenversicherung 1962, 81; R o h w e r - K a h l m a n n , Gesetzmäßigkeit der Verwaltung a. a. O. S. 65 ff.

[13] § 77 SGG lautet: „Wird der gegen einen Verwaltungsakt gegebene Rechtsbehelf nicht oder erfolglos eingelegt, so ist der Verwaltungsakt für die Beteiligten in der Sache bindend, soweit durch Gesetz nichts anderes bestimmt ist."

[14] vgl. aus neuerer Zeit BSG (11. Senat) Urteil vom 18. 10. 1962 = DVBl. 1963, 249; ferner im Anschluß an BVerwG DVBl. 1961, 380, BSG DVBl. 1962, 28; Nachweise aus der früheren Rechtsprechung bei R o h w e r - K a h l m a n n , Gesetzmäßigkeit der Verwaltung a. a. O. S. 67 Anm. 133.

[15] vgl. aus neuerer Zeit BSG (3. Senat) NJW 1962, 1127 f. mit Nachweisen über die frühere Rechtsprechung und den Stand der Kontroverse; ferner BSG Urteil vom 23. 4. 1964 (9. Senat) = NJW 1964, 1493 (1494); vgl. auch Urteil des 1. Senats vom 10. 4. 1964 = DVBl. 1964, 767, wonach die Grundsätze des allgemeinen Verwaltungsrechts über § 77 SGG nur in den Bereichen des Sozialversicherungsrechts zur Anwendung kommen, wo sich Gesetzeslücken befinden, was im Entscheidungsfalle für § 4 Abs. 7 des Verfolgtengesetzes bejaht wird; ähnlich T h i e m e a. a. O. (Manuskript) S. 15 unter II 8; ebenso Urteil vom 26. 5. 1964 (12. Senat) = NJW 1964, 2446 (2247).

gericht sieht das Rücknahmeproblem in einem Widerstreit zwischen dem Grundsatz der Gesetzmäßigkeit der Verwaltung und dem Rechtssicherheitsprinzip, den es im Wege der Interessenabwägung zu lösen gilt[16]. Wie das Bundesverwaltungsgericht berücksichtigt das Bundessozialgericht den Vertrauensschutzgedanken in der Weise, daß es in der Regel eine Rücknahme des Rentenbescheides mit Wirkung für die Vergangenheit ablehnt und nur ausnahmsweise den Bescheid auch für die Zukunft fortbestehen läßt[17].

c) Auch der Bundesfinanzhof hat seine das Rücknahmeproblem betreffende, schon früher eingeschlagene Linie beibehalten und seine bisherige Rechtsprechung mehrfach bestätigt[18]. Dabei geht es in der Finanzgerichtsbarkeit nicht um die Rücknahme rechtswidriger begünstigender Verwaltungsakte, sondern das Problem taucht hier in einem anderen Gewande auf[19], nämlich der Frage der Einhaltung und Rechtsfolgen verbindlicher Zusagen[20] der Finanzämter an Steuerpflichtige, und zwar meist im Veranlagungsverfahren. Die vom Bundesfinanzhof herausgearbeiteten Grundsätze über die Bindung und Rechtswirkung von Zusagen sind in dem im Bundessteuerblatt 1961 Teil III S. 562 (564 f.)[21] abgedruckten Grundsatzurteil zusammengefaßt. Diese „Rechtsprechungs-Richtlinien" weisen, soweit es den hier interessierenden Teil angeht, eine starke Parallelität zu den Erkenntnissen der übrigen Bundesgerichte,

---

[16] BSG (11. Senat) Urteil vom 18. 10. 1962 = DVBl. 1963, 249; BSG (9. Senat) Urteil vom 23. 4. 1964 = MDR 1964, 793.

[17] vgl. aus der seit 1962 veröffentlichten Rechtsprechung: BSG DVBl. 1962, 28 f. und BSG Urteil des 9. Senats vom 23. 4. 1964 = MDR 1964, 793.

[18] vgl. BFH Urteil vom 28. 9. 1961 = BStBl. III 32 (33); Urteil vom 30. 10. 1961 = BStBl. III 94 (95); BStBl. 1962 III 107 (109); BStBl. 1963 III 390 (393); BStBl. 1964 III 634 (636); aus der früheren Rechtsprechung BFH BStBl. 1961 III S. 69 (70); 363; 562 (565); vgl. ferner die Zusammenstellung bei Ludwig Hessdörfer, Der Rechtsstaat (1961) S. 95 ff.; Mattern, Treu und Glauben im Steuerrecht (1958) S. 39 ff.; Werner Hartz a. a. O. S. D 15 und die in BStBl. 1961 III 69 (70) zitierten Entscheidungen.

[19] vgl. Haueisen, NJW 1964, 720 r. Sp. unten, der mit Recht darauf hinweist, daß die Problemstellung dieselbe ist.

[20] Es scheiden hier aus die (unverbindlichen) Auskünfte. Über die Einordnung der Zusagen in die rechtlichen Kategorien Verwaltungsakt — Vertrag herrscht Uneinigkeit, vgl. dazu insbesondere die Referate und Diskussionsbeiträge zum 44. Deutschen Juristentag a. a. O. Hartz D 19 („kein Verwaltungsakt"), Kellner D 55 („mitwirkungsbedürftiger Verwaltungsakt"), Ipsen D 80 („vorsichtig ausgedrückt Vertrag"), gegen diese Eingruppierungen Zeidler („Verwaltungsakt"), Gutachten a. a. O. und D 93; vgl. ferner Haueisen, Die Bedeutung von Zusagen im Verwaltungsrecht, NJW 1961, 1901.

[21] Methodisch interessant ist, daß der BFH seine Erkenntnisse in 8 Leitsätzen („tatbestandsähnlich") formuliert und keine Interessenabwägung betreibt wie das Bundesverwaltungsgericht. Dieser vom BFH von Anfang an eingeschlagenen Linie sollte auch das BVerwG folgen (vgl. dazu oben S. 47).

insbesondere des Bundesverwaltungsgerichts auf. Danach kann bei Zusagen das Prinzip der Gesetzmäßigkeit im Einzelfall durch den Grundsatz von Treu und Glauben durchbrochen werden[22]. Der Grundsatz von Treu und Glauben als „Gegenprinzip" und Grundlage des Vertrauensschutzes wird auch in der neueren Rechtsprechung beibehalten[23]. Neben dem Grundsatz von Treu und Glauben tauchen in neueren Entscheidungen allerdings zuweilen auch die „rechtsstaatlichen Gebote der Rechtssicherheit und des Rechtsfriedens" auf, die zur Begründung mit herangezogen werden[24]. Das Prinzip der Gesetzmäßigkeit der Verwaltung muß dem Grundsatz von Treu und Glauben und dem Rechtssicherheitsprinzip aber nur dann weichen, wenn der Steuerpflichtige – von anderen Voraussetzungen einmal abgesehen, zumindest – im Vertrauen auf die ihm gegebene Erklärung disponiert hat[25]. Hierbei muß es sich um Maßnahmen handeln, die nicht mehr rückgängig gemacht werden können[26]. An diesem Erfordernis der „irreparablen Dispositionen" hat der Bundesfinanzhof in den neueren Entscheidungen ausdrücklich festgehalten[27]. Hinsichtlich der Dauerakte heißt es in dem bereits erwähnten Grundsatzurteil[28]: „Hat das Finanzamt eine Zusicherung für einen Dauertatbestand gegeben, so kann es im allgemeinen seine Zusage mit Wirkung für die Zukunft widerrufen. In solchen Fällen kann sich der Steuerpflichtige bei seinen geschäftlichen Maßnahmen auf die veränderte Lage einstellen." Wie diese Formulierung vermuten läßt, befleißigt sich die Rechtsprechung des Bundesfinanzhofs entgegen neueren Tendenzen beim Bundesverwaltungsgericht einer stark restriktiven Anwendung des Vertrauensschutzgedankens.

d) Bei der Wiedergabe der Rechtsprechung verdient schließlich der Erwähnung, daß sich auch der Gerichtshof der Europäischen Gemeinschaften in den letzten Jahren mehrfach mit dem Rücknahmeproblem zu befassen hatte[29]. Schon in seinem Urteil vom

---

[22] so BFH BStBl. 1961 III 69 (70) mit zahlreichen Nachweisen aus der früheren Rechtsprechung des BFH.

[23] vgl. zuletzt BFH BStBl. 1964 III 634 (636), wo der Streitfall allerdings negativ entschieden worden ist.

[24] BFH BStBl. 1963 III 390 (393) und BStBl. 1962 III 94 (95) Urteil vom 30. 10. 1961; ob sich hier ein Wandel in der Beurteilung des rechtlichen Fundamentes des Vertrauensschutzes anbahnt, wie er in der allgemeinen Verwaltungsgerichtsbarkeit zu beobachten ist, bleibt abzuwarten.

[25] BStBl. 1961 III 69 (70).

[26] BStBl. 1961 III 363.

[27] z. B. BStBl. 1962 III 94 (95).

[28] BStBl. 1961 III S. 562 (565).

[29] vgl. Sammlung der Rechtsprechung des EGH Band VII S. 109 ff. (172, 173); 239 ff.; Band VIII S. 511 ff. (543, 553) und die Besprechung von Ule in DVBl. 1963, 339; speziell zum Rücknahmeproblem: Uwe Goßmann, Der Widerruf begünstigender Verwaltungsakte im Recht der Europäischen Gemeinschaften, Kölner Dissertation 1964.

12. Juli 1957[30] hatte der Gerichtshof erklärt, der Widerruf[31] rechtswidriger begünstigender Verwaltungsakte sei jedenfalls grundsätzlich dann zulässig, wenn er innerhalb einer angemessenen Frist erfolge. Dieses Ergebnis hatte der Gerichtshof in Anlehnung an die geltenden Rechtsgrundsätze der sechs Mitgliedstaaten gewonnen[32]. Er war hierbei durch den Schlußantrag des Generalanwalts Maurice Lagrange unterstützt worden[33]. Die beiden folgenden Urteile des Gerichtshofes vom 22. März und 1. Juni 1961, die ihren Leitsätzen nach stark voneinander abweichen, erscheinen in ihrer Diskrepanz in milderem Licht, wenn man die zugrunde liegenden Tatbestände beachtet. In dem Urteil vom 1. Juni 1961[34] wandte sich der Kläger, ein beim Gerichtshof angestellter Techniker, gegen die Entziehung einer ihm zuvor gewährten Trennungszulage durch den Präsidenten des Gerichtshofs. In den Entscheidungsgründen heißt es apodiktisch: „Ein Widerruf wegen Rechtswidrigkeit kann zwar in bestimmten Fällen mit Rücksicht auf wohlerworbene Rechte nicht ex tunc erfolgen, stets jedoch ex nunc." Die Frage des Vertrauensschutzes wird nicht berührt. – Anders lagen die Dinge im Urteil vom 22. März 1961[35]: Die Hohe Behörde der EGKS hatte verschiedene Firmen in bestimmten Fällen davon freigestellt, Beiträge in eine von ihr geschaffene Ausgleichskasse zu entrichten. Die hierauf von der Ausgleichskasse zur Beitragszahlung herangezogene SNUPAT, eine Aktiengesellschaft französischen Rechts, machte geltend, die von ihr geforderten Beiträge wären geringer, wenn die Hohe Behörde nicht die anderen Firmen erteilten Befreiungen ausgesprochen hätte. Sie klagte deshalb gegen die Hohe Behörde auf „Nichtigerklärung der Ausnahmebewilligungen". Der Gerichtshof sah das Problem bei der Entziehung einmal gewährter Vorteile in der Synthese zwischen dem Grundsatz der Wahrung der Rechtssicherheit und dem Grundsatz der Gesetzmäßigkeit der Verwaltung, die durch eine Interessenabwägung zu lösen sei[36]. Diese Abwägung kann nach Auffassung des Gerichtshofes sogar zur Rücknahme mit rückwirkender Kraft führen, wie es auch im vorliegenden Streitfall geschehen ist. Das Fazit der Entscheidung kommt im Leitsatz zum Ausdruck, in dem es heißt[37]: „Eine rechtmäßige begünstigende Entscheidung kann nicht rückwirkend widerrufen werden. Ist eine derartige Entscheidung dagegen rechtwidrig, so kann sie mit rückwirkender Kraft widerrufen werden,

– wenn in Anbetracht der gegebenen Umstände das öffentliche Interesse

---

[30] EGH III S. 87 Leitsatz 2.

[31] nach in Deutschland herrschender Terminologie ist „Rücknahme" gemeint.

[32] EGH III S. 118, 119.

[33] EGH III S. 139ff. (162, 163).

[34] EGH VII S. 234 Leitsatz 3 und S. 259f.

[35] EGH VII S. 109ff.

[36] EGH VII S. 172f.

[37] EGH VII S. 115 Leitsatz 10.

an der Wahrung des Grundsatzes der Rechtmäßigkeit das Interesse der Begünstigten an der Beibehaltung einer Lage, die sie für dauerhaft ansehen konnte, überwiegt – dies kann insbesondere der Fall sein, wenn die rechtswidrige Entscheidung nachteilige Folgen für die Wettbewerber der Begünstigten gehabt hat –

– oder wenn die rechtswidrige Entscheidung auf falschen oder unvollständigen Angaben der Begünstigten beruhte."

Das vorgenannte Urteil vom 22. März 1961 fand ein gerichtliches Nachspiel in der Entscheidung des Gerichtshofes vom 12. Juli 1962[38]. Nachdem nämlich die Hohe Behörde auf das Urteil vom 22. März 1961 hin die von ihr ausgesprochenen Freistellungen von Beitragszahlungen zurückgenommen hatte, klagte eine Betroffene, eine Aktiengesellschaft mit Sitz in Velsen (Niederlande), ihrerseits wiederum gegen die Hohe Behörde auf Aufhebung der Rücknahmeverfügung, durch die die ihr gewährten Vorteile hinfällig wurden. Der Gerichtshof behielt die von ihm eingeschlagene Linie bei und stellte nunmehr folgende Leitsätze auf:

„1. Bei der Abwägung der Interessen, von deren Ergebnis die Wahl zwischen der rückwirkenden Rücknahme und der Rücknahme ex nunc einer rechtswidrigen Entscheidung abhängt, muß die konkrete Lage der Beteiligten in Betracht gezogen werden.

2. Bei der Abwägung der Interessen, von deren Ergebnis die Wahl zwischen der rückwirkenden Rücknahme und der Rücknahme ex nunc einer rechtswidrigen Entscheidung abhängt, ist der Umstand, daß der Begünstigte diese Entscheidung nicht durch falsche oder unvollständige Angaben erwirkt hat, eines der zu berücksichtigenden Kriterien; er allein schließt die rückwirkende Rücknahme aber nicht aus.

3. Der Rechtssatz, daß die rückwirkende Rücknahme rechtswidriger Verwaltungsakte nur innerhalb einer angemessenen Frist zulässig ist, hat weniger Gewicht, wenn es sich um deklaratorische Verwaltungsakte handelt; er stellt dann nur eines der bei der Interessenabwägung zu berücksichtigenden Kriterien dar."

Die Rechtsprechung des Gerichtshofes der Europäischen Gemeinschaft auf dem Gebiet des Rücknahmerechts verdient größte Beachtung und wird auch schon von der höchstrichterlichen Rechtsprechung in der Bundesrepublik zur Entscheidungsfindung herangezogen[39]. Von ihr können die Lösungsversuche des Rücknahmeproblems neue Impulse erhalten, zumal der Gerichtshof sich erst am Anfang der Entwicklung befindet und überdies durch Berücksichtigung der unterschiedlichen nationalen Rechtsentwicklungen neue Gesichtspunkte finden wird, die wiederum rückwirkend die Entwicklung der nationalen Rechtsordnung befruchten und fördern können. Freilich müssen stets die verschiedenen Interessenlagen im Auge behalten werden, die den einzelnen Entscheidungen zu-

---

[38] EGH Band VIII S. 511 ff., Rechtssache 14/61 Koninklijke Nederlandse Hoogovens en Staalfabrieken N. V. gegen Hohe Behörde.

[39] so z. B. BSG NJW 1963, 2093.

grunde liegen. So weist Ule[40] mit Recht darauf hin, daß die in den genannten Entscheidungen anzutreffenden Interessenlagen sich von denen, die man im Lastenausgleichsrecht oder der Rentenversicherung beispielsweise vorfindet, wesentlich dadurch unterscheiden, daß in den Entscheidungen des Gerichtshofes der Europäischen Gemeinschaften die Interessen nicht nur des einzelnen Unternehmens mit denen der Gemeinschaft, sondern auch die Interessen mehrerer konkurrierender Firmen miteinander in Konflikt geraten. Doch sei vermerkt, daß die im nationalen Recht der Bundesrepublik analog anzutreffende Interessenlage die der Verwaltungsakte mit Dritt- oder Doppelwirkung darstellt, bei der die Interessen ebenfalls nach drei Seiten hin abzustecken sind.

2. Die Äußerungen der Lehre[41]

Auf zwei Juristentagen war das Rücknahmeproblem inzwischen Verhandlungsgegenstand: die zweite Abteilung des 44. Deutschen Juristentages im Jahre 1962 in Hannover befaßte sich mit dem Thema „Empfiehlt es sich, die bestehenden Grundsätze über Auskünfte und Zusagen in der öffentlichen Verwaltung beizubehalten?"; die sozialrechtliche Arbeitsgemeinschaft des 45. Deutschen Juristentages in Karlsruhe erörterte die Frage „Empfiehlt es sich, die Rücknahme fehlerhafter Verwaltungsakte der Sozialleistungsträger gesetzlich neu zu regeln?"

a) Grundlage der Beratungen des 44. Deutschen Juristentages war ein Gutachten Karl Zeidlers[42]. Die Referate hielten Hartz (Senatspräsident beim BFH) und Kellner (Bundesrichter)[43]. – Das praktische Schwergewicht der Erörterungen lag auf dem Gebiet des Steuerrechts, in dem die mit der Abgabe von Zusagen verbundenen Rechtsfragen in erster Linie auftreten und einer Lösung zugeführt worden sind[44]. Das Rücknahmeproblem stellt sich hier – unabhängig von der Frage nach der Rechtsnatur der Zusage[45] – in Gestalt der Bindungswirkung der dem Steuerpflichtigen durch das Finanzamt gegebenen Zusage. Zeidler[46] unterwirft die gesetzwidrigen Zusagen den für rechtswidrige begünstigende Verwaltungsakte geltenden Regeln und kommt deshalb zu allgemeinen, an Bedeutung über den Bereich der Zusicherungen hinausgehenden Erkenntnissen und Feststellungen. Auf seine die herrschende Auffassung bekämpfenden Ausführungen wird noch im einzelnen zurückzukommen sein[47]. Vorweg sei bemerkt, daß Zeidler, im Ergebnis

[40] DVBl. 1963, 339 (340).

[41] Übersicht über die seit dem Frühjahr 1962 erschienene einschlägige Literatur siehe oben Anm. 1.

[42] a. a. O.

[43] a. a. O.

[44] vgl. dazu oben S. 139 zur Rechtsprechung des BFH.

[45] vgl. dazu Fußnote 20.

[46] a. a. O. S. 68 ff.

[47] vgl. dazu unten S. 152.

mit Forsthoff übereinstimmend, für eine Rücknahmepflicht eintritt und den Vertrauensschutz als verfassungswidrige Institution ablehnt[48]. Diese strenge Auffassung Zeidlers hat auf dem Juristentag keinen Widerhall gefunden. So bewegten sich Referate und Diskussionen außer um die rechtliche Qualifikation der Zusage im wesentlichen um den Vertrauensschutzgedanken – dessen rechtliche Fundierung und inhaltliche Ausgestaltung. Hervorzuheben ist hierbei, daß gegen die Fundierung des Vertrauensschutzes auf den Treu- und Glaubenssatz – den bislang der Bundesfinanzhof herangezogen hat – starke Einwände erhoben wurden[49]. Auch die Notwendigkeit des Dispositionserfordernisses ist ebenso wie bei der Rechtsprechung des Bundesfinanzhofes nicht in Frage gestellt, sondern seine Beibehaltung gefordert worden[50].

b) Referat und Diskussion in der sozialrechtlichen Arbeitsgemeinschaft des 45. Deutschen Juristentages standen unter dem Thema: „Empfiehlt es sich, die Rücknahme fehlerhafter Verwaltungsakte der Sozialleistungsträger gesetzlich neu zu regeln?“. Den Vortrag hielt Thieme; an der Diskussion beteiligten sich u. a. Sellmann, Langkeit, Joseph Schneider, Karl Hauck, Zacher, Rohwer-Kahlmann, Berndt, Külz, Haensel und Thieme[51]. Obwohl Gegenstand der Verhandlungen (nur) die Sozialleistungsakte[52] waren, zeigte sich doch, daß die Problembasis – also etwa die Frage der Rücknahmepflicht, die Rechtsgrundlage des Vertrauensschutzes und dessen Voraussetzungen – dieselbe ist wie im allgemeinen Verwaltungsrecht. Deshalb verdienen die Ergebnisse der sozialrechtlichen Arbeitsgemeinschaft des 45. Deutschen Juristentages über den gezogenen engeren Rahmen der Themenstellung hinaus für das Rücknahmeproblem allgemein größte Beachtung. So wurde beispielsweise auch über die Rechtsgrundlage des Vertrauensschutzes gesprochen, die Zacher und jetzt auch Rohwer-Kahlmann[53] nicht im Sozial-

---

[48] a. a. O. S. 75 ff.

[49] Hartz a. a. O. S. D 29 und 27 sowie Kellner a. a. O. S. D 52.

[50] vgl. Langkeit S. D 42; anders Kellner S. D 57, dessen gegenteilige Auffassung auf der rechtlichen Qualifikation der Zusage als „Verpflichtung“ beruht; insoweit ist Kellners Ansicht aber vereinzelt geblieben.

[51] vgl. die Berichte von Spielmeyer, Das Sozialrecht auf dem Karlsruher Juristentag, DÖV 1964, 846; derselbe, Die Betriebskrankenkasse 1964 (Dezemberheft); Rohwer-Kahlmann, DVBl. 1964 989; Mitteilung NJW 1964, 2101.

[52] Gegen diese Spezialisierung sind im Schrifttum Bedenken erhoben worden von Haueisen, DVBl. 1964, 16 und Gützkow, NJW 1964, 1449 ff.; gegen letzteren Rohwer-Kahlmann, NJW 1964, 1775, ebenso Thieme a. a. O. (Manuskript) S. 1 ff., der „spezifische Gesichtspunkte des Sozialrechts“ aus dem Begriff des Sozialrechts und der im sozialrechtlichen Bereich vorgegebenen positiven Rechtsordnung (insbesondere des § 1744 RVO) entwickelt.

[53] Diskussionsbeiträge, auch sie erscheinen demnächst beim Verlag C. H.

staatsprinzip, sondern im Grundsatz der Rechtssicherheit erblicken. Ebenso kam auch die Frage des Dispositionserfordernisses zur Sprache, wobei Zacher eine „Realisierung des Vertrauens“ forderte und ausführte, es genüge nicht, „wenn sich der Begünstigte (über den Bewilligungsbescheid) nur gefreut haben“. – Im Vordergrund standen jedoch weniger dogmatische Fragen de lege lata, sondern dem Thema angemessene praktische Probleme, die de lege ferenda zu lösen sind. Dabei illustrierten insbesondere die Vertreter aus der Praxis[54], wie sehr die Sozialverwaltung ein „Massengeschäft“ ist, bei dem sich naturgemäß Gesetzesanwendungsfehler und Unklarheiten ins Unzählige steigern. An dieser „Verwaltungswirklichkeit“ mit ihren organisatorischen und finanziellen Konsequenzen und Gefahren kann der künftige Gesetzgeber freilich nicht vorbeigehen. Der Mangel klarer Richtlinien für die Rücknahmefrage und die beklagenswerte Rechtsunsicherheit, die mit der Interessenabwägung im Einzelfall verbunden sind[55], kamen allenthalben zum Ausdruck[56]. Der Ruf nach dem Gesetzgeber ist deshalb hier – im Gegensatz zum 44. Deutschen Juristentag, auf dem sich das Rücknahmeproblem in anderer Verkleidung, nämlich der Verbindlichkeit von Zusagen, stellte – unwidersprochen geblieben. Thieme[57] empfiehlt eine gesetzliche Neuordnung des Rücknahmeproblems für das Sozialrecht in Anlehnung an § 37 des Entwurfs eines Verwaltungsverfahrensgesetzes, der noch ausführlich zu besprechen sein wird[58]. Trotz der allgemein herrschenden Auffassung von der Notwendigkeit einer Kodifikation sind aber formulierte Vorschläge nicht beschlossen worden.

c) Schließlich fand im Jahre 1963 an der Hochschule in Speyer eine Fortbildungstagung statt, auf der Rohwer-Kahlmann über das Thema „Gesetzmäßigkeit der Verwaltung und Rücknahme rechtswidriger begünstigender Verwaltungsakte“ referierte, wobei er das Schwergewicht auf die Rechtsprechung des Bundessozialgerichts legte. An der anschließenden Diskussion beteiligten sich insbesondere Ule und Kölble, auf deren Beiträge noch zurückzukommen ist[59].

d) Auch sind in den letzten Jahren wiederum mehrere wichtige Monographien erschienen, die dem Problem der Rücknahme fehlerhafter begünstigender Verwaltungsakte gewidmet sind. An erster Stelle

---

Beck, München im Druck. Mir lagen nur die Manuskripte vor, so daß genauere Zitate nicht möglich waren.

[54] vgl. die plastischen Diskussionsbeiträge von Wickenhagen und Heller.

[55] vgl. dazu oben S. 42.

[56] vgl. die Diskussionsbeiträge von Langkeit, Rohwer-Kahlmann und Sellmann.

[57] Referat a. a. O. (Manuskript) S. 19.

[58] vgl. dazu unten S. 162, nach § 85 EVwVerfG sind die Akte der Sozialverwaltung von der Entwurfsregelung des § 37 ausgenommen.

[59] vgl. unten S. 151 (Ule) und 153 (Kölble).

ist die Schrift von Franz Becker und Niklas Luhmann zu nennen[60]. Sie hebt sich von dem anderen einschlägigen Schrifttum schon durch ihre Zielsetzung ab, die – wie auch der Untertitel andeutet – darauf gerichtet ist, dem Gesetzgeber für die künftige Regelung der Bestandskraft von Verwaltungsakten Fingerzeige und Richtlinien an die Hand zu geben. Nach einem ausführlichen Überblick über die Lösungen des Rücknahmeproblems in den benachbarten Rechtsordnungen (Schweiz, Österreich, Jugoslawien, Polen, Tschechoslowakei, Ungarn, Italien, Spanien und Frankreich) und den Europäischen Gemeinschaften sowie nach sorgfältiger Aufzeichnung des gegenwärtigen Rechtszustandes in Deutschland bieten Becker-Luhmann einen Gesetzgebungsvorschlag an, dessen Kern[61] darin besteht, das Vertrauensinteresse durch Geldleistungen zu entschädigen und nicht wie bisher durch Nicht- oder (nur) Teilrücknahme des fehlerhaften Verwaltungsaktes zu berücksichtigen[62]. Da die Erkenntnisse und Vorschläge von Becker-Luhmann die Rücknahmeregelung des § 37 EVwVerfG 1963 wesentlich beeinflußt haben, soll hierzu im Zusammenhang mit der kritischen Betrachtung der Entwurfsregelung Stellung genommen werden[63].

Beachtung verdient ferner die Schrift von Werner Storz[64]. Ihr Wert liegt insbesondere darin, daß sie die in das Rücknahmeproblem implizierten verfassungsrechtlichen Fragen und Aspekte betont und das grundgesetzliche Fundament des Vertrauensschutzes prüft und festigt. Im übrigen bewegt sich Storz auf dem Boden der herrschenden Lehre und Rechtsprechung, die aufzuzeichnen und kritisch zu würdigen er sich zum Ziele gesetzt hat[65]. Zwar verkennt Storz die Schwierigkeiten und Gefahren, die der Abwägungsgrundsatz im Rücknahmerecht mit sich bringt, nicht; auch verweist er auf andere Generalklauseln unserer Rechtsordnung, die durch Lehre und Judikatur im Laufe der Zeit durch konkrete Anwendungsvoraussetzungen und Richtlinien normativ verdichtet worden sind[66]; indessen versäumt Storz es, hieraus die methodischen Konsequenzen zu ziehen. Trotz der zunehmenden Verfeinerung und

---

[60] Verwaltungsfehler und Vertrauensschutz, Möglichkeiten gesetzlicher Regelung der Rücknehmbarkeit von Verwaltungsakten, Schriftenreihe der Hochschule Speyer Band 16 (1963).

[61] so Becker-Luhmann selbst a. a. O. S. 127 unten.

[62] Diese auf dem Rechtsgedanken des § 122 BGB beruhende Möglichkeit ist bereits von Forsthoff, Lehrbuch S. 221 f., angedeutet aber verworfen worden, weil sie „eine Revolutionierung des gesamten Verwaltungsrechts" bedeuten würde; die Anregung zu einer Lösung analog § 122 BGB gaben dagegen Bachof JZ 1962 S. 745 (750) und a. a. O. 2. Teil C 26; Baur JZ 1963, 41 (46).

[63] vgl. unten S. 162 ff.

[64] Die Rücknahme begünstigender Verwaltungsakte wegen ursprünglicher Fehlerhaftigkeit, Dissertation Tübingen 1963.

[65] a. a. O. S. 1.

[66] a. a. O. S. 96.

Konkretisierung der Abwägungskriterien, zu der auch Storz viel beiträgt, bleibt das Prinzip der Güter- und Interessenabwägung vage, solange nicht die inzwischen herausgearbeiteten zahlreichen Gesichtspunkte für die Abwägung nicht nur isoliert, sondern in ihrer Beziehung und in ihrem Gewicht zueinander gesehen und damit systematisch erfaßt und in eine Art Hierarchie der Abwägungskriterien eingeordnet werden. Von hier aus ist dann der Schritt zur Tatbestandsausformung, wie er mit der vorliegenden Darstellung versucht wird, nicht mehr weit.

In mehreren Beiträgen hat sich auch Franz ausführlich mit den Fragen, die sich um das Rücknahmeproblem ranken, beschäftigt[67]. Er bekämpft mit der von Forsthoff angeführten konservativen Richtung die von der Rechtsprechung geübte Interessenabwägung[68], ohne allerdings neue kritische Ansätze beizusteuern[69], um dann entgegen Forsthoffs Lehre, gestützt auf das Rechtssicherheitsprinzip, die Bestandskraft rechtswidriger Verwaltungsakte zum Prinzip zu erheben, das nur in wenigen Ausnahmefällen eine Durchbrechung erleidet. Franz sieht den Angelpunkt der Widerrufslehre und des Rücknahmeproblems im Prinzip der materiellen Rechtskraft, dessen Bedeutung und Funktion er für die Lehre vom Verwaltungsakt neu fruchtbar machen will[70]. Die Ausführungen von Franz sind für die spezielle Problematik der Rücknahme fehlerhafter begünstigender Verwaltungsakte jedoch wenig aufschlußreich, weil sie einmal lediglich Feststellungs- und Leistungsbescheide betreffen, für die er aus den Vorschriften des Lastenausgleichsgesetzes Folgerungen zieht, die keine allgemeine Geltung beanspruchen können[71], und zum anderen, weil seine Ausführungen in erster Reihe auf belastende Akte abzielen und die begünstigenden Verwaltungsakte nur incidenter behandeln. Ob durch eine Neubelebung der Rechtskraftdiskussion für das Rücknahmeproblem Fortschritte erzielt werden können, scheint mir mehr als zweifelhaft zu sein. Zu bedenken ist doch, daß es bei der Rücknahmefrage ebenfalls wie bei der Rechtskraft um nichts anderes geht als um die richtige Synthese zwischen den Prinzipien der Gerechtigkeit und Rechtssicherheit, die beide gleichermaßen dem Rechtsstaatsprinzip innewohnen. Das Rücknahmeproblem reduziert oder erweitert sich demnach auf die Frage nach der Rechtsstaatskonzeption des Grundgesetzes[72]. Der Hinweis von Franz auf die materielle Rechtskraft entpuppt sich m. E. demnach lediglich als eine andere Etikettierung desselben Problems, das indes durch eine Umtaufe der Lösung nicht näher gebracht wird[73].

---

[67] vgl. RLA 1964 S. 113, 193, 209.

[68] vgl. dazu oben S. 22 f.

[69] vgl. RLA 1964 S. 116.

[70] vgl. RLA 1964 S. 117 ff., insbesondere S. 209 ff.

[71] vgl. RLA 1964 S. 118 ff.

[72] Zu dieser grundlegenden Problemstellung: Zeidler, Verhandlungen des 44. DJT Band I 2. Teil S. 71 ff.

[73] Mit den Ausführungen von Franz hat sich Schlichter a. a. O.

Schließlich ist noch besonders hervorzuheben die Monographie von Johannes Mainka[74]. Sie ist zwar nicht speziell auf die Rücknahme fehlerhafter begünstigender Verwaltungsakte zugeschnitten, behandelt aber ausführlich das Kernproblem des Rücknahmerechts, nämlich den Vertrauensschutz, und gibt auch der Rücknahmefrage breiten Raum. Im ersten Teil seiner Darstellung zeigt Mainka zunächst die rechtlichen Grundlagen und Grenzen des Vertrauensschutzes auf. Den Grundsatz von Treu und Glauben, auf den der Vertrauensschutz bisher im wesentlichen gestützt wurde, lehnt er als allein tragfähige Grundlage mit Recht ab[75] und kommt nach Prüfung des Rechtssicherheitsprinzips, des Grundsatzes der Unantastbarkeit der Menschenwürde und der Struktur des Verhältnisses Staat – Bürger zu dem Schluß, daß der Vertrauensschutz aus dem Gebot des sozialen Rechtsstaates abzuleiten sei[76]. Seine weiteren Ausführungen widmet Mainka der Grenzziehung und inhaltlichen Ausfüllung des Vertrauensschutzes. Hierbei stellt er fest, daß der Vertrauensschutz nicht Selbstzweck ist, sondern substantiell als Dispositionsschutz aufgefaßt werden muß, so daß er nur dem gewährt werden kann, der im Vertrauen auf den Fortbestand des rechtswidrigen Verwaltungsaktes in irgendeiner Weise „disponiert“ hat[77]. Zuzustimmen ist Mainka auch darin, daß er das Zeitmoment[78] nicht substantiell zum Vertrauensschutztatbestand rechnet, sondern ihm lediglich indizielle Bedeutung beimißt, so daß „in dem Maße, in dem die Zeit seit Erlaß des Verwaltungsaktes zunimmt, auch eine wachsende Vermutung dafür spricht, daß der Begünstigte sich auf die fortlaufenden Leistungen in seiner ganzen Lebensführung eingestellt hat“[79]. Schließlich befürwortete Mainka bei Ver-

eingehend auseinandergesetzt und den Standpunkt der herrschenden Rechtsprechung und Lehre verteidigt. Mit Recht weist Schlichter den Hinweis von Franz auf § 79 BVGG zurück, mit dem dieser die Bestandskraft rechtswidriger Akte begründen will. Franz übersieht, daß § 79 BVGG nicht nur der Rechtssicherheit dient, sondern, wie dessen Abs. 2, der die Vollstreckung arretiert, zeigt, auch der Gerechtigkeit, denn durch die Hinderung der Vollstreckung soll einer Verewigung des Unrechts gerade entgegengewirkt werden.

[74] Vertrauensschutz im öffentlichen Recht (1963), Bonner rechtswissenschaftliche Abhandlungen Band 58.

[75] a. a. O. S. 13 ff.

[76] a. a. O. S. 27 ff.

[77] a. a. O. S. 32, 64; so auch die Erstauflage, vgl. oben S. 87 ff. gegen bislang nicht begründete Einwendungen von Haueisen NJW 1962, 335 (336) sowie DVBl. 1964, 710 (719) und NJW 1964, 643; zu dieser Streitfrage siehe unten S. 157.

[78] die Berücksichtigung des Zeitraumes seit Erlaß des Verwaltungsaktes bei der Gewährung von Vertrauensschutz.

[79] a. a. O. S. 69 f., ebenso die Erstauflage vgl. oben S. 92, wonach diese indizielle Bedeutung allgemeine Geltung haben soll, während Mainka sie nur im Rahmen der Rücknahme von Dauerakten verwendet.

waltungsakten mit Dauerwirkung eine Rücknahme auch von einem in der Zukunft liegenden Zeitpunkt ab[80].

II. *Fortbestehende Streitpunkte*

1. Rechtswidrigkeit und „geläuterte Rechtsanschauung"

Franz hat die Rolle der „geläuterten Rechtsanschauung" für die Bestandskraft der Verwaltungsakte mehrfach angeprangert und die „geläuterte Rechtsanschauung" teils als „Pferdefuß" teils als „Achillesferse der herrschenden Widerrufslehre" apostrophiert[81]; sie offenbare die Schwächen der herrschenden Lehre und stelle ihre unbestreitbaren Vorzüge einer elastischen Rechtsanwendung in Frage. Zum Begriff der geläuterten Rechtsanschauung ist bereits früher[82] Stellung genommen worden. Dabei ergab sich die Erkenntnis, daß ein Verwaltungsakt auch dann rechtswidrig ist, wenn der Verstoß gegen die Rechtsordnung anfangs verborgen geblieben und erst später durch tieferes Eindringen in die Materie offenbar geworden ist[83]. An diesem Ergebnis kann nicht gerüttelt werden[84]. Die Frage ist nun, welche Konsequenzen sich hieraus ergeben. Diese sind bedingt durch die Stellungnahme zum Problem der Rücknahmepflicht. Ist die Verwaltung zur Rücknahme verpflichtet, so kann das zu praktischen Unzuträglichkeiten führen. Wickenhagen und Heller[85] haben plastisch vorgeführt, daß das Massenzeitalter auch die hier angesprochene Leistungsverwaltung geprägt hat und sich ein Subsumtionsfehler durch die Masse der zu erlassenden Akte ins Hunderttausendfache multipliziert. Da die Verwaltung, der die Gesetzesausführung obliegt, bei der oft anzutreffenden Vieldeutigkeit moderner Bestimmungen leicht einen Gesetzesanwendungsfehler begehen kann, der durch nachträgliche Gerichtsentscheidung bloßgelegt wird, liegt auf der Hand. Eine Rücknahmepflicht würde hier zu der – vom praktischen Standpunkt aus – unseligen Folge führen, daß unzählige Bescheide zurückgenommen und neu erlassen werden müßten, auch wenn die Adressaten durch den Gesetzesanwendungsfehler z. B. einen nur geringfügigen Vorteil erlangt hätten. Welche Korrektive sind hier anzubieten? An erster Stelle: Ersatz des „Legalitätsprinzips" durch das „Opportunitätsprinzip". Wenn die

---

[80] a. a. O. S. 71; ebenso oben S. 122.

[81] RLA 1964 S. 117 und DVBl. S. 758.

[82] vgl. oben S. 8 f.

[83] Zu weit geht allerdings BVerwG DVBl. 1964, 755 (757) (5. Senat), wenn es den „grundsätzlichen Wechsel der Rechtsprechung" einer „authentischen Gesetzesinterpretation" gleichsetzt und erklärt, daß eine Änderung der höchstinstanzlichen Rechtsprechung einer Änderung der Rechtslage gleichzusetzen sei; vgl. die Kritik von Franz, ebenda und Bullinger DÖV 1964, 381.

[84] vgl. auch Becker-Luhmann a. a. O. S. 90.

[85] Diskussionsbeitrag im sozialrechtlichen Arbeitskreis des 45. Deutschen Juristentages.

Rücknahme p f l i c h t beseitigt wird und an ihre Stelle die Ermessensentscheidung der Verwaltung tritt, können Erwägungen der Zweckmäßigkeit und Ökonomie, wie sie im vorstehend skizzierten Fall angebracht und notwendig sind, Raum gewinnen. Hinzu kommt als weiteres Korrektiv der Vertrauensschutz. Zwischen dem Zeitpunkt des Erlasses des Verwaltungsaktes und der „Läuterung" wird regelmäßig eine längere Spanne liegen, in der die Betroffenen im Vertrauen auf den Fortbestand des Verwaltungsaktes Dispositionen getroffen haben, die einer Rücknahme nunmehr entgegenstehen. Hierbei muß freilich, und das verkennt Franz[86], davon ausgegangen werden, daß der Bürger auf den mit einem zunächst latenten Fehler behafteten Verwaltungsakt vertrauen darf. Daß der begünstigende Verwaltungsakt insofern nicht nur die Vermutung der Rechtsgültigkeit, sondern auch der Rechtmäßigkeit für sich hat, wird nirgends bestritten, sondern auch dadurch unterstrichen, daß mit dem Erlaß des begünstigenden Verwaltungsaktes eine Beweislastumkehr eintritt[87]. Der Hinweis von Franz, daß niemand auf den Bestand eines Verwaltungsaktes vertrauen dürfe, weil die höchstrichterliche Rechtsprechung in verschiedenen Fällen schon mehrfach ihren Standpunkt gewechselt habe[88], verkennt, daß einmal der einfache Bürger nicht wie der Jurist von diesem Rechtsprechungswechsel weiß und daß man zum anderen die gesamte Institution des Vertrauensschutzes über Bord werfen muß, wenn mit diesem Hinweis ernst gemacht wird; denn dann bliebe nur ein striktes Rücknahmeverbot – was indiskutabel ist – oder ständige Ungewißheit für den Bürger, dem die jederzeitige Rücknahme droht.

2. Der Grundsatz der freien Rücknahme

Umstritten ist nach wie vor, ob die Rücknahme eines fehlerhaften begünstigenden Verwaltungsaktes im Ermessen der Behörde liegt oder ob eine Pflicht zur Rücknahme besteht. Die Ansichten sind nach wie vor geteilt. Beide Lager haben neuen Zulauf zu verzeichnen. Für eine Rücknahmepflicht haben sich jetzt auch B e c k e r - L u h m a n n[89], Z e i d l e r[90], S t o r z[91] und U l e - B e c k e r[92] ausgesprochen[92a]. Dagegen stellen

---

[86] RLA 1964, 117.

[87] vgl. oben S. 6; zustimmend BVerwG DVBl. 1964 S. 759 (760) mit weiteren Nachweisen.

[88] RLA 1964 S. 117 unter Hinweis auf die Rechtsprechung zum Währungsausgleich.

[89] a. a. O. S. 108.

[90] Verhandlungen des 44. Deutschen Juristentages Band I 2. Teil S. 69 ff. (75) und in: Der Staat 1962, 338.

[91] a. a. O. S. 95.

[92] a. a. O. S. 57.

[92a] ebenso F e n e b e r g, DVBl. 1965, 224 unter Übernahme von Formulierungen Forsthoffs.

das Bundesverwaltungsgericht[93] und wohl auch das Bundessozialgericht[94] und jetzt auch Mainka[95], Kellner[96] und Schlichter[97] die Rücknahmeentscheidung in das Ermessen der Verwaltung. Begründungen für die eine oder andere Meinung fehlen. Die Verfechter einer Rücknahmepflicht verweisen ausschließlich auf Art. 20 Abs. 2 GG[98]. Rechtspolitisch wünschenswert ist aus den bereits angeführten Gründen[99] jedenfalls die Opportunitäts-Lösung[100]. Eine de lege lata angemessene Begründung kann an Art. 20 Abs. 3 GG freilich nicht vorbeigehen. Insoweit sei auf frühere Ausführungen verwiesen[101].

3. Der Vertrauensschutz

Stark umstritten ist nach wie vor das Institut des Vertrauensschutzes, und zwar nicht nur in seiner Existenz, sondern auch seinem rechtlichen Fundament und seinem substantiellen Inhalt.

a) Zu den Gegnern des Vertrauensschutzes[102], angeführt von Forsthoff, dem sich auch Scheuner[103] angeschlossen hat, sind immerhin so bedeutende Rechtslehrer wie Ule[104] und Zeidler[105] gestoßen. Ule bemerkt, vom Rechtsstaatsprinzip her sei die Rechtsprechung inkonsequent. Bei einer strengen Durchführung des Rechtsstaatsprinzips bedürfe es für die Rücknahme begünstigender Ver-

---

93 DVBl. 1962, 562 (563).

94 NJW 1963, 2093.

95 a. a. O. S. 37 f.

96 a. a. O. D 68.

97 RLA 1964, 374.

98 so z. B. Becker-Luhmann a. a. O. S. 108.

99 vgl. oben S. 63 ff.

100 zustimmend Becker-Luhmann a. a. O. S. 109; Kellner in: Verhandlungen des 45. DJT (1964) Band II (Referat) D 68 bezeichnet die Rücknahmepflicht als „schlechthin irreal".

101 vgl. oben S. 64 f. und Ossenbühl in DÖV 1964, 511 (515). Zu beachten ist insbesondere die Argumentation von Bachof, Verfassungsrecht a. a. O. S. 261, der Grundsatz der Gesetzmäßigkeit verwehre zwar der Verwaltung ein gesetzwidriges Handeln, er besage aber nicht, was im Falle einer dennoch erfolgten Rechtswidrigkeit zu geschehen habe. Die Reaktionen der Rechtsordnung auf geschehenes Unrecht seien viel subtiler und differenzierter, als daß sie stets in der einfachen Umkehrung des Unrechtsaktes bestünden; vgl. auch ausführlich Menger, zuletzt VerwArch. Bd. 56 (1965) S. 83 ff. unter Hinweis auf Bullinger, JZ 1963, 446 und Martens, NJW 1964, 1856.

102 vgl. oben S. 23; Schütz, Klinger, Scheerbarth, Dickmann.

103 in: Hundert Jahre Deutsches Rechtsleben, Festschrift zum hundertjährigen Bestehen des Deutschen Juristentages, II. Band S. 254 Anm. 118.

104 Wandlungen der rechtsstaatlichen Verwaltung, Schriftenreihe der Hochschule Speyer Band 13 S. 198 (Diskussionsbeitrag).

105 Gutachten in: Verhandlungen des 44. DJT Band I 2. Teil S. 69 ff.

waltungsakte einer geschriebenen gesetzlichen Grundlage. An deren Stelle setze die Rechtsprechung sehr vernünftige rechtspolitische Erwägungen, in dem sie öffentliches und Individualinteresse gegenüberstelle und mit dem Vertrauensschutz argumentiere. Es müsse festgehalten werden, daß die Diskussion um rechtspolitische Fragen im Gewande von dogmatischen Problemen geführt werde, wobei die Gesichtspunkte der Billigkeit, des Vertrauensschutzes und der Gedanke von Treu und Glauben zu einer Erschütterung einer gewissen Rechtsstrenge führen müßten. Eine auf diese Begriffe abgestellte Rechtsprechung setze sich der Gefahr aus, daß sie nicht mehr berechenbar und nur von Billigkeitsgesichtspunkten getragen sei. Der Rechtsstaat werde hier vom sozialstaatlichen Element unterwandert.

Zeidlers[106] Argumente gegen die herrschende Rechtsprechung basieren nicht auf dem Grundsatz der Rechtsstaatlichkeit, sondern auf dem demokratischen Prinzip. Das Grundgesetz wolle die Gerechtigkeit nicht um jeden Preis verwirklicht sehen. Die Gerechtigkeit sei nur eine Seite der Rechtsstaatlichkeit neben Voraussehbarkeit und Rechtssicherheit. Das Streben nach Gerechtigkeit aber heiße werten. Gleichsam oberster und primärer Werter nach dem Grundgesetz sei der demokratisch legitimierte Gesetzgeber[107]. Die Bindung der Verwaltung und Rechtsprechung an das mit demokratischer Legitimität versehene Gesetz sei somit ein unabdingbarer Grundsatz, von dem nur der Gesetzgeber dispensieren könne. Unter der Herrschaft des Grundgesetzes müsse aber unterstellt werden, daß auch der Gesetzgeber nach Einhaltung der Rechtsidee strebe, und zwar genauso intensiv wie der Richter[108]. Die Pflicht zur Rücknahme rechtswidriger begünstigender Verwaltungsakte wurzele deshalb im demokratisch legitimierten Gesetz[109]. – Die Argumentation Zeidlers beruht m. E. auf einer Fiktion, mit der heute nicht mehr oder nie gerechnet werden kann: der Lückenlosigkeit kodifizierten Rechts und der Allgegenwart des Gesetzgebers. Gewiß muß man nach der Verfassung dem Gesetzgeber den guten Willen unterstellen, die Rechtsidee einzuhalten und zu verwirklichen. Mehr als diesen guten Willen aber nicht – d. h. man muß auch damit rechnen, daß der Gesetzgeber diesen Willen nicht realisieren kann, weil ihm Zeit oder Erfahrungsmaterial noch fehlen. Wie Äußerungen aus Richterkreisen[110] schließen lassen, besteht bei den Gerichten offenbar nicht die Neigung, sich gesetzgeberische Funktionen anzumaßen, vielmehr kommt gerade aus dieser Richtung der Ruf nach einer Kodifikation des Rücknahmerechts, die als politische Aufgabe

---

106 a. a. O. S. 72, 74, 75, ebenso in: Der Staat 1962, S. 336 f.

107 a. a. O. S. 72.

108 a. a. O. S. 74.

109 S. 75.

110 vgl. die Diskussionsbeiträge von Langkeit (Bundesrichter) und Sellmann (Verwaltungsgerichtspräsident) im sozialrechtlichen Arbeitskreis auf dem 45. DJT.

ureigenste Funktion des Gesetzgebers ist. – Mehr mit Temperament als mit sachlichen Gründen hat sich auch Schwankhart[111] gegen die Gewährung von Vertrauensschutz ausgesprochen und ausgeführt, der uneigennützige Staatsbürger werde in dem Rückforderungsbescheid nur die gerechte Wiederherstellung des Zustandes sehen, der nach den Grundsätzen der Gesetz- und Rechtmäßigkeit rechtens ist; denn der uneigennützige Staatsbürger halte es nicht mit seiner Würde als Staatsbürger und Mitglied einer sozialen Gemeinschaft vereinbar, sich auf Kosten der Allgemeinheit entgegen Gesetz und Satzung zu bereichern. Deshalb sollten vom Standpunkt der Volkserziehung aus und zur Stärkung eines demokratischen Staatsbürgerbewußtseins zu Unrecht gewährte Leistungen grundsätzlich zurückgefordert werden.

b) Gerungen wird ebenfalls noch um die Frage nach dem rechtlichen Fundament des Vertrauensschutzes. Als rechtliche Stützen sind angeboten worden: der Grundsatz von Treu und Glauben, das Rechtssicherheitsprinzip, der Grundsatz der Unantastbarkeit der Menschenwürde, das Sozialstaatsprinzip und das Grundrecht der freien Entfaltung der Persönlichkeit.

Rohwer-Kahlmann leitet die Begrenzung der aus der Gesetzmäßigkeit der Verwaltung folgenden Rücknahmeverpflichtung aus der „Wesensgehaltssperre des Art. 2 Abs. 1 GG“ ab[112]. Wenn ein Rentenbescheid seiner Funktion nach dem Betroffenen eine gesicherte Existenzgrundlage zur Gewährleistung einer „realen persönlichen Freiheit“ in unerläßlichem Mindestmaß verschaffen solle, dann könne die Rücknahme des Bescheides bei Gesetzwidrigkeit auch für die Zukunft ausgeschlossen sein, wenn der Betroffene ohne eigene Schuld durch die Rücknahme in eine Lage geriete, die eine Entfaltungsfreiheit praktisch ausschlösse. – Mit Recht hat sich Kölble[113] gegen diese Ausführungen gewandt und davor gewarnt, „diesen oftmals mißbrauchten Artikel mit zur Begründung heranzuziehen, zumal es sich um ein Grundrecht handele, welches nach der Rechtsprechung des Bundesverfassungsgerichts weitgehend durch den Gesetzgeber einschränkbar sei“. Hinzuzufügen ist, daß der Sinngehalt des Art. 2 Abs. 1 GG trotz feststehender höchstrichterlicher Rechtsprechung äußerst umstritten ist und richtiger Ansicht nach Art. 2 Abs. 1 GG nur den „Kernbezirk des Persönlichen“ schützen und dem einzelnen das Recht gewährleisten will, seine „Persönlichkeit“, „die ihm eigene Wesensart, sein Menschentum zu entfalten“[114]. Davon abgesehen ist die Argumentation Rohwer-Kahlmanns zu vage; sie wird möglicher-

---

[111] in: Die Sozialversicherung 1962, 33; ähnlich Bank DÖV 1961, 229.

[112] Gesetzmäßigkeit der Verwaltung a. a. O. S. 63; ebenso, allerdings abgewogener, Storz a. a. O. S. 85.

[113] ebenda S. 199 (Diskussionsbeitrag).

[114] vgl. dazu Hans Peters, Das Recht auf freie Entfaltung der Persönlichkeit in der höchstrichterlichen Rechtsprechung, Heft 109 der Arbeitsgemeinschaft für Forschungen des Landes Nordrhein-Westfalen (1963).

weise in Einzelfällen zutreffen, wenn man der herrschenden Rechtsprechung zu Art. 2 Abs. 1 GG folgt. Als tragfähige Grundlage für das gesamte Institut des Vertrauensschutzes muß sie aber schon deswegen beiseiterücken, weil die Rücknahme eines Verwaltungsaktes jedenfalls regelmäßig nicht die Handlungsfreiheit des Betroffenen beeinträchtigt.

Der Grundsatz der Unantastbarkeit der Menschenwürde scheidet ebenfalls aus. Die Gründe hierfür sind bereits früher dargetan worden[115]. Auch der Grundsatz von Treu und Glauben, der anfangs als ausschließliches Fundament des Vertrauensschutzes gedient hatte[116], wird immer mehr in den Hintergrund gedrängt und als Basis des Vertrauensschutzgedankens teils ganz abgelehnt[117], teils nur zur Unterstützung n e b e n anderen Prinzipien herangezogen[118]. In der jüngsten höchstrichterlichen Rechtsprechung ist die Berufung auf Treu und Glauben immer seltener zu finden[119]. Dagegen lebt das Sozialstaatsprinzip als weitere Komponente des Vertrauensschutzes in der Rechtslehre noch immer fort[120], wäh-

[115] vgl. oben S. 71 ff.; ebenso M a i n k a a. a. O. S. 20 f. und S t o r z a. a. O. S. 85.

[116] vgl. oben S. 74 ff.

[117] Mainka S. 15, der auf die generelle Gefahr der Treu- und Glaubensrechtsprechung hinweist, die darin besteht, daß an die Stelle der maßgebenden Gründe Scheinbegründungen treten; vgl. ferner H a u e i s e n DVBl. 1963, 813 (814); K i m m i n i c h JuS 1963, 269; R o h w e r - K a h l m a n n DVBl. 1964, 622 (624); H a r t z a. a. O. S. D 1 ff.; grundsätzlich: Z e i d l e r in Verhandlungen des 44. DJT S. 83 ff.; dagegen setzt sich neuerdings S c h w a n k h a r t, BayVBl. 1963, 197 (200) und in: Die Sozialversicherung 1963, 289 ff. wieder stark für eine Ableitung des Vertrauensschutzes aus dem Grundsatz von Treu und Glauben ein und verwirft die Sozial- und Rechtsstaatlichkeit als tragfähige Grundlagen.

[118] vgl. oben S. 78 und BVerwG DVBl. 1962, 791 (792): „Bei der Ausübung des Widerrufs sind jedoch auch andere allgemeinrechtliche und verfassungsmäßige Grundsätze zu beachten, neben der Art der gewährten Leistung der Grundsatz von Treu und Glauben und der ebenfalls aus dem Rechtsstaatsbegriff abzuleitende Grundsatz der Rechtssicherheit."

[119] so noch BVerwG DVBl. 1962, 791 (siehe vorherige Anmerkung); dagegen stellen die folgenden Entscheidungen ausschließlich auf die Rechtssicherheit ab: BVerwG DVBl. 1964, 751 = NJW 1964, 1289; BSG DVBl. 1963, 249; zum Teil wird auch auf die Rechtsgrundlage des Vertrauensschutzes gar nicht mehr eingegangen: so BVerwG NJW 1964, 563; NJW 1964, 1288.

[120] vgl. M a i n k a S. 27 ff., der das Sozialstaatsprinzip mit dem Rechtsstaatsprinzip kombiniert, aber auf S. 40 den Sozialstaatsgedanken als „Hauptquelle" des Vertrauensschutzes bezeichnet; ebenso R i c h t e r DÖV 1962, 454; R o h w e r - K a h l m a n n, DVBl. 1964, 622 (624), der den Vertrauensschutz aus der „grundgesetzlichen Wertentscheidung für den sozialen Rechtsstaat" folgert. Das ist dieselbe Formulierung, die Mainka S. 29 f. wählt. Auf dem 45. DJT bestreitet R o h w e r - K a h l m a n n allerdings, „Verfechter des Sozialstaatsprinzips" zu sein, (Verhandlungen zum 45. DJT — Diskusionsbeitrag), in seinem Beitrag „Vertrauensschutz im öffentlichen Recht" in: Die Sozialversicherung 1963, 1 (3) stellt er auf die Rechtssicherheit ab.

rend es in der Rechtsprechung keine nennenswerte Rolle spielt. Gegen die Heranziehung des Sozialstaatsprinzips ist bereits früher Stellung genommen worden[121]. Diese Erörterungen seien hier weiter ergänzt. – Bei der Suche nach einer tragfähigen rechtlichen Grundlage für den Vertrauensschutzgedanken muß darauf geachtet werden, ein Rechtsprinzip aufzuspüren, welches seiner inneren Bestimmung nach auf den Schutz des vertrauenden Bürgers gerichtet und überdies geeignet ist, alle denkbaren Vertrauensschutzfälle – und nicht nur einen bestimmten Ausschnitt – zu tragen. Um mit dem letzteren zu beginnen: Das Sozialstaatsprinzip mag im Bereich der Sozialverwaltung in gewissen Fällen gedankliche Assoziationen zum Vertrauensschutz zulassen. Aber selbst Mainka[122], ein Verfechter des Sozialstaatsprinzips, verweist mit Recht darauf, daß es bei der Rücknahmefrage nicht immer, ja nicht einmal überwiegend, um den Schutz sozial schwacher und bedürftiger Bürger geht[123]. Immerhin könnte dieses Ergebnis dazu berechtigen, das Sozialstaatsprinzip als eine von mehreren Komponenten des Vertrauensschutzes zu betrachten. Indessen verbietet sich eine Heranziehung des Sozialsstaatsprinzips gänzlich, weil die ihm verfassungsrechtlich zugedachte Funktion in eine andere Richtung weist[124]. Dabei kann die Wirkkraft des Sozialstaatsprinzips, das anerkanntermaßen nicht nur eine Anweisung an den Gesetzgeber, sondern auch eine Auslegungsrichtlinie für den Richter und einen Sozialgestaltungsauftrag für die Verwaltung impliziert, außer Betracht bleiben. Das im Sozialstaatsprinzip enthaltene Gebot, eine sozial gerechte Ordnung zu schaffen, richtet sich an die „gesamte" Staatsgewalt. Es hat demnach eine charakteristisch „positive" Seite insofern, als es dem Staat gebietet, den Bürger durch Gewährleistung eines am herrschenden Sozialniveau ausgerichteten, menschenwürdigen Daseins an den Gemeinschaftsleistungen im weitesten Sinne „teilhaben" zu lassen. Die diese positiv-intervenierende Gewährleistung einer „Teilhabe" ergänzende negativ-abwehrende Funktion gegen „Eingriffe" der Staatsgewalt in die Rechtssphäre des Bürgers übernimmt demgegenüber das Rechtsstaatsprinzip mit seinen Kautelen über den Gesetzesvorbehalt, die Rechtssicherheit und den Rechtsschutz. Die Rücknahme fehlerhafter begünstigender Verwaltungsakte ist aber nicht ein Problem der Zuteilung von Staatsleistungen, sondern der Abwehr von Staatseingriffen, als welche die Aufhebungen begünstigender Verwaltungsakte empfunden werden. Im Gegenteil ist

[121] vgl. oben S. 73 f.

[122] a. a. O. S. 28 f.

[123] vgl. auch oben S. 74.

[124] Zur Erfassung des Sozialstaatsprinzips vgl. Reuss-Jantz, Sozialstaatsprinzip und soziale Sicherheit, Schriftenreihe der Hochschule Speyer Band 10; Hans Gerber, Die Sozialstaatsklausel des Grundgesetzes, ein Rechtsgutachten, AÖR 81, 1; Otto Bachof und Ernst Forsthoff, Begriff und Wesen des sozialen Rechtsstaates, Berichte in VVDStRL Heft 12 (1954).

die Verwirklichung der sozialen Gerechtigkeit durch Gewährung einer rechtswidrigen Zuteilung von Staatsleistungen verfehlt worden, die nun nicht mit eben demselben Grunde wieder aufrechterhalten werden kann[125]. Vielmehr wird hier deutlich, daß des Pudels Kern in einem Selbstwiderspruch des Rechtsstaatsprinzips liegt, der für die Rücknahmeproblematik einer speziellen Auflösung bedarf. So setzt sich denn auch immer mehr die Erkenntnis durch, daß der Vertrauensschutz als Rechtsproblem seinen Sitz allein im Rechtsstaatsprinzip hat und sich als ein „Familienstreit innerhalb des Rechtsstaatsprinzips“[126] darstellt, weil mehrere Unterprinzipien der Rechtsstaatlichkeit in Konkurrenz treten. Diese Unterprinzipien sind hier die Gerechtigkeit auf der einen und Rechtssicherheit und Rechtsfriede auf der anderen Seite[127]. Die Rechtsgrundlage des Vertrauensschutzes bilden demnach das Prinzip der Rechtssicherheit und der Rechtsfriede[128]. Das gestellte Rechtsproblem besteht in der rechten Synthese zwischen diesen gegensätzlichen Verfassungsprinzipien, die miteinander harmonisiert werden müssen[129].

c) Zahlreicher und praktisch bedeutsamer als die Differenzen um die Grundlage des Vertrauensschutzes sind die Streitpunkte um die Voraussetzungen für die Gewährung von Vertrauensschutz.

Die zunehmende Automation der Verwaltung wirft zunächst die Frage auf, ob alle Verwaltungsakte vertrauensbegründende Wirkung entfalten oder ob hiervon wenigstens die maschinellen Hoheitsakte auszunehmen sind[130]. Maschinelle Verwaltung bedeutet Arbeitserleichterung

---

[125] im Ergebnis ebenso Storz a. a. O. S. 90 f.; vgl. auch Schwankhart in: Die Sozialversicherung 1963, 289 (291) und BayVBl. 1963, 197.

[126] Zacher, Verhandlungen des 45. DJT (Diskussionsbeitrag).

[127] Die Auffassung von Mainka, Vertrauensschutz im öffentlichen Recht, in: Deutsche Rentenversicherung 1963, 289 (290), das Rechtssicherheitsprinzip scheide als Grundlage aus, weil Rechtssicherheit durch weitestgehende Gesetzmäßigkeit, die ihrerseits eine Rücknahme gebiete, gewährleistet werde, verkennt den Sinngehalt des Rechtssicherheitsprinzips in seinen verschiedenen Ausprägungen, vgl. dazu oben S. 77 f.

[128] Der Rechtsfriedensschutz wird insbesondere von Zacher (siehe Fußnote 126) betont und neben den Vertrauensschutz gestellt, ohne daß allerdings der Unterschied beider deutlich wird.

[129] vgl. dazu Coing, Die juristischen Auslegungsmethoden und die Lehren der allgemeinen Hermeneutik, Heft 84 der Arbeitsgemeinschaft für Forschung des Landes Nordrhein-Westfalen (1959) S. 14; Scheuner VVDStRL 20 (1963) S. 125; Ehmke ebenda S. 77; Leibholz ebenda S. 119; Haueisen DVBl. 1964, 714 unter Hinweis auf Ernst-Rudolf Huber, Rechtsstaat- und Sozialstaat (1962), S. 22, 23.

[130] Daß auch mündliche Zusagen weitgehend als Verwaltungsakte zu qualifizieren sind und ebenso wie diese Vertrauensschutz auslösen, ist allgemein anerkannt; vgl. hierzu etwa Klaus Obermayer, Der Verwaltungsakt als Gegenstand von Zusagen und Rechtsauskünften, NJW 1962, 1465; Kim-

und -beschleunigung sowie Kostenersparnis, wobei notwendig mit einem gewissen Fehlerquotienten gerechnet werden muß. Diese durch die Automation bedingten erhöhten Fehlerquellen muß sich aber derjenige zurechnen lassen, dem die Vorteile der maschinellen Bearbeitung zugute kommen, und das ist die für die Allgemeinheit arbeitende Verwaltung. Die Fehlergefahr darf also nicht auf die Schultern des einzelnen Bürgers übergewälzt, sondern muß von der Allgemeinheit – gewissermaßen vertreten durch die Verwaltung – getragen werden. Danach richtet sich der Vertrauensschutz auch auf maschinelle Hoheitsakte[132], wobei es eine andere Frage ist, ob der Bürger dem maschinellen Verwaltungsakt erhöhte Aufmerksamkeit widmen, ihn also mit größerem Mißtrauen betrachten muß. Im Ergebnis hat das OVG Lüneburg[133] denselben Standpunkt eingenommen, wenn es ausführt, daß der Dienstherr seiner grundsätzlichen Verantwortung für die richtige Berechnung der Dienstbezüge nicht dadurch entgehen könne, daß er eigene Fehlleistungen mit den im Verfolg der Automation auftretenden Signierfehlern oder fehlerhaften Maschinenreaktionen entschuldigt und die volle Nachberechnung der Bezüge nunmehr in allen Einzelheiten vom Beamten erwartet.

Noch immer gehen die Meinungen darüber auseinander, ob Vertrauensschutz auch „ohne Manifestierung des Vertrauens" zu gewähren ist. Die Rechtsprechung der verschiedenen Senate des Bundesverwaltungsgerichts ist uneinheitlich. Der 4. Senat hatte schon in seinem Urteil vom 24. Oktober 1958[134] das rechtlich relevante Vertrauensverhalten als unbedingtes Erfordernis für die Gewährung von Vertrauensschutz in Frage gestellt und später in dem Urteil vom 30. August 1961[135] erklärt, auch „ohne besondere Manifestierung des Vertrauens" könne an der Aufrechterhaltung des fehlerhaften Verwaltungsaktes ein so starkes schutzwürdiges Interesse bestehen, daß diesem das öffentliche Interesse an der nachträglichen Herstellung eines rechtmäßigen Zustandes weichen müsse. In dem zuletzt entschiedenen Falle war der 80jährigen Betroffenen etwa fünf Jahre zuvor irrtümlich eine Kriegsschadensrente gewährt worden. Der entscheidende das Urteil tragende Gesichtspunkt war der Umstand, daß die Anspruchsberechtigung der Betroffenen über 2 1/2 Jahre unbestritten geblieben war und sie wegen ihres hohen Alters „erfahrungsgemäß nur für einen übersehbaren Zeitraum in dem Genuß der lebenslänglichen

minich JuS 1963, 268; BVerwG DVBl. 1963, 812 mit Anm. Haueisen; BVerwG DVBl. 1964, 277, 751 (752 r. Sp.) = NJW 1964, 1289; BVerwG JZ 1964, 687 und dazu Franz Mayer, Zur Frage der Verbindlichkeit behördlicher Zusagen, JZ 1964, 677.

132 ebenso Hans Peter Bull, Verwaltung durch Maschinen 1964, 2. Aufl. S. 144 f.

133 DVBl. 1964, 769.

134 NJW 1959, 1553, 1554 m.

135 NJW 1962, 360, 361; vgl. dazu oben S. 87 f.

Rente bleiben wird". Haueisen[136], Rohwer-Kahlmann[137] und Haug[138] haben der Entscheidung zugestimmt[138a], während sie von Mainka[139] und Becker-Luhmann[140] bekämpft wird. Auch der 3. Senat des Bundesverwaltungsgerichts hat in mehreren zeitlich nach dem umstrittenen Urteil des 4. Senats liegenden Entscheidungen[141] und im Anschluß an die bislang unangefochtene höchstrichterliche Rechtsprechung[142] ausgesprochen, daß zu den Voraussetzungen des Vertrauensschutzes gehört, daß der Betroffene grundsätzlich Vermögensdispositionen getroffen hat. Ebenso hat der 5. Senat in seinem Urteil vom 30. Oktober 1963[143] daran festgehalten, daß bei Dauerakten eine Rücknahme für die Zukunft nur dann ungerechtfertigt sei, wenn die Begünstigung ursächlich war für eine einschneidende und dauernde Änderung der Lebensführung. Es hat unter diesem Gesichtspunkt die Rücknahme einer Ausbildungsbeihilfe nach dem LAG mit Wirkung für die Zukunft gebilligt, obgleich die Eltern im Vertrauen auf die Fortzahlung der Beihilfe ihre Tochter zur höheren Schule geschickt hatten. Auch das Bundessozialgericht[144] räumt zwar dem Alter der Betroffenen Bedeutung bei, fordert aber ebenfalls eine „dauernde und einschneidende Änderung der Lebensführung" sowie nicht mehr rückgängig zu machende Vermögensdispositionen als Voraussetzungen für den Vertrauensschutz. – Wer nach Gründen für die Entbehrlichkeit der Manifestierung des Vertrauens sucht, wird enttäuscht. So führt Haueisen aus, daß bei „Verwaltungsakten mit besonderer Tragweite" (?) von vornherein zu „unterstellen" sei, daß die Begünstigten auf den Bestand der Verwaltungsakte vertrauen und daß sich dieses Vertrauen im Laufe der Zeit mehr und mehr „verfestige"[145]; oder: insbesondere bei Verwaltungsakten mit Dauerwirkung knüpfe das Vertrauen des Be-

---

[136] NJW 1962, 335; DVBl. 1964, 710 (719) und NJW 1964, 646 r. Sp. unten.

[137] Gesetzmäßigkeit der Verwaltung a. a. O. S. 63.

[138] DÖV 1964, 575 r. Sp. unten.

[138a] Auch Bogs (DVBl. 1965, 215) hält eine Disposition des Betroffenen für entbehrlich („Im übrigen erscheint auch schon allein das Vertrauen des Begünstigten in die Rechtmäßigkeit staatlichen Handelns schutzwürdig").

[139] a. a. O. S. 69.

[140] a. a. O. S. 44; auch Schwankhart in: Die Sozialversicherung, 1963, 289 (293) hält am Dispositionserfordernis fest, ebenso Werner Thieme, Referat, a. a. O. (Manuskript) S. 21, allerdings mit Ausnahme des Sozialrechts (a. a. O. S. 27) und Obermayer, NJW 1962, 1471 FN 55.

[141] Urteil vom 29. August 1963 = NJW 1964, 563 = MDR 1964, 78 und Urteil vom 19. Dezember 1963 = NJW 1964, 1288, durch welches das vorhergehende und ein weiteres nicht veröffentlichtes Urteil desselben Senates vom 6. Juli 1961 bestätigt wurde.

[142] vgl. die Nachweise oben S. 87 Fußnote 442 ff.

[143] MDR 1964, 176.

[144] NJW 1964, 1493 (1494).

[145] DVBl. 1964, 710 (719).

günstigten „schlicht" (?) an den Fortbestand des Verwaltungsakts und die damit verknüpfte Sicherung des Lebensunterhalts in der Zukunft und nicht an besondere Vermögensdispositionen an[146]. Gegen die Tendenzen, das rechtlich relevante Vertrauensverhalten aus dem Institut des Vertrauensschutzes zu verbannen, ist bereits früher Stellung genommen worden[147]. Sie führen nicht nur zu einer Denaturierung des Vertrauensschutzgedankens[148], sondern bringen auch, indem sie anerkannte, auf dem Grundgesetz beruhende Erkenntnisse über Bord werfen, tiefgreifende verfassungsrechtliche Konflikte mit sich. Was soll jetzt den Gegnern des Vertrauensschutzes[149], die die Rücknahmepflicht als ein Gebot der Rechtsanwendungsgleichheit erachten und gegen das Institut des Vertrauensschutzes den Gleichheitssatz des Art. 3 GG ins Feld führen, geantwortet werden. Bisher konnte diesem verfassungsrechtlichen Einwand mit dem Hinweis auf den durch die Dispositionen getroffenen veränderten und daher ungleichen Tatbestand auf Seiten des Betroffenen begegnet werden. Dieses Argument wird den Verfechtern des Vertrauensschutzes aus der Hand geschlagen, wenn man das Dispositionsmerkmal aufgibt. Der Willkür würden Tür und Tor geöffnet[150]. Überdies würde nicht nur die durch Konkretisierung einiger Kriterien auf halbwegs festen Boden gestellte Praxis aufs neue ins Schwimmen geraten, sondern auch verkannt, daß Vertrauensschutz von Haus aus kein Selbstzweck ist, sondern Dispositionsschutz, was Mainka[151] kürzlich nochmals eindringlich dargetan hat. Es bleibt deshalb nur zu hoffen, daß das – im Hinblick auf den Einzelfall sozial verständliche, aber aus prinzipiellen Gründen zu mißbilligende – Urteil des 4. Senats des Bundesverwaltungsgerichts vom 30. August 1961 als Frucht einer seltenen Mitleidsrechtsprechung keine Schule macht, weil es für die Ausgestaltung des Vertrauensschutzes kein Vorbild abgeben kann[152].

---

[146] NJW 1964, 643 r. Sp. unten.

[147] vgl. oben S. 87 f.

[148] Becker-Luhmann, a.a.O. S. 44 schreiben mit Recht, daß die Anerkennung des Satzes, Vertrauensschutz könne auch ohne Manifestierung des Vertrauens gewährt werden, zu einer „völligen Verwässerung des Grundsatzes der Gesetzmäßigkeit der Verwaltung" führen würde.

[149] wie Scheuner in: Hundert Jahre Deutsches Rechtsleben. Festschrift zum 100jährigen Bestehen des Deutschen Juristentages Band II S. 254; oder Zeidler in Verhandlungen zum 45. DJT Band I (Gutachten) 2. Teil S. 76 ff.

[150] vgl. Becker-Luhmann a.a.O. S. 45.

[151] a.a.O. S. 32, 61 ff.

[152] Neuerdings hat auch das BSG (9. Senat), Urteil vom 23. April 1964 = MDR 1964, 793 (794 r. Sp.) auf die umstrittene Entscheidung des Bundesverwaltungsgerichts zustimmend Bezug genommen und erklärt, bei hohem Alter der Betroffenen könne die Rücknahme eine „unbillige Härte" sein. Hier zeigt sich die wahre Motivation. „Unbillige Härte" ist aber kein Gesichtspunkt, der in das Institut des Vertrauensschutzes gehört.

Eine neue Variante des Dispositionsmerkmals bringt das Urteil des Bundesverwaltungsgerichts vom 8. November 1963[153]. Dort hatte die Klägerin im Vertrauen auf die Bestandskraft eines ihr erteilten Lastenausgleichsbescheides es unterlassen, gegen ihren Bruder, mit dem sie nicht in bestem Einvernehmen lebte, weil er in dem Testament ihr gegenüber wesentlich besser gestellt worden war, Maßnahmen zu treffen, um ihre Ansprüche sicherzustellen. Im Leitsatz der Entscheidung heißt es: „Bessere Rechtspositionen können auch durch U n t e r l a s s e n aufgegeben werden, zumal dann, wenn große Zeiträume zwischen Verwaltungsakt und Rücknahme liegen und die Umstände, die den Bürger von der Geltendmachung seiner Ansprüche gegen einen Dritten abhalten, bekannt sind." Dem Urteil ist gewiß zuzustimmen. Allerdings lag der Sachverhalt wesentlich komplizierter, als er hier – auf das den Vertrauensschutz betreffende Novum reduziert – wiedergegeben werden kann. Schon deshalb ist im Hinblick auf eine Verallgemeinerung der Gleichung „Vermögensdisposition = Nichtausübung vorteilhafter Rechtspositionen" Vorsicht geboten. An früherer Stelle ist ausgeführt worden[154], daß bei den zu fordernden Dispositionen nur solche Aufwendungen in Betracht kommen, die sich als typische Auswertung des Verwaltungsaktes darstellen (Verwertungshandlungen). Dazu kann freilich auch ein Unterlassen der Rechtsausübung zählen, weil entscheidend nicht das Verhalten, sondern der Vermögensnachteil des Betroffenen ist. Jedoch muß der Erlaß und die Existenz des Verwaltungsaktes die Nichtausübung wesensmäßig bedingen, was z. B. nicht der Fall ist, wenn der Betroffene im Vertrauen auf den Bestand ihm gewährter staatlicher Vorteile oder Zuschüsse seine Schuldner unbehelligt und seine Forderungen verjähren läßt, wohl aber, wenn er z. B. im Vertrauen auf den Bestand einer Rente bei anderen Stellen keinen Rentenantrag stellt, weil nur eine von beiden Renten gewährt werden kann.

Beachtung verdient schließlich noch die bekannte Entscheidung des 4. Senats vom 20. Dezember 1961[155]. Die Besonderheit des Falles lag hier darin, daß nicht die Betroffene selbst, sondern deren Eltern die vermögensrechtlichen Verfügungen getroffen hatten. Diese hatten nämlich im Vertrauen auf den Bestand gewährter Ausgleichsleistungen für ihre Tochter, die Betroffene, ihr gesamtes Vermögen auf ihren Sohn übertragen. Der Senat hat hierzu ausgeführt, daß auch die Vermögensverfügung eines anderen als des Berechtigten – hier der Eltern – dann der Rücknahme eines begünstigenden Verwaltungsaktes entgegensteht,

---

[153] DVBl. 1964, 751 = NJW 1964, 1289; das Urteil stammt ebenfalls vom 4. Senat, jedoch ist nicht erkennbar, ob die Auffassung von der Entbehrlichkeit des Dispositionsmerkmals aufgegeben wird. Da dieses Merkmal nach Auffassung des Senats in dem zur Entscheidung stehenden Fall vorlag, stellte sich diese Frage für das Gericht nicht.

[154] vgl. oben S. 90.

[155] NJW 1962, 1075.

wenn sie im Vertrauen auf diesen Verwaltungsakt vorgenommen und dadurch die wirtschaftliche Lage der Berechtigten unmittelbar betroffen worden ist. Auch dieses Urteil macht deutlich, daß beim Vertrauensschutz das Schwergewicht auf dem Nachteil für den Betroffenen liegt. Diese Erkenntnis kommt deutlich in dem Urteil des 3. Senats vom 19. Dezember 1963 zum Ausdruck, in dem es heißt[156]: „Der Grundsatz des Vertrauensschutzes, wie er in der Rechtsprechung des Bundesverwaltungsgerichts herausgearbeitet worden ist, beruht auf dem Gedanken, daß derjenige, der auf die Rechtmäßigkeit eines Verwaltungsaktes vertraut, nicht schlechter gestellt werden soll, als er gestellt wäre, wenn der Verwaltungsakt ihm gegenüber nicht erlassen wäre. Dem entspricht es, daß der Vertrauensschutz dort nicht durchgreift, wo die Rückgabe der unrechtmäßig gewährten Leistung den Empfänger nicht schlechter stellen würde, als er ohne den Empfang der Leistung gestanden hätte."

III. *Rücknahmeproblem und lex ferenda*

1. Die Frage einer Kodifikation des allgemeinen Teils des Verwaltungsrechts bewegt die Gemüter schon seit Jahren[157] und ist auf dem 43. Deutschen Juristentag im Jahre 1960 in München heftig diskutiert worden[158]. Hierbei ging es im wesentlichen um die Frage: (Gesamt-)Kodifikation oder Teilregelung, ferner um das Problem der „Kodifikationsreife" des allgemeinen Teils und schließlich

---

[156] NJW 1964, 1288 (1289).

[157] vgl. Bettermann und Melichar in VVDStRL 17 (1959) 118 ff. und 183 ff., Fritz Rietorf, Über die Zweckmäßigkeit der Kodifizierung von Teilgebieten des allgemeinen Verwaltungsrechts in einem Verwaltungsverfahrensgesetz, DÖV 1960, 614 ff.; Alexander Koehler, Probleme einer bundesgesetzlichen Regelung des Verwaltungsverfahrens, DÖV 1960, 612 ff.; Joachim Kniesch, Soll man den allgemeinen Teil des Verwaltungsrechts kodifizieren? NJW 1960, 1696 ff.; Hans Peters, Der allgemeine Teil des Verwaltungsrechts als Kodifikationsproblem, NJW 1960, 1698 ff.; Baring, Bloß kein Gesetz! JR 1960, 241 ff.; Külz, Doch ein Gesetz! DÖV 1960, 103; Lubbe, Kodifikation der allgemeinen Lehren des Verwaltungsrechts und Anwaltschaft, DVBl. 1964, 390; speziell zur Kodifikation der Rücknahme von Verwaltungsakten Haueisen, DVBl. 1964, 11 ff.; — Über frühere Kodifikationsversuche berichten Spanner in Verhandlungen des 43. DJT (1960) Band I 2. Teil (Gutachten), Heft A S. 16 ff.; Werner, ebenda Heft B S. 7 ff.; Werner Weber, ebenda Band II S. D 37 ff.

[158] vgl. hierzu die Gutachten von Hans Spanner und Fritz Werner und die Referate von Klaus von der Groeben und Werner Weber sowie die Diskussionsbeiträge von Ule, Ipsen, Külz, Kniesch, Vogel, Reuß, Friesenhahn u. a. in: Verhandlungen des 43. Deutschen Juristentages (1960); ferner den Beitrag von Martin Baring, Die allgemeinen Lehren des Verwaltungsrechts als Aufgabe, in: Staatsbürger und Staatsgewalt, Jubiläumsschrift zum hundertjährigen Bestehen der deutschen Verwaltungsgerichtsbarkeit (1963) S. 31 ff.

um das Problem der Differenzierung nach Sachbereichen, wobei die Gefahren rechtszersplitternder spezialisierender Detailregelungen einerseits und einer möglichst alle Sachgebiete umfassenden und deshalb wesentliche Sachunterschiede ignorierenden Allgemeinregelung andererseits abgesteckt wurden. Der Beschluß wurde schließlich wie folgt formuliert: „1. Jede gesetzliche Regelung im Bereich des Allgemeinen Verwaltungsrechts muß dem Ziel der Rechtseinheit und Rechtssicherheit dienen ... 2. Eine einheitliche Regelung des Verwaltungsverfahrens ... ist wünschenswert und notwendig. 3. In diese Regelung sollten konnexe Materien des Allgemeinen Verwaltungsrechts, insbesondere die Frage der Bestandskraft der Verwaltungsakte, einbezogen werden."

2. Diesem Beschluß aus dem Jahre 1960 folgte die Tat in Gestalt eines Musterentwurfs eines Verwaltungsverfahrensgesetzes (EVwVerfG 1963)[159]. Er enthält im § 37 auch eine Vorschrift über die Rücknahme eines rechtswidrigen Verwaltungsaktes. Sie lautet:

§ 37

Rücknahme eines rechtswidrigen Verwaltungsaktes

(1) Ein rechtswidriger Verwaltungsakt kann, auch nachdem er unanfechtbar geworden ist, zurückgenommen werden, außer wenn er nach § 36 nicht aufgehoben werden darf. Ein Verwaltungsakt, der ein Recht oder einen rechtlich erheblichen Vorteil begründet oder bestätigt hat (begünstigender Verwaltungsakt), darf nur unter den Einschränkungen der Absätze 2 bis 4 zurückgenommen werden.

(2) Ein rechtswidriger Verwaltungsakt, der eine einmalige oder laufende Geld- oder Sachleistung gewährt, darf nicht zurückgenommen werden, soweit der Begünstigte auf den Bestand des Verwaltungsaktes vertraut hat und sein Vertrauen schutzwürdig ist. Das Vertrauen ist insbesondere nicht schutzwürdig, wenn der Begünstigte

1. den Verwaltungsakt durch arglistige Täuschung, Drohung oder Bestechung erwirkt hat;
2. den Verwaltungsakt durch Angaben erwirkt hat, die in wesentlicher Beziehung unrichtig oder unvollständig waren;
3. die Rechtswidrigkeit des Verwaltungsaktes kannte oder infolge von Fahrlässigkeit nicht kannte.

Soweit der Verwaltungsakt zurückgenommen worden ist, sind bereits gewährte Leistungen zu erstatten. Für den Umfang der Erstattung gelten die

---

[159] Grote Verlag, Köln und Berlin, 295 S.; vgl. ferner die Besprechungen von Fritz Haueisen, DÖV 1964, 574; Köhler, MDR 1964, 274 ff.; Fritz Rietorf, DVBl. 1964, 293, 333; Hans Spanner, DVBl. 1964, 845; Thomas, DÖV 1964, 361; Hermann Feneberg, DVBl. 1965, 177, 222; Martin Baring, DVBl. 1965, 180; Hans Schmitt-Lermann, JZ 1964, 402; Fritz Ossenbühl, DÖV 1964, 511 (betr. speziell die Rücknahmeregelung), insbesondere die umfangreiche Gesamtwürdigung von Ule-Becker, Verwaltungsverfahren im Rechtsstaat, 1964.

Vorschriften des Bürgerlichen Gesetzbuches über die Herausgabe einer ungerechtfertigten Bereicherung entsprechend. Auf den Wegfall der Bereicherung kann sich der Erstattungspflichtige nicht berufen, soweit er die Rechtswidrigkeit des Verwaltungsaktes kannte oder infolge grober Fahrlässigkeit nicht kannte. Die zu erstattende Leistung kann durch die Behörde nur zugleich mit der Rücknahme des Verwaltungsaktes festgesetzt werden.

(3) Wird ein rechtswidriger begünstigender Verwaltungsakt, der nicht auf einmalige oder laufende Geld- oder Sachleistung gerichtet ist, zurückgenommen, so hat die Behörde dem Betroffenen auf Antrag den Vermögensnachteil auszugleichen, den dieser dadurch erleidet, daß er auf den Bestand des Verwaltungsaktes vertraut hat, soweit sein Vertrauen schutzwürdig ist. Der Vermögensnachteil ist jedoch nicht über den Betrag des Interesses hinaus zu ersetzen, das der Betroffene an dem Bestand des Verwaltungsaktes hat. Absatz 2 Satz 2 ist anzuwenden. Der auszugleichende Vermögensnachteil wird durch die Behörde festgesetzt. Der Anspruch kann nur innerhalb eines Jahres geltend gemacht werden; die Frist beginnt, sobald die Behörde den Betroffenen auf sie hingewiesen hat.

(4) Die Rücknahme ist nur innerhalb einer Frist von einem Jahr zulässig, nachdem die Behörde von den Umständen Kenntnis erlangt hat, welche die Rücknahme rechtfertigen.

(5) Für Streitigkeiten über die nach Absatz 2 zu erstattende Leistung und den nach Absatz 3 auszugleichenden Vermögensnachteil ist der Verwaltungsrechtsweg gegeben.

Eine kritische Betrachtung und Erläuterung der Entwurfsregelung[160] ist nur auf dem Hintergrund der herrschenden Rechtsprechung und Lehre zum Rücknahmeproblem möglich. Die sie kennzeichnende Methode ist die Interessenabwägung im Einzelfall[161]. Je nach Überwiegen des öffentlichen oder privaten Interesses hat der rechtswidrige Verwaltungsakt Bestand oder er muß zurückgenommen werden. Bald traten aber Sachverhalte auf, in denen die Waagschalen ausgeglichen waren und die deshalb vom Alles-oder-Nichts-Standpunkt aus, d. h. mit der Alternative Rücknahme oder Fortbestand des Verwaltungsaktes, allein nicht zu lösen waren. Die Notwendigkeit und Möglichkeit sachangemessener Differenzierungen wurde insbesondere bei der Rücknahme von Verwaltungsakten mit Dauerwirkung deutlich. Hier wurde trotz schutzwürdigen Vertrauens des Betroffenen die Rücknahme mit Wirkung ex nunc zugelassen. Nur wenn die gewährten Begünstigungen ursächlich waren für eine einschneidende und dauernde Änderung der Lebensverhältnisse des Betroffenen, soll unter dem Gesichtspunkt des Vertrauensschutzes die Rücknahme auch mit Wirkung für die Zukunft ausgeschlossen sein. Neben diesen zeitlichen Differenzierungen wurden in der Rechtsprechung bald auch sachliche Teilungen für zulässig erklärt, nach denen Teilrücknahmen in der Weise vor-

---

[160] vgl. hierzu ausführlich Ossenbühl, DÖV 1964, 511; den Entwurf scharf ablehnend: Gützkow, Rücknahme fehlerhafter Verwaltungsakte der Sozialleistungsträger, NJW 1964, 1449.

[161] vgl. dazu oben S. 17 ff.

genommen werden können, daß dem Begünstigten die gewährten Vorteile nur in einem begrenzten Umfange verbleiben[162]. Auf diesem Wege war auch bei Verwaltungsakten mit einmaliger Begünstigung eine Differenzierungsmöglichkeit geschaffen, während die Rücknahme von Dauerakten nunmehr nach zwei Kriterien – Umfang und Zeit – modifiziert werden kann.

Gleichwohl bleiben zahlreiche Fälle offen, in denen das bereits entwickelte Differenzierungsschema versagt, weil eine umfangmäßig begrenzte Teilrücknahme ausscheidet (z. B. Erteilung einer Bauerlaubnis, Zulassung zur Prüfung, Einbürgerung, Anerkennung als Vertriebener). Für solche nicht seltenen Fälle bleibt die Alles-oder-Nichts-Alternative unumgänglich. Um auch die hier zu ziehenden Rechtsfolgen aufzugliedern und elastischer zu gestalten, bietet sich allein die Rücknahme des Verwaltungsaktes an, verbunden mit einer Ausgleichszahlung an den Bürger, die dessen Vertrauen honorieren soll. Ähnliche, sich an § 122 BGB anlehnende Lösungsvorschläge sind auch bereits im Schrifttum empfohlen worden[163]. – Auf dem Hintergrund dieses Standes der Rücknahmeproblematik ist der Musterentwurf erwachsen. Nach der erklärten Absicht seiner Verfasser verfolgt er zwei Zwecke: Beseitigung der Rechtsunsicherheit, die sich durch das Wirrwarr der Entscheidungen und Meinungen gebildet hat[164] und Überwindung der Alles-oder-Nichts-Alternative durch Statuierung einer Ausgleichszahlung[165].

Die im Musterentwurf getroffene Rücknahmeregelung habe ich bereits an anderer Stelle ausführlich erörtert[166]. Hier seien deshalb nur die wichtigsten Punkte herausgegriffen.

Mit der herrschenden Auffassung geht der Entwurf davon aus, daß die Rücknahme eines rechtswidrigen Verwaltungsaktes im Ermessen der Behörde stehen soll und ihr nicht zur Pflicht gemacht wird. Im übrigen wird zwischen zwei Gruppen von Verwaltungsakten unterschieden: den Verwaltungsakten, die eine Geld- oder Sachleistung gewähren und den übrigen Verwaltungsakten. Rechtswidrige Verwaltungsakte, die nicht auf Geld- oder Sachleistungen gerichtet sind, können stets zurückgenommen werden. Dagegen darf die zuerst genannte Gruppe von Verwaltungsakten trotz Rechtswidrigkeit nicht zurückgenommen werden, „soweit der Begünstigte auf den Bestand des Verwaltungsaktes vertraut hat und sein Vertrauen s c h u t z w ü r d i g ist". Der Begriff der Schutzwürdigkeit ist die erste Klippe der Entwurfsregelung. Er „tritt im Entwurf allein

[162] BVerwG DÖV 1960, 952 = NJW 1960, 1487; BVerwG NJW 1962, 1075 r. Sp.

[163] B a c h o f, JZ 1962, 745 (750); B a u r, JZ 1963, 41, 46; B e c k e r - L u h m a n n a. a. O. S. 116, denen der Entwurf weitgehend gefolgt ist; befürwortend: S p a n n e r, DVBl. 1964, 845 (846).

[164] EVwVerfG S. 163.

[165] EVwVerfG S. 164.

[166] DÖV 1964, 511 ff.

an die Stelle der bislang gebrauchten Abgrenzungsmaßstäbe. Der Ausschuß zur Erarbeitung des Entwurfs geht dabei davon aus, daß die anderen Orts geforderte Abwägung zwischen dem Schutzbedürfnis des Betroffenen und den Interessen der Verwaltung dem Begriff ‚Schutzwürdigkeit' immanent sind"[167]. Ferner ist sich der Ausschuß auch dessen bewußt gewesen, daß mit dem unbestimmten Rechtsbegriff „Schutzwürdigkeit" das Schwergewicht der Entscheidung wie bisher auf den Einzelfall verlagert wird. Er sah sich aber nach dem augenblicklichen Stand der Erkenntnis und angesichts der unübersehbaren Zahl verschiedenartigster Fälle, die Generalklauseln unumgänglich machen, außerstande, ein Mehr an generalisierender Abstraktion zu geben. Die Rechtfertigung des Entwurfs sieht der Ausschuß trotz des Mangels maßstabbildender Kriterien letztlich darin, daß er neue Wege des Interessenausgleichs gangbar mache, die die Rechtsprechung bisher nicht habe eröffnen können. Daraus ergibt sich demnach: Soweit es die Voraussetzungen angeht, unter denen Vertrauensschutz zu gewähren ist, soll alles beim alten bleiben. Der unbestimmte Rechtsbegriff „Schutzwürdigkeit" ist nichts anderes als eine Leerformel, die durch die bisherige und künftige Rechtsprechung und Lehre ausgefüllt werden soll. Der Begriff der „Schutzwürdigkeit" wird damit zum Tummelplatz der bisher zum Vertrauensschutz vorliegenden zahlreichen abgestuften und konträren Standpunkte und Meinungen[168]. Die erste Zielsetzung des Entwurfs – Herstellung der Rechtssicherheit – wird deshalb in diesem wesentlichen, ja entscheidenden Punkt des Rücknahmeproblems verfehlt. Mit Recht ist im sozialrechtlichen Arbeitskreis des 45. Deutschen Juristentages der Begriff „Schutzwürdigkeit" als der künftige „Zankapfel" apostrophiert[169] und seine Konkretisierung gefordert worden[170]. Viel wäre schon gewonnen, wenn sich das Bundesverwaltungsgericht – ebenso wie es der Bundesfinanzhof getan hat[171] – entschlösse, das Fazit seiner bisherigen Erkenntnisse leitsatzmäßig zu formulieren anstatt bei der auf zwei unsicheren Beinen[172] stehenden Interessenabwägung zu verharren. Die Gefahr einer Vergewaltigung bisher unbekannter Sachverhalte durch Generalisierungen ist dabei unbedeutend, wenn man einerseits die Vorteile einer generalisierenden Betrachtungsweise im Hinblick auf Entscheidungsökonomie, Rechtssicherheit und

[167] EVwVerfG S. 170.

[168] vgl. auch Ule-Becker a. a. O. S. 58, die in § 37 Abs. 2 eine Zementierung der Rechtsprechung mit allen ihren Schwächen sehen. Das ist indes nur bedingt richtig, denn „zementiert" ist die Rechtsprechung nicht, weil der Begriff der Schutzwürdigkeit „inhaltsleer" ist und der Rechtsprechung auch für die Zukunft Raum läßt.

[169] Martin Sellmann a. a. O., Diskussionsbeitrag.

[170] Thieme, Referat a. a. O. (Manuskript) S. 19, 21; Külz a. a. O. Diskussionsbeitrag; vgl. auch Feneberg, DVBl. 1965, 224.

[171] Grundsatzurteil BStBl. 1961 III 562 (564).

[172] dem „öffentlichen Interesse" und „Privatinteresse"; vgl. insoweit die Kritik des BSG NJW 1962, 1126 (1127).

Gleichheit beachtet und zudem bedenkt, daß die herausgebildeten Institute und Leitsätze ja keineswegs unverrückbare, unabänderliche Rechtssätze bilden, sondern daß die „Schutzwürdigkeit“ als „offener Begriff“ aufzufassen ist, der ständig neu erfüllt, also auch durch Ausprägung neuer Rechtsinstitute substantiiert werden kann.

Bedenken ergeben sich auch gegen die in der Entwurfsregelung vorgesehenen Rechtsfolgen der Rücknahmeentscheidung. Bei auf Geld- und Sachleistungen gerichteten Verwaltungsakten wird der Begünstigung mit der Rücknahme die rechtliche Grundlage entzogen und ein öffentlich-rechtlicher Erstattungsanspruch ausgelöst, der auf die Rückgewähr der empfangenen Leistungen geht und sich nach den Vorschriften des Bürgerlichen Gesetzbuches über die ungerechtfertigte Bereicherung abwickelt. Soweit Vertrauensschutz zu gewähren ist, bleibt der Verwaltungsakt aufrechterhalten und der Begünstigte im Besitz der ihm gewährten Vorteile. Daraus ergibt sich, daß mit dem Vertrauensschutz das Bestandsinteresse oder – in der zivilistischen Terminologie ausgedrückt – das positive Interesse erfaßt wird. – Anders verhält es sich dagegen mit den Verwaltungsakten, die nicht auf Geld- oder Sachleistungen gerichtet sind. Sie sind stets rücknehmbar. Der Vertrauensschutz führt hier lediglich zu einer Ausgleichszahlung durch die Verwaltung an den Betroffenen. Auszugleichen ist aber nur der Vermögensnachteil, den der Betroffene dadurch erleidet, daß er auf den Bestand des Verwaltungsaktes vertraut hat, soweit sein Vertrauen schutzwürdig ist. Das bedeutet: Ersatz des Vertrauensinteresses oder negativen Interesses. Ob die damit gegebene Differenzierung der Rechtsfolgen – hier Ersatz des positiven Interesses, dort nur Ersatz des negativen Interesses – im Hinblick auf Art. 3 GG, der in gewissen Grenzen auch den Gesetzgeber in seiner Gestaltungsfreiheit einengt, verfassungsrechtlich tragbar ist, erscheint zumindest zweifelhaft[173]. – Außerdem sei darauf hingewiesen, daß die mit dem Entwurf beabsichtigte Aufgliederung und Differenzierung der Rechtsfolgen nach wie vor bei unteilbaren Sachleistungen nicht erreicht wird. In der Begründung zum Entwurf heißt es dazu lediglich: „Auch Sachleistungen werden häufig teilbar sein. Aber auch soweit sie nicht teilbar sind, wird der Vermögenswert der Leistung gegen das finanzielle Interesse des Betroffenen ‚aufgerechnet‘ werden können[174].“ Wie aber diese „Aufrechnung“ nach der Entwurfsregelung gehandhabt werden soll, bleibt unklar. Eine Teilrücknahme scheidet logischerweise aus. Wenn die Verwaltung dem Betroffenen einen bestimmten unteilbaren Gegenstand zugewiesen hat, so kann die Zuweisungsverfügung nicht teilweise zurückgenommen wer-

[173] vgl. Ossenbühl, DÖV 1964, 511 (520); ebenso: Ule-Becker a. a. O. S. 58 f.; sehen hierin eine „diskriminierende Differenzierung“, zumal der Ausgleich durch Gewährung des Vertrauensschadens in den meisten Fällen das Bestandsinteresse nicht aufwiege; zustimmend Spanner, DVBl. 1964, 845 (846); vgl. auch Feneberg, DVBl. 1965, 225.

[174] EVwVerfG S. 169.

den. Auch kann die Verwaltung nicht eine Teilrücknahme dadurch erreichen, daß sie den Vermögenswert des Gegenstandes festsetzt und erklärt, die Zuweisung des Gegenstandes werde in Höhe eines bestimmten Betrages zurückgenommen. Eine solche Maßnahme würde sich nicht als Teilrücknahme, sondern als Teilrückzahlung bei Aufrechterhaltung des Verwaltungsaktes darstellen. Ist aber eine Teilrücknahme logischerweise ausgeschlossen, so entfällt auch ein Erstattungsanspruch, weil nach § 37 Abs. 2 S. 3 die Erstattungspflicht durch die Rücknahme begrenzt wird. Daraus ergibt sich, daß eine sachgerechte Lösung bei unteilbaren Sachleistungen nur möglich ist, indem man den Verwaltungsakt insgesamt zurücknimmt und das schutzwürdige Interesse des Betroffenen durch eine Ausgleichszahlung seitens der Verwaltung abdeckt. Das sieht aber der Entwurf nicht vor, so daß die Alles-oder-Nichts-Alternative bei unteilbaren Sachleistungen auch nach der Entwurfsregelung nicht überwunden werden kann. Ferner sei darauf hingewiesen, daß nach § 37 Abs. 4 des Entwurfs die Rücknahme nur innerhalb einer Frist von einem Jahr zulässig ist.

Schließlich ist noch zu bemerken, daß der Anwendungsbereich der Entwurfsregelung sachlich begrenzt werden soll. Die Sachbereiche, die von der Entwurfsregelung unberührt bleiben sollen, zählt § 85 auf. Dazu gehören u. a. das Steuerrecht und der weite Bereich der Sozialverwaltung einschließlich des Lastenausgleichs. Ob diese Aufteilung nach Sachbereichen und die Sonderregelung in verschiedenen Gesetzen glücklich ist, wird sich vielleicht erst nach langjähriger Praxis erweisen. Die Antinomie zwischen dem Idealzustand einer weitgreifenden, der Rechtseinheit förderlichen (Gesamt-)Kodifikation und die Notwendigkeit differenzierender, die Unterschiede der zahlreichen Verwaltungszweige berücksichtigender Sonderregelungen hat von jeher die Diskussionen um das Kodifikationsproblem geprägt, weil die Lösung des Widerstreits zwischen Generalisierung und Gerechtigkeit des Einzelfalles jedem Gesetzgeber aufgegeben ist. Das Rücknahmeproblem hat in den verschiedenen Verwaltungsbereichen gewiß unterschiedliche Aspekte. Doch hat sich gezeigt, daß die Problembasis letztlich weitgehend auf derselben Ebene liegt. Diese gemeinsame Problembasis sollte bei einer Kodifikation mehr betont werden[175].

IV. *Sondergruppen von Verwaltungsakten*

Auffallend ist, daß bei der Diskussion um das Rücknahmeproblem die Eigenheiten der Sondergruppen von Verwaltungsakten, zu denen hier die Verwaltungsakte mit Dritt- oder Doppelwirkung und die rechts-

---

175 So ist z.B. Thieme, Referat, a. a. O. (Manuskript) S. 28 der Auffassung, es sei die „glücklichste Lösung“, wenn das geplante allgemeine Verwaltungsverfahrensgesetz, entgegen dem bisher vorliegenden Vorschlag (§ 85), auch auf das gesamte Sozialrecht Anwendung finden könnte; gegen jede gesetzliche Regelung: Gützkow, NJW 1964, 1449.

gestaltenden Akte gerechnet werden, im Hintergrund geblieben sind. Das mag daran gelegen haben, daß der Kampf um die Ausgangsbasis einer Lösungsmöglichkeit des Rücknahmeproblems die ganze Aufmerksamkeit aufzehrte. Seit einigen Jahren hat sich die Lehre nun diesem lange brach liegenden Gebiet wieder mit Eifer zugewandt[176]. Zu nennen ist insbesondere die Abhandlung von Fromm[177], der das Kapitel der Verwaltungsakte mit Doppelwirkung durch eine verfeinerte Systematisierung an Hand zahlreicher Beispiele des positiven Rechts ausbaut und verfahrensrechtliche Probleme klärt. Der speziellen Fragestellung der Rücknahme von rechtswidrigen Verwaltungsakten mit Doppelwirkung ist nur der Beitrag von Theuerkauf[178] gewidmet, der auch (nur) einen – wie das Thema andeutet – Ausschnitt der Problemstellung erörtert. Beide Beiträge zeigen, daß die Sondergruppen von Verwaltungsakten in jeder Hinsicht weiterhin eine Aufgabe der Lehre bleiben und noch zahlreiche Probleme stellen. Die zunehmende Komplizierung der Lebensverhältnisse und die damit verbundenen Interessenüberschneidungen werden insbesondere die Verwaltungsakte mit Doppelwirkung in Zukunft

---

[176] vgl. aus neuerer Zeit insbesondere Bernhardt, Zur Anfechtung von Verwaltungsakten durch Dritte, JZ 1963, 302; Wolfgang Dörffler, Verwaltungsakte mit Drittwirkung, NJW 1963, 14; Hans-Ulrich Evers, Die Nachbarklage im Baurecht, JuS 1962, 87; Fritz Haueisen, Verwaltungsakte mit mehreren Betroffenen, NJW 1964, 2037; Rüfner, Materiellrechtliche Voraussetzungen und Grenzen des nachbarschädlichen Baudispenses, DVBl. 1963, 609; Martin Sellmann, Die Problematik der Verwaltungsakte mit Doppelwirkung, NJW 1964, 1545; Werner Storz, Die Rücknahme begünstigender Verwaltungsakte wegen ursprünglicher Fehlerhaftigkeit, Tübinger Dissertation, 1963 S. 128 ff.; Horst Theuerkauf, Abänderung unanfechtbarer Verwaltungsakte und Drittinteresse, DVBl. 1964, 386; insbes. Günter Fromm, Verwaltungsakte mit Doppelwirkung, VerwArch. Bd. 56 (1965) S. 26 ff.; darüber hinaus sei hingewiesen auf die umfangreiche Literatur zu der Frage, auf welchem Wege der durch einen Verwaltungsakt mit Doppelwirkung Belastete vorläufigen Rechtsschutz erlangen kann, ob durch die aufschiebende Wirkung und die Aussetzung der eventuell angeordneten sofortigen Vollziehung (§ 80 VwGO) oder durch einstweilige Anordnung (§ 123 VwGO); dazu: Hans De Clerck, Vorläufiger Rechtsschutz Dritter gegen begünstigende Verwaltungsakte, DÖV 1964, 152; derselbe, Aufschiebende Wirkung der Anfechtung von Verwaltungsakten, NJW 1961, 2233; Reinhard Heintze, Der vorläufige Rechtsschutz Dritter gegenüber genehmigenden Verwaltungsakten, NJW 1964, 1430; Lamberg, Der Widerspruch des Nachbarn im Baurecht, NJW 1963, 2154 und NJW 1964, 711; Meyer, Nochmals: Der Widerspruch des Nachbarn im Baurecht, NJW 1964, 710; Gerd Mangels, Die Aufhebung des rechtswidrigen Vollzuges angefochtener Verwaltungsakte, NJW 1961, 351; Siegmund-Schultze, Die Bedeutung des Suspensiveffektes bei der Anfechtung von Verwaltungsakten, DVBl. 1963, 745; ferner BVerwG NJW 1962, 604.

[177] a. a. O.

[178] a. a. O.

in den Vordergrund schieben. Die durch das hinzutretende Drittinteresse veränderte Interessen- und Problemlage ist bereits oben umrissen worden[179]. An ihr hat sich nichts geändert. Auf die neu vorgetragenen Gesichtspunkte einzugehen, muß einer ausführlichen Stellungnahme vorbehalten werden. Hier mag der Hinweis genügen, daß grundlegend neue Lösungskonzeptionen für das Rücknahmeproblem nirgends zu finden sind.

---

[179] S. 124 ff.

Bei Fragen zur Produktsicherheit wenden Sie sich bitte an:
If you have any questions regarding product safety,
please contact:

Walter de Gruyter GmbH
Genthiner Straße 13
10785 Berlin
productsafety@degruyterbrill.com